Utopia – Eine Welt von morgen im Spiegel utopischer Versuche

Stadtentwicklung. Urban Development

Herausgegeben von Uwe Altrock und Harald Kegler

Band 3

Zur Qualitätssicherung und Peer Review der vorliegenden Publikation

Die Qualität der in dieser Reihe erscheinenden Arbeiten wird vor der Publikation durch einen oder mehrere externe, von der Herausgeberschaft benannte Gutachter geprüft

Notes on the quality assurance and peer review of this publication

Prior to publication, the quality of the work published in this series is reviewed by an external referee or external referees appointed by the editorship.

PETER LANG

Bern · Berlin · Bruxelles · New York · Oxford

Harald Kegler / Tatjana Fischer

Utopia – Eine Welt von morgen im Spiegel utopischer Versuche

Thomas Morus: Eine Reise in gewesene Utopien zur Stadt-Region und neue Perspektiven

Mit einem Beitrag von Thomas Flierl

PETER LANG
Bern · Berlin · Bruxelles · New York · Oxford

Bibliografische Information Der Deutschen Nationalbibliothek
Die Deutsche Nationalbibliothek verzeichnet diese Publikation in der Deutschen Nationalbibliografie; detaillierte bibliografische Daten sind im Internet über ‹http://dnb.d-nb.de› abrufbar.

Gefördert durch das Institut für Raumplanung, Umweltplanung und Bodenordnung der Universität für Bodenkultur Wien und die Universität Kassel.

Umschlagabbildung: @Harald Kegler

ISSN 2366-0708 • ISBN 978-3-0343-3901-8 (Print)
E-ISBN 978-3-0343-3930-8 (E-PDF) • E-ISBN 978-3-0343-3931-5 (EPUB)
E-ISBN 978-3-0343-3932-2 (MOBI) • DOI 10.3726/ b16315

Diese Publikation wurde begutachtet.

www.peterlang.com

Vorwort

Im Jahr 1516 erschien in der heutigen belgischen Stadt Leuven das „Goldene Buch", das weltbedeutende Wirkung erzielte: „Utopia". Der Verfasser war Thomas Morus, damals in London am Hofe von König Heinrich VIII. als Lordkanzler tätig. Morus wurde 1478 in London geboren und im Jahr 1535 durch den englischen König des Hochverrats bezichtigt und enthauptet. Im 20. Jahrhundert wurde Morus zum Märtyrer erklärt und rehabilitiert. Er ging in die Geschichte ein als Vater der Utopie.

Morus' „Utopia" hat viele Spuren hinterlassen. Seit dem 17. Jahrhundert jedoch und dann vor allem seit dem 19. Jahrhundert wirkte „Utopia" prägend für eine gänzlich neue Gattung von Literatur, der utopischen oder fantastischen Literatur. Aber nicht nur darin fand das knapp 150 Seiten umfassende Buch seine Wirkung. Es hinterließ Spuren in der Politik, vor allem im 19. und 20. Jahrhundert in sozialrevolutionären Bewegungen, in technologischen Fantasien, in Entwürfen und Experimenten, aber auch im architektonischen und städtebaulichen Denken. Den „utopischen Sozialisten", später Marx und Engels, den Sozialreformern oder, im beginnenden 20. Jahrhundert, den Revolutionären in der jungen Sowjetunion stand das Buch von Morus – auch im Missverständnis – Pate bei der Begründung ihrer Theorien. Darüber hinaus strahlte sein Werk in nahezu alle Sphären der gesellschaftlichen Zukunftsdebatten aus. Die Stadt als gesellschaftlicher Raum wurde bei Morus neu erfunden – das macht sein Buch auch nach 500 Jahren noch interessant. Die Stadt sollte bei Morus Abbild und Promotor einer idealen Gesellschaft sein, die er aus der Kritik an den realen Verhältnissen seiner Zeit entwickelte.

„Völlig utopisch" (Engelhardt 2014) ist zu einem geflügelten Wort geworden für etwas, was undenkbar oder jenseits des Realisierbaren ist. Genau das aber ermöglichte ein Nachdenken und Experimentieren seit 500 Jahren.

Zwei Jubiläen bilden den Hintergrund dieses Bandes, der die räumliche Dimension der Utopie in den Mittelpunkt rückt: Europa würdigte 2018 mit einem European Culture Heritage Year seine Geschichte – die von „Utopia" ist ein bedeutender Teil dessen. Zugleich jährt sich die Bauhaus-Gründung von 1919 als utopischer Versuch, Gesellschaft neu zu denken. Dazu lädt das vorliegende Buch ein.

„Das Wort Utopie allein genügt zur Verurteilung einer Idee." Jack London

Uwe Altrock, Harald Kegler

Kurzfassung

Im Jahr 1516 erschien das „Goldene Buch", das bis heute von weltbedeutender Wirkung ist: „Utopia". Sein Verfasser war Thomas Morus, damals in London am Hofe von König Heinrich VIII. als Lordkanzler tätig. Im Jahr 1535 wegen Hochverrats hingerichtet und im 20. Jahrhundert zum Märtyrer erklärt, ging Morus in die Geschichte ein als Vater der Utopie. Morus' „Utopia" hat viele Spuren in der Literatur, der Politik – allen voran im 19. und 20. Jahrhundert in sozialrevolutionären Bewegungen –, in technologischen Fantasien, Entwürfen und Experimenten wie auch im architektonischen und städtebaulichen Denken hinterlassen.

Deshalb rückt das vorliegende Buch die räumliche Dimension der Utopie in den Mittelpunkt und zeigt, dass Morus' „Utopia" und die von ihm entworfene ideale Gesellschaft auch nach 500 Jahren in viele Sphären die Zukunftsdebatten ausstrahlen. Dies erfolgt durch eine Auseinandersetzung des „Utopie-"Begriffs aus raum- und planungswissenschaftlicher Perspektive, die Analyse der Versuche, Utopien baulich umzusetzen und die Kritik am – für die zur Durchsetzung politischer Ideologien oftmals missbrauchten – Utopie-Begriff. Somit leistet dieses Buch einen Beitrag zur Diskussion über die Bedeutung von Utopien bei der Richtungsorientierung für eine nachhaltige Entwicklung und die zukünftige Gestaltung von Planungsprozessen – im Zeitalter eines neuen Klimamodus' der Menschheit.

Abstract

In 1516 the "Golden Book" was published, which is still of world-wide significance: "Utopia". Its author was Thomas Morus, then working in London at the court of King Henry VIII as Lord Chancellor. Put to death in 1535 for high treason and martyred in the 20th century, Morus went down in history as the father of Utopia. Morus' "Utopia" has left many traces in literature, politics – above all in social revolutionary movements of the 19th and 20th century –, technological fantasies, designs and experiments as well as in architectural and urban development thinking.

Therefore, the present book focuses on the spatial dimension of Utopia and shows that even after 500 years, Morus' "Utopia" and the ideal society he has designed radiate into many spheres of future debates. This is done through a discussion of the concept of "Utopia" from a spatial and planning research perspective, the analysis of the attempts to the constructional implementation of various utopias and the criticism of the concept – not least because utopias were often abused for the enforcement of political ideologies. Thus, this book aims to contribute to the discussion on the meaning of utopias for providing direction in sustainable development and the future design of planning processes – in times of a new climate-modus of the world.

Kapitel 1 wurde von Harald Kegler (Kassel) und Tatjana Fischer (Wien) verfasst, Kapitel 2 bis 5 sowie 7, 8 und 10 sind von Harald Kegler geschrieben worden; Kapitel 6 stammt von Thomas Flierl (Berlin) und Kapitel 9 von Tatjana Fischer.

Inhaltsverzeichnis

Buch I Einblick

1 Prolog

Vor 100 Jahren wurde eine Institution in Weimar gegründet, die zu einem Inbegriff des Utopischen im 20. Jahrhundert werden sollte und heute fast mythischen Charakter besitzt: das BAUHAUS (https://www.bauhaus100.de/de/index.html). Diesem Jubiläum vorausgegangen sind zahlreiche andere, eher weniger spektakulär rezipierte: Vor 50 Jahren, 1968, begann der Bau der vielleicht einzigen „Utopia", einer Stadt, die diesen Namen verdient: Auroville. In Südindien machten sich „Aussteiger", der Idee von einer neuen internationalen Gemeinschaft folgend, auf den Weg, eine symbolkräftige Stadt zu gründen, die friedliche Gemeinschaftsideale verkörpern sollte. Hier sollten viele der Kriterien, die dem historischen „Utopia" von Thomas Morus attestiert werden können, umgesetzt werden. Diese Anlage ist keine „fertige" Stadt, eher eine Denkfigur, doch ihr Nimbus ist ungebrochen. Konkrete Orte wären in Betracht zu ziehen, an denen sich ermessen ließe, was ein Utopia sein könnte, was es gewesen wäre oder welche inhaltlichen Dimensionen einer neu gedachten Gesellschaft und ihrer Orte zu bestimmen wären. Viele literarische Zeugnisse dazu sind in den letzten Jahren und Jahrzehnten entstanden, die zu rezipieren das Buchvorhaben gesprengt hätte. Es war auch nicht die Absicht, ein solches Kompendium der Utopien zu liefern. Auch dazu gibt es zahlreiche Beispiele aus den unterschiedlichen Perspektiven, vom jüngst erschienenen Buch „utopisch dystopisch – Visionen einer ‚idealen' Gesellschaft", herausgegeben von Irene Leser und Jessica Schwarz, zum „Ausstieg in die Zukunft" von Ulrich Grober, bereits vor 20 Jahren herausgebracht, um nur die beiden stellvertretend zu nennen.

Der 500. Jahrestag des Erscheinens von „Utopia" 2016, der den Anlass für das vorliegende Buch gibt, hat eine eher verhaltene Resonanz erfahren. Ist die Zeit nicht reif für Utopien? Projekte wie ein Bauhaus oder Auroville künden – real oder vermeintlich – noch immer von deren latenter Existenz. Sie wären kaum ohne den Roman von Thomas Morus denkbar gewesen.

Abb. 1-1: Auroville: Geistiges Zentrum eines neuen Utopias

Fast zeitgleich mit dem Erscheinen des vorliegenden Buches wurden die Auf- und Umbrüche am Ende der 1960er Jahre mit verschiedenen Würdigungen begangen. Neben den politischen Akteuren der Studentenbewegung (die „68er") in Westeuropa, dem Ende des „Prager Frühlings" und dem 50. Gründungsjubiläum des Bauhauses, dessen Nachfolgeeinrichtung, die Hochschule für Gestaltung in Ulm, ein Jahr später aus politischen Gründen geschlossen wurde, prägten auch Namen wie der des Zukunftsforschers Naisbitt oder der Architekturavantgardegruppe Archigram, bis heute wirkende Zukunftsentwürfe oder die Zukunftsforschung (Wachsmann 2018 und Horx 2011, 64). All diese Initiativen der „60er" oder des Jahrhundertbeginns „1919" waren aber keineswegs die alleinigen Erben eines Thomas Morus. Bereits im 18. und 19. Jahrhundert entstanden zahlreiche Abhandlungen, Visionen und auch gebaute Versuche für „Utopien" im Gefolge der „Klassiker" wie dem von Thomas Campanella (1568–1639) „Der Sonnenstaat" (1602) aus dem 16. Jahrhundert. Vor allem mit dem Beginn des Industriezeitalters und den sich damit verbindenden politischen, sozialen, ethischen, ökologischen und ästhetischen Problemen entstanden überbordende Versuche und Programme für eine neue Gesellschaft – jenseits der existierenden. Ob dies Charles Fouriers (1772–1837) Sozial-Kolonien in

Frankreich waren oder die Versuche eines Henry David Thoreau (1817–1862) in den USA, ob es die Schriften von William Morris (1834–1896) oder Gartenstadtversuche wie in Hellerau bei Dresden (ab 1909) oder Selbstversorgersiedlungen wie Eden bei Berlin (ab 1893) waren – viele wären zu nennen und verdienten eine neue Würdigung, was zwar durchaus geschieht, wie in Hellerau zu erleben ist, jedoch verbleibt die Rezeption in spezifischen Adressatenkreisen (vgl. Grober 1998, 18ff sowie Schinker 2013). Eine Bilanz von Utopien aus fünf Jahrhunderten legte 2017 Alberto Manguel vor, die 2018 auf Deutsch erschien und als „Sehnsucht Utopie“ eine Reise zu markanten Beispielen des gedachten und z. T. realisierten Utopia von Morus bis John Lennon in aufwendiger bibliophiler Art beschreibt (Manguel 2018). Neue Bestrebungen zur Aktualisierung der Utopie-Idee gibt es zahlreiche, die wiederum in einer breiten Vielfalt daherkommen und je unterschiedliche Ziele verfolgen – ein Vergleich mit dem Beginn des 20. Jahrhunderts drängt sich auf, wenngleich es keine direkten Analogien gibt (z. B. https://www.clownfisch.eu/magazin/ausgaben/utopiastadt/). Eines haben alle gemeinsam: Utopia ist jedenfalls kein verlorenes Strandgut der Sozial-, Zeit- und Raumgeschichte. Dennoch haftet dem Utopischen ein Makel an, der des fortwährenden Scheiterns. Warum also einen weiteren Versuch starten, sich „Utopia“ zuzuwenden?

Abb. 1-2: Gartenstadt Hellerau: Festspielhaus als Utopia

Eine Definition

Was ist aber ein „Utopia“? Nehmen wir naheliegenderweise den Duden: Danach handelt es sich bei Utopia um ein „Traumland, erdachtes Land, wo ein gesellschaftlicher Idealzustand herrscht“ (https://www.duden.de/rechtschreibung/Utopia). Dieses fußt auf der griechischen Übersetzung als οὐτοπία utopía ‚Nicht-Örtlichkeit‘. Es kann aber auch „guter Ort“ bedeuten. Nach Oskar Wilde hingegen ist Utopia ein Land des Überflusses, oder, um eine komplementäre Kategorie einzuführen, „Fortschritt ist die Verwirklichung von Utopien.“ (Bauman 2017, 13). Danach würde sich die Gesellschaft fortwährend auf dem Wege nach Utopia befinden, gradlinig, immer aufwärts. Doch, so fragt Wilde, was befindet sich hinter dem Horizont des Überflusses? Seine Antwort: Leere (Bauman 2017, 13). Damit sind Fragen aufgeworfen und zugleich der Unterschied von Utopie und Utopia angedeutet.

Zunächst zeichnet sich eine Utopie durch drei Merkmale aus: „1. Eine Utopie ist entweder ein Gedankenexperiment in verschiedener Form oder ein Plan. 2. Die Utopie enthält ein gesellschaftskritisches Moment. 3. Utopie basiert auf einem Vernunftverständnis.“ (Cojocaru 2012, 123). Entlang dieser drei Kriterien kann eine Utopie als solche bewertet werden, was noch keine ethische Präjudizierung und Verräumlichung bedeutet. Deswegen ist ein viertes Kriterium anzufügen: 4. Utopie bedarf der (öffentlichen) Reflexion von Experiment bzw. Plan. Morus hat gerade dieses Kriterium in spezifischer Weise erfüllt, indem er Zweifel säte, Interpretationen ermöglichte, den öffentlichen Diskurs (wenngleich zunächst nur für die Elite) anregte und nicht direkt zur Umsetzung seiner Ideen aufrief. Als abgeleitete Kriterien sind Raum- und Zeitutopien zu unterscheiden, worauf noch einzugehen sein wird (Cojocaru 2012, 123 oder Erzgräber 1986, 40).

Das vorliegende Buch kann und will keine umfängliche Kulturgeschichte der Utopien-Begrifflichkeiten liefern, was sicher auch sinnvoll wäre, wie es eine für den Nachhaltigkeitsbegriff gibt (Grober 2010). Vielmehr werden kaleidoskopartig historische Beispiele utopischer Versuche betrachtet, also Topos gewordene Utopien – soweit dies deutbar erscheint – und im Kontext von Morus’ Werk hinsichtlich ihrer räumlichen Ausprägung und der entsprechenden semantischen Interpretationen mit Blick auf eine anzunehmende Zukunft untersucht. Dabei gewinnt der Ortsbezug einen zentralen Stellenwert als Orte, die gesellschaftliche oder naturbezogene Verhältnisse in besonderer Weise repräsentieren, d.h., in einer unüblichen Weise, also heterotop sind. Foucault hat die abweichenden Orte als „wirkliche Orte, wirksame Orte, die in die Einrichtung der Gesellschaft hineingezeichnet sind, sozusagen Gegenplatzierungen oder Widerlager, tatsächlich realisierte Utopien, in denen die wirklichen Plätze innerhalb der Kultur gleichzeitig repräsentiert, bestritten und gewendet sind, gewissermaßen Orte außerhalb aller Orte, wiewohl sie tatsächlich geortet werden können." (Foucault 1993, 39). Die im vorliegenden Buch jeweils behandelten Orte stehen für bestimmte Momente dieser „Gegenplatzierungen", ausgewählt nach ihrer denkbaren Bedeutsamkeit für einen Blick in eine Zukunft, auf ein Utopia in 100 Jahren.

Letztlich rückt ein Utopia in den Vordergrund, dass es, so die Hypothese, angesichts einer historisch neuartigen Tendenz, dem Erreichen eines neuen Klimamodus', neu zu entdecken gilt und grundsätzlich fruchtbar gemacht werden sollte (Gebauer, Trojanow 2018, 252). Das Denken eines neuen Heterotopias bedarf, so die These, eines utopischen Geistes, der vergangene Heterotopien reflektiert, ohne in ein Retrotopia (Bauman 2017) zu münden.

Über utopische Orte

Neben den literarischen oder wissenschaftlichen Bestimmungen gibt es real gleich mehrere Orte, die sich Utopia nennen, so in den USA in den Bundesstaaten Illinois (http://www.encyclopedia.chicagohistory.org/pages/918), Kansas (inzwischen eine Ghost Town), Texas (wohl nur noch wenige Einwohner) oder in Ohio – tatsächlich einer Gründung von 1844 nach den utopischen Prinzipien des Charles Fourier und dessen Phalanstère von 1830 bzw. 1841, einer von 50 Versuchen, dieses Modell umzusetzen; dieser Versuch scheiterte (Benevolo 2000, 806–807; siehe auch: https://en.wikipedia.org/wiki/Utopia,_Ohio). Doch die Ideen eines „Traumlandes", was möglicherweise die Gründergeneration im Sinn gehabt hatte, verflogen bald; übrig blieb der Name. Diese Orte taugen also nur bedingt, um Utopia anschaulich zu machen.

Es war der Aufbruch in das Industriezeitalter im 19. Jahrhundert, die „Erste Industrielle Revolution", der Hoffnungen und Ideen beflügelte, eine neue Gesellschaft errichten zu können, in welcher Prinzipien wie Gleichheit, Demokratie, Gerechtigkeit, Wohlergehen, Bildung und Schönheit für alle, Gleichberechtigung oder grenzenloser technologischer Fortschritt als möglich galten (vgl. Rifkin 2011, 47). Nun schien das Paradies auf Erden Realität werden zu können. Dabei kamen diese Kriterien einer zukünftigen Welt in der gesellschaftlichen Wirklichkeit nicht zusammen, standen sogar im Widerspruch zueinander oder verfolgten auch reaktionäre Ziele. In dieser Umbruchzeit blühten technische Fantasien, weitreichende politische Programme für eine neue gesellschaftliche Ära und reale Experimente. Der all seine Dimensionen offenbarende Industriekapitalismus forderte geradezu soziale und kulturelle Antworten heraus. Da er größtenteils von den feudalen Fesseln befreit war, konnte er ein Wachstum entfesseln, technischen Fortschritt befördern und öffnete neue Möglichkeiten für die gesellschaftliche Entwicklung – gewollt oder ungewollt. Zugleich aber produzierte er neue Ungerechtigkeiten und kulturelle wie ökologische Probleme von bisher ungeahntem Ausmaß. Politische Bewegungen entstanden als Reaktion darauf mit dem Ziel, die Gesellschaft umzuwälzen und Ziele zu verwirklichen, die jenseits dieser kapitalistischen Realitäten angesiedelt sein sollten – neue Utopien begannen die Bahn zu brechen. So entstanden zahlreiche konkrete Versuche, derartige „Nicht-Orte / Schöne Orte" Wirklichkeit werden zu lassen, wie dies in verschiedenen Siedlungsprojekten, z. B. Werkssiedlungen oder Gartenstädten, bis heute sichtbar ist. Dabei zielte der Gartenstadt-Gedanke von Howard nicht auf ein „Retrotopia", wie er sich bei den realisierten Gartenstädten oder Werkssiedlungen in den städtebaulichen Formen finden lässt (ohne damit die utopischen Momente darin per se als retrotopisch abzutun). Er bezog sich nicht auf Morus und versuchte ein gänzlich neues Siedlungssystem zu denken. Erst Osborn verfolgt in dem Vorwort zur Ausgabe von 1965 die Spur zu Morus und charakterisiert Howard als Erfinder, weniger als politischen Träumer, also keinen Utopisten (vgl. Howard 1965, 21). Letztlich drücken die Werkssiedlungen oder Gartenstädte ein wichtiges Kriterium zur Auswahl von utopischen Orten aus: ihre Heterodoxie, also ihre Abweichung von jeweils gültigen Leitvorstellungen der Gesellschaften, womit sie zu Heterotypen werden – zu Gegenorten, die „Funktionen der Illusion oder Kompensation übernehmen", wie Foucault formulierte und damit die Nähe zu dem zweiten Merkmal andeutete, dem der Ambiguität, worauf noch einzugehen sein wird (Rau 2013, 90–91). Dieser Charakter ist relativ und kann durchaus im Laufe der Aneignung erodieren. Alle in diesem Buch aufgesuchten Beispielorte verkörpern Heterotopien im Sinne (temporärer) Gegenorte mit jeweils verschiedenen Charakteristika. So repräsentieren diese Orte je verschiedene Zwitter zwischen „Nicht-Ort" (Utopia) und Realort, jenseits gängiger gesellschaftlicher Normen. Das hebt sie exemplarisch an die Grenze zwischen Utopie und Wirklichkeit. Ob sie damit Idealstädte werden, als „Ausdruck eines utopischen Gestaltungswillens" (Kruft 1989, 10), kann hier nur ansatzweise beantwortet werden. Sie helfen uns, Utopia zu befragen.

Technisch-soziale Phantasien

Das Spektrum der utopischen Ideen in der Phase der Entfaltung des Kapitalismus ist nicht nur reichhaltig, sondern zugleich auf dessen Überwindung gerichtet, mit welcher Intention auch immer. Letztlich befruchten diese Gedanken und

Realexperimente die Zukunftsdebatten bis heute, fordern Widerspruch heraus und geben Anregungen für neue Ideen – die Gartenstadt ist nur ein Beispiel dafür. Neben den großen gesellschaftspolitischen Programmen, die z. B. von Marx und Engels entfaltet wurden – der 200. Geburtstag von Karl Marx jährte sich 2018 und gab viele Anlässe zur kritischen Würdigung – waren es auch die phantastischen Erzählungen über neue technische Möglichkeiten, die um 1900 zahlreich verbreitet wurden. Jules Verne war nur einer von den Autoren, die jüngst erst wieder aufgelegt wurden, wie z. B. „Die Welt in 100 Jahren", erschienen 1910 (Ruppelt 2014 / Brehmer 2010). Alle Themen werden berührt, die Stadt spielt dabei auch eine Rolle, wenngleich meist mittelbar oder reduziert auf deren Architektur. Das ist kein Zufall. Mit dem Beginn der „Zweiten Industriellen Revolution" um etwa 1900 entstanden ganz neue technologische Möglichkeiten, allen voran die Elektrifizierung und das Eisenbahnnetz. Die Städte wuchsen explosionsartig, die sozialen Bewegungen gewannen mehr denn je gestaltende Kraft, die Welt wurde „kleiner" durch neue Kommunikationsmittel und Krieg gewann eine bisher ungeahnte, industrielle Dimension (vgl. Rifkin 2011, 47). Die gesellschaftlichen Disparitäten nahmen unaufhaltsam zu und damit auch die Versuche, die sozialen Unterschiede abzubauen. Dabei spielte das Werk von Morus meist kaum noch eine Rolle, wenngleich sich die Denkmodelle ähnelten. Nun, 100 Jahre später, am Beginn des 21. Jahrhunderts, sind die Zeichen auf eine gänzlich neue industrielle Entwicklung ausgerichtet, die sich mit Digitalisierung und künstlicher Intelligenz verkürzt zusammenfassen lässt. Wieder greifen technologische Fantasien um sich, die eine neue Welt entstehbar lassen sollen. Die „Dritte Industrielle Revolution" ist damit jedoch nur unvollkommen gekennzeichnet (vgl. Rifkin 2011, 47–49). Ihr Kern ist die Transformation der energetischen Basis der Gesellschaft in Richtung erneuerbarer Primärenergien. Mit diesem epochalen Übergang, den Rifkin stellvertretend für zahlreiche Autoren herausarbeitet hat, könnte eine Vision zukünftiger gesellschaftlicher Entwicklung abgeleitet werden, wie sie auch vielfach bereits an praktischen Beispielen erlebbar ist. Dahinter aber verbirgt sich ein methodisches Risiko, das die gesamte Geschichte der utopischen Versuche durchzieht, das lineare Verständnis von Entwicklung.

Zur Methode des Buches

„Zeitverschobene Utopie" heißt die literarische Vorgehensweise, wenn Zeithorizonte umgekehrt werden, wenn das „Futur Zwei" als Mittel eingesetzt wird, um auf die Gegenwart zu blicken. Mit dieser Metapher spielt auch die von Harald Welzer gegründete Stiftung „Futur Zwei" (https://futurzwei.org/). Die erste

Schrift (nach Morus), die nach dieser Methode verfasst worden war, ist die von einem Samuel Madden („Memoirs of the Twentieth Century", 1733, vgl. Ruppelt 2014, S. V). Diese Art des Perspektivenwechsels hat Thomas Morus mit seinem Geniestreich „Utopia" literarisch begründet. Das Buch ist eine in die Zukunft verlegte, räumlich entkoppelte Rückblende auf die Gegenwart. Bei ihm wird dieses Verfahren durch eine fiktive Reise bewerkstelligt. Diesem Reisebericht geht eine Debatte über Grundfragen der damaligen Gegenwart, insbesondere von menschenrechtlichen Fragen voraus, in dessen Verlauf die Begegnung mit einem Reisenden von fernen Gestaden eingeführt wird und als kompositorisches Mittel zur Hinführung auf den eigentlichen Gegenstand – die Darstellung einer idealen Gesellschaft – in einem idealen Raum entfaltet wird. Damit wird zugleich eine fundamentale Negation verbunden. Morus beschreibt einen nicht existenten Ort als realen Ort, was bis dahin nur dem „himmlischen Jerusalem" in der christlichen Auslegung vorbehalten war. In den irdischen Gefilden, den Topoi, realisierten sich nur unvollkommen, fragmenthaft oder symbolisch die Vorstellungen einer Stadt als Ausdruck der zu erstrebenden Welt im Jenseits, das dann der ideale „Lebensraum" sein sollte, oder die irdische Stadt (als Synonym für die Gesellschaft) wäre nach himmlischen / kosmischen Prinzipien anzulegen, weil sich darin das Handeln der Menschen erst widerspiegele (vgl. u. a. Heigl, 2008, 53ff). Es finden sich ähnliche Vorstellungen in allen Religionen. Diese Negation von Morus bedeutet nun eine Zäsur; er verlegt das „himmlische Jerusalem" auf die Erde, wenngleich an einen unbekannten, aber existenten Ort, eben einen „Nicht-Ort" (Bauman 2017, 12). Ist damit zugleich jener „Nicht-Ort" angesprochen, den Mark Augé meint, wenn er diesen als Resultat der „Übermoderne" bezeichnet, der selbst kein Ort mit „Identität, Relation und Geschichte" ist (Augé 2014, 83)? Verschwimmt hier Utopia mit einer globalen Entortung, dem suburbanen sprawl, wenn wir dies auf die Realität beziehen? Oder ist Utopia als „Noch-Nicht-Ort" doch mehr, eben ein erwartbarer Ort mit Identität, funktionaler Relation und Geschichte? Damit kommt die Zeit ins Spiel, die dann Utopia als Ort ausmachen würde im Gegensatz zum sprawl als zeit- und raumlose Struktur (vgl. Augé 2014, 84).

Dabei handelt es sich aber nicht um eine Beschreibung erstrebenswerter Zustände, die bei einer (fiktiven) Reise erlebt worden waren, sondern um einen Dialog, in welchen der Autor Reflexionen einwebt, die den Darlegungen den Charakter von etwas Diskussionswürdigem, Vorläufigem und zu Befragendem geben. Morus breitet eine Art „Spielanleitung" aus, nach der über Zukunft und Gegenwart diskutiert werden kann. Er bietet keine Blaupause an, nach der die Zukunft zu gestalten sei. Darin liegt das Unerhörte, das über die Zeitverhältnisse am Beginn des 16. Jahrhunderts weit hinausreichte und somit eine Zäsur im Denken über Gesellschaft und Raum markierte.

Wir greifen das Verfahren des „Zeitverschubes" auf und stellen ebenso grundsätzliche Fragen, wie sie Morus eingangs seines Buches den Erzählern in den Mund legte. So stellt sich z. B. heute nicht mehr nur die Frage nach der individuellen Freiheit und der Rolle des Staates bei deren Einschränkung – wenngleich heute genug Anlass gegeben ist, über die noch in vielen Staaten geübte Praxis der Todesstrafe oder die massenhafte Überwachung durch Geheimdienste zu reden. Fragen der Gerechtigkeit, der ungleichen Besitzverhältnisse, der Mitwirkungsrechte oder der Religionsfreiheit sind nach wie vor große Themen mit enormer gesellschaftlicher Tragweite. Heute drängt eine noch weitergehende, generelle Frage nach einem globalen Genozid infolge des von Menschen verstärkten, wenn nicht gar maßgeblich anthropogenen Klimawandels auf die Agenda, die all diese anderen Herausforderungen überlagert und damit verschärft.

Der Zeitverschub wird am Ende des Buches als Epilog wieder aufgegriffen und mit dem Klimawandel verknüpft (http://edition.cnn.com/specials/hurricane-irma). Morus hat nicht eine Apokalypse antizipiert. Wir wollen dies auch nicht tun und kein dystopisches Bild der Zukunft beschwören – Anlässe dafür mag es wohl genug geben wie ebenso viele Aufrufe nach radikalen Wandlungen.

Darin verbergen sich gleichsam zwei Erzählungsebenen, mit denen Morus virtuos spielte: Das Verschränken von „Erfahrungsraum" und „Erwartungshorizont" – also Zeitstrukturen, die ein Vorher–Nachher verknüpfen, sich in Schichten manifestieren und Begriffe wie „Fortschritt", ein „Noch-nicht" bzw. „Nicht-mehr" und – was bei „Utopia" besonders wichtig ist – die Dauerhaftigkeit von Antizipiertem, das aus der Gegenwart erwächst, aber noch nicht da ist – also eigentlich nicht „Zukunft" verkörpert, sondern bereits Gedachtes bzw. in Ansätzen Vorhandenes, das auf der Zeitschiene „verschoben" wird (vgl. Koselleck 2017, 132–133 sowie 349–351 sowie Herold 2018, 211–213). Damit kann auch betont werden, dass die Relevanz von Utopien nicht obsolet sei. Indem Utopien „Zukünfte jenseits der klassisch-modernen Zeitstruktur entwerfen, scheinen sie ihre bleibende Relevanz für unsere von politischen und ökologischen Krisen, wirtschaftlichen und technologischen Umbrüchen durchzogene Zeit zu behaupten." (Herold 2018, 225).

Doch, was liegt an Erfahrungen vor, die für die Zukunft wichtig sein könnten, und welche Erwartungen werden an diese Zukunft geknüpft, die mit den Erfahrungen kompatibel sein können oder sich von diesen abheben? Insofern stellen Erfahrungsraum und Erwartungshorizont Leitplanken für die Auseinandersetzung um Zukünftiges im Verhältnis zu Vergangenem dar – was immer jeweils gesellschaftlich und individuell darunter verstanden wird. Doch ist dafür

Utopie als Kategorie nötig? Wenn die Zukunft an die Bedingungen der Gegenwart anknüpft, stellt Erstere nur deren Verlängerung dar. Das muss nicht unbedingt schlecht sein, kann aber bedeuten, dass Pfade verlängert werden, ohne diese hinreichend reflektiert und Möglichkeiten erwogen zu haben, diese auch zu verlassen. Denken in Utopie-Kategorien verschafft dafür den Möglichkeitsraum, indem Erwartung von Erfahrung zunächst entkoppelt wird, um den Blick für Erwartbares zu ermöglichen und Erfahrenes neu zu justieren. So entsteht ein relationales Verhältnis zwischen real Gewordenem und dem in der fiktiven Rückschau gedacht Gewordenem, also dem „Futur 2". Man könnte auch von „Zukunftsarchäologen" oder „Geschichtsfuturisten" sprechen, die diese Relation verkörpern würden (Kegler 2017, 40 und vgl. auch Kegler 2018 b, 142–143).

Eine verräumlichte Gesellschaftsutopie, ein Utopia als Gegenort, entsteht zwischen Reflexionen gemachter, gebauter Erfahrungen und denkbarer Erwartungen an Räume gesellschaftlicher Entwicklungen, auf den Ebenen Haus, Quartier, Stadt / Dorf, Region (Kontinent). Doch manifestiert sich darin zugleich räumlich das Utopia-Paradoxon: Es verbindet das Denkbare mit dem zugleich nicht Erreichbaren, aber auf einer lebensweltlich realen Art. Beides ist gebunden an Rahmenbedingungen, die sowohl von den Menschen selbst als auch von der Natur geschaffen worden sind – im Klimawandel der Gegenwart verbinden sich beide Seiten. Den „Gegen-Beweis" dafür lieferte Morus selbst: Sein Utopia hat keine Entwicklungsgeschichte, zumindest ab dem Zeitpunkt, da seine Stadt (Gesellschaft) als vollendet betrachtet wurde. Die Leserschaft erfährt darüber nur Folgendes: Die Geschichte Utopias soll 1760 Jahre umfasst haben. „Utopia" hat einen planerischen Schöpfer, Utopus, der die Grundprinzipien der räumlichen Struktur der Insel sowie der Anordnung und Ausgestaltung der Städte festgelegt hat mit dem Ziel der harmonischen Ordnung (Morus 1516/2001, 64). Berichtet wird nur vom Resultat, nicht vom Prozess und den Rahmenbedingungen.

Morus führt den Zeitfaktor mit einer überaus großen historischen Spanne ein, die die Errichtung des idealen Staates in Anspruch genommen haben sollte. Dieser Zeitraum ist etwa vergleichbar mit dem, den die griechische Antike von den Frühformen bis zum Untergang umfasste. Im Vergleich dazu ist „Utopia" beständig. Das Ende der Geschichte ist erreicht; eine Entwicklung innerhalb der Insel wird für die Zukunft ausgeschlossen, wohingegen eine Expansion möglich wäre, also der „Export" von „Utopia". Das ewige Reich auf der Erde hat sich vollendet – eine Zeitutopie, dem „Uchronia", der „Nicht-Zeit" (Nowotny 1993, 139) also, nach der es – in einem ersten Zugriff – eine vollendete Geschichte, ein Schlaraffenland als „Verwirklichung in der erstreckten Gegenwart" (Nowotny 1993, 139), geben wird, das der dynamischen, chaotischen Zeitgeschichte entgegengesetzt erscheint (Cojocaru 2012, 123). Diese Vorstellung einer endgültigen „Versöhnung von Freiheit und Sicherheit“ (Bauman 2017, 17) zu einem definierbaren Zeitpunkt muss scheitern, gilt aber als ein Kennzeichen von Retrotopia, worauf noch zu verweisen sein wird.

Das Uchronia tritt als der komplementäre Part zu Utopia sodann mit der Zeitautonomie in Erscheinung – der zweite Zugriff (Nowotny 2017, 140). Der dritte Zugriff ist nun der entscheidende: die Abkehr von der linearen Zeitvorstellung einer Verwirklichung neuer Verhältnisse hin zu einer Wahrnahme des „Unerwarteten, der Spontanität der ‚Wechselfälle des Lebens‘“ (Nowotny 1993, 140). Dieses Unerwartbare steht im Gegensatz zu einer Glückseligkeit verheißenden Idealgesellschaft in einer Zukunft. Erst durch die Dimension des Zeitverschubs mit Uchronia kann Utopia diskutierbar werden. Uchronien und Utopien bieten „Lösungsvorschläge für bestimmte ungelöste Probleme einer Gesellschaft“ (Nowotny 2017, 142), doch sie liefern nicht zu unterschätzende Denk-Methoden und geben unvollkommene Vorschläge, die selbst erst im Diskurs entflochten werden müssen, und liefern keine fertigen Lösungen, was oft missverstanden wurde.

So beinhaltet der Zeitverschub bei Morus eine Zeit-Falle: Er suggeriert in den Beschreibungen der zukünftigen Zustände eine mögliche Verbindung zwischen dem „Jetzt“ und „Hier“ und dem – vermeintlichen – „Noch-Nicht“ und „Dort“, also eine mögliche Verkettung von der Gegenwart mit Zuständen in der Zukunft, die nur räumlich abgetrennt ist (z. B. durch den Seeweg), also nicht unüberwindbar sein dürfte. Das aber hat sich – historisch betrachtet – nicht eingestellt. Vielmehr handelt es sich um eine teleologische Deutung, wonach die Geschichte auf ein (erstrebenswertes) Raum-Zeit-Ziel hinausläuft (Koselleck 2017, 142). Wenn also, verkürzt gesagt, ein gegenwärtiger Wunsch mit der Hoffnung auf zukünftige Verhältnisse gleichgesetzt wird, bleiben Entwicklung, Veränderung, Anpassung oder Transformation, letztlich Unwägbarkeiten, ausgeblendet; sie gelten nur dem Ziel, eine gegenwärtig herrschende Position des „Guten“ und „Richtigen“ zu verewigen. Diese Unterscheidung hat fundamentale Bedeutung, wie ein Blick in die Geschichte von Verwirklichungsversuchen von Utopia, wie z. B. in der stalinistischen Sowjetunion, zeigt (Bodenschatz 2003).

In einem anderen künstlerischen Genre, dem Theater, hat Heiner Müller diesen Umstand bereits 1977 glänzend und zugleich verstörend umgesetzt: „Müllers Theater in und ab der ‚Hamletmaschine‘ ist ein utopischer Ort im strengen Sinn des Wortes. Das heißt, Müller kappt jede Verbindung zwischen dem Begriff der Utopie und den Vorstellungen des Noch-Nicht, des Vorscheins und des Prinzips Hoffnung, mit denen vor allem Ernst Bloch seine Philosophie auflud und die selbst Adorno der negativen Theologie seines Spätwerks aufbürdete. Utopie heißt für Müller die pure Faktizität des Wunsches: der Wunsch ohne Hoffnung auf seine Verwirklichung, ein Traumbild, das seine eigene libidinöse Struktur zum Verschwinden gebracht hat." (Ette 2017,13). Dieses Oszillieren einerseits zwischen Wunsch und Hoffnung ohne Anspruch der Verwirklichung und andererseits des Unzufriedenseins mit dem Gegenwärtigen durchzieht Morus' Werk und mündet in dem finalen Schlüsselsatz: „Freilich ist das mehr Wunsch als Hoffnung" (Morus 1516/2001, 148).

Den Zeitverschub als Kern seiner Methode „umgarnte" Morus mit weiteren Mitteln, um über das sagenhafte, wohl vorhandene wie unerreichbare „Utopia" zu berichten. Ironie wird ihm attestiert, Rollenspiele veranstaltet er, ja, er nimmt Zuspitzungen und Überzeichnungen vor, die als bare Münze genommen werden konnten und – wie wir heute wissen – zu bisweilen fatalen Ergebnissen diktatorischer Herrschaften führten. Im Kern aber entwirft er ein rationales System der Gesellschaft und deren räumlicher Struktur. „Utopia" ist ein glücklicher, aber nur nach langer Reise (zeitlich und räumlich) erreichbarer Ort, den es vielleicht gar nicht gibt. Zugleich beinhalten seine fiktive Beschreibung Zweifel und Warnungen, nicht nur Verheißungen, wenngleich nicht alles sofort deutbar ist und verschiedenen Interpretationen Raum gibt. Gerade damit gelingt es ihm, ein entscheidendes Kriterium für die Aneignung seines Werkes und damit für die Diskussion über Utopia heute fruchtbar zu machen: die Ambiguität, die Mehrdeutigkeit (Bauer 2018, 17). Utopia ist ein mehrdeutiges Gebilde, das einer linearen „Vereindeutigung" (Bauer 2018, 13) entgegengesetzt ist, was deren Rezeption nicht vereinfacht, dafür aber Chancen einer Entdeckung neuer Möglichkeiten räumlich-gesellschaftlicher Entwicklung eröffnet. Die exemplarischen Orte, die die Reise dieses Buches beinhalten, sind durchaus ambig, d. h., sie verkörpern eine Ambiguitätstoleranz; sie sind bis zu einem bestimmten Maß oder zu einer begrenzten Zeit mehrdeutig und damit chancenreich (Bauer 2018, 30), wohingegen eine einseitige Deutung von Utopia zu einer Verengung der Zukunftsvorstellungen führt, also vereindeutigt wird. Damit gewinnt die jeweils gültige Vorstellung einer Zeit und einer Gesellschaftsordnung die kulturelle Hoheit über Utopia, womit das Utopia-Paradoxon künstlich aufgelöst wird. Es verliert seine gesellschaftsinspirierende Kraft als Gegenort. Auch davon künden die Orte, die in diesem Buch berührt werden.

Warum lohnt es, sich einem solchen Werk wieder zu widmen? Ist nicht schon alles gesagt? Offenbar besteht nicht nur ein Reiz darin, sich dieses Buch immer wieder vorzunehmen und mühevoll durchzuarbeiten, es besteht wohl ein permanentes Bedürfnis, die immer noch (oder wieder) unzureichenden Verhältnisse auf der Welt zu verbessern, wofür „Utopia" eine nicht nur willkommene Schablone ist, sondern immer noch uneingelöste Projektionen enthält, die es lohnen, erörtert zu werden mit der auch zweifelbehafteten Hoffnung, die Lebensverhältnisse, in denen Menschen existieren, dauerhaft zu verbessern oder (minimal) ein Überleben zu ermöglichen, gerade, wenn es „ums Ganze geht“ (Dürr 2016). Wie trügerisch derartige Wünsche auch sein mögen, erörtert sollten sie werden. Hierzu gesellt sich die Erkundung von inzwischen gemachten Erfahrungen, die sich auch an Gebautem, weiter noch, an der Raumordnung festmachen lassen. Das soll letztlich ein Gegenstand dieses Buches sein.

Zur Aktualität von Utopia

Wie einst Morus’ Werk am Beginn einer neuen Epoche stand, was er natürlich bestenfalls ahnen konnte, sehen wir heute Verhältnisse, die in vielfacher Hinsicht zu kritisieren sind: Globale und soziale Spaltungen, internationalen Fluchtbewegungen, das ungebremste Stadtwachstum, der Ressourcenverbrauch etc. Nichtsdestotrotz: Fortschritte sind im vergangenen Jahrhundert eingetreten, wie sie in den letzten 500 Jahren undenkbar waren, wenn allein schon der Blick auf die Gesundheit fällt oder auf die Demokratie und die Bildung. Bei aller Kritik dennoch wachsender Ungleichheit und räumlich-sozialer Ungerechtigkeit, muss auch sozialer Fortschritt wahrgenommen werden, auch wenn sich damit nicht gleich alle Utopien eines Morus verwirklicht sehen. Gerade, weil einzelne Fortschritte erreicht wurden, gilt es, den Blick auf Grundsätzliches zu lenken. Eine demografische Entwicklung, d.h. Bevölkerungswachstum und Alterung, die sich mit klimatischen Veränderungen, Konsequenzen aus verzehrendem Ressourcenverbrauch und finanzökonomischen Problemen des globalisierten Kapitalismus verknüpfen, können vollkommen neue Ausmaße an Gefährdungen zeitigen (Emmott 2013). Dies mag für einige Bevölkerungsgruppen und Regionen als beherrschbar gelten, dürfte aber langfristig kaum kompensierbar sein. Doch eine ungestüme Urbanisierung, eigentlich Suburbanisierung, ein gigantisches System an globalen, aber ungleich verteilten und vulnerablen Infrastrukturen, ein sich vergrößernder ökologischer Fußabdruck, all das erzeugt einerseits – bewusst oder unbewusst – Unbehagen oder Gleichgültigkeit, vor allem auch Angst, die in Abwehr von Erkenntnissen und inadäquatem Handeln mündet. Eine fatale wie nachvollziehbare Crux. Andererseits entstehen vielfältige Initiativen, die aus dieser Sackgasse Auswege suchen. Das alles kann auch ohne Utopia passieren. Die Aktualität einer Auseinandersetzung mit diesem Thema erwächst aus der Grundsätzlichkeit der sich abzeichnenden Verhältnisse, einer möglichen Zeitenwende, wie sie vor 500 Jahren mit dem Übergang zur Neuzeit anbrach, worauf noch einzugehen ist.

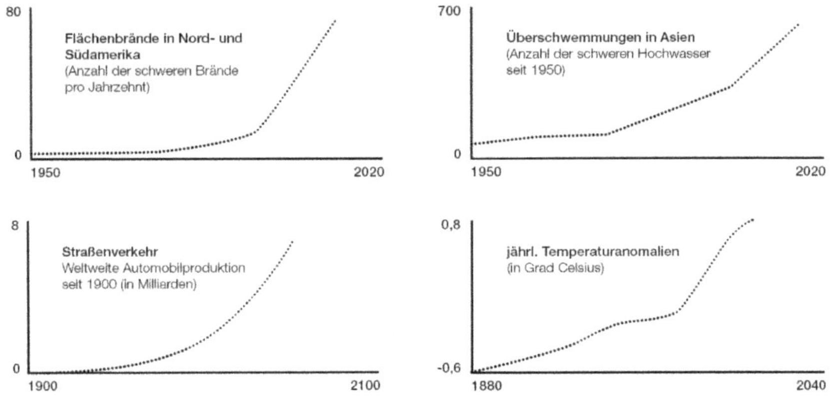

Abb. 1-3 bis 1-6: Globale Trends: Zunahme von Flächenbränden, Hochwasserereignissen, Straßenverkehr, Temperaturturbolenzen; nach Emmott, S. (2013): Zehn Milliarden, Berlin, 178–179, 36–37, 150–151, 62–63 (Zeichnungen Christin Schmitt)

Wenn, wie Marx im „Achtzehnten Brumaire des Louis Bonaparte“ 1852 ausführte, die Menschen ihre Geschichte zwar machen, „aber sie machen […] nicht unter selbstgewählten, sondern unter unmittelbar vorgefundenen, gegeben und überlieferten Umständen.“ (Marx / Engels 1960, 115), und vieles spricht dafür, dann bestimmen Rahmenbedingungen wie klimatische Wandlungen oder ererbte Vulnerabilitäten von Infrastrukturen determinieren Handlungsmöglichkeiten von Menschengruppen. Ein Blick in die Geschichte der menschlichen Zivilisation zeigt dies anschaulich, wie am Beispiel des Zweistromlandes deutlich gemacht werden kann: „… die Menge und Größe bis heute erhaltener Architekturdenkmäler und Ruinen bescheinigen uns, dass viele in heutiger Zeit wüstenhafte Gebiete einst eine dichte Bevölkerung aufwiesen, die auf jeden Fall eine solche Fruchtbarkeit des Bodens voraussetzte, von der jetzt bestenfalls nur noch schwache Spuren vorhanden sind.“ (Baladin 1984, 176) – eine seit Langem bekannte Tatsache. Das bedeutet, dass neben menschlichen Beiträgen für eine Zunahme von Wüsten durch Übernutzung auch klimatische Veränderungen im globalen Maßstab die Veränderung von Lebensräumen zeitigte und damit Migrationsprozesse auslöste oder mindestens beförderte, also eine räumliche Verschiebung von Siedlungsgebieten auslöste (Behringer 2016, 59ff).

Die vergangenen Zivilisationen arrangierten sich schlicht mit den Verhältnissen, was gewiss nicht konfliktfrei verlief; sie entwickelten aber keine Vorstellungen von den neuen Siedlungsräumen, in die sie auswichen. Erst mit Morus, so könnte zugespitzt gesagt werden, wurde die Idee geboren, sich über die Zukunft jenseits der existierenden räumlichen Daseinsweise Gedanken zu machen und diese dann auch noch mit einer Veränderung der gesellschaftlichen Zustände zu verknüpfen. Die Entdeckung Amerikas bot seinerzeit die Hintergrundfolie für die Reise zu neuen Gefilden einer idealen Gesellschaft. Das stellte eine Zäsur dar, letztlich auch, weil im Zuge dieser von Morus erdachten Reiseerzählung die Vorstellung eines neuen Besiedlungssystems von ihm entwickelt worden war. Diese beiden Momente begründen die Aktualität von Utopia: die (notwendige) Änderbarkeit von Gesellschaft und ihre räumliche Existenzform.

Die Lektüre und Interpretation des Buches von Morus hält hierfür reichliche Anregungen bereit und lädt zur Kontroverse ein. Sein Buch „Utopia“ ist zugleich eine fantastische Geschichte, die Ironie ebenso enthält wie die Möglichkeit, eine neue Art von Weltsichten auf andere Kulturen zu erlernen. Das Buch ist ein kritischer Reflex auf gesellschaftliche Zustände mit ihrem Rechtsverständnis und ihrer grundsätzlichen Verfasstheit. Insgesamt vereint es ein Füllhorn an Vorstellungen und manifestiert eine kulturelle Opulenz, die als Basis für eine Suche nach Lösungen für heranreifende Probleme unumgänglich erscheint. Allein dieses Übermaß an Bildern, an diskussionswürdigen Beschreibungen, an auch abstoßenden Dystopien bietet eine Gewähr, dass überhaupt Lösungen zu finden sind. Dieses Übermaß gehört zu den wesentlichen Erkenntnissen aus der Geschichte für die Zukunftsgestaltung (Hahne; Kegler 2016, 29). Schließlich bleibt es eine enorme kulturelle Herausforderung, angesichts der Komplexität und Dynamik von gegenwärtigen Entwicklungen, angesichts der sich abzeichnenden klimatischen Wandlungen über Veränderbarkeiten und mögliche Zukunftsvorstellungen überhaupt grundlegend und kooperativ zu debattieren (vgl. Dürr 2016, 147ff). Dafür kann neuer „Mut zur Utopie“ geschöpft werden (Feistel 2019 https://www.rubikon.news/artikel/mut-zur-utopie).

Das Buch „Utopia“

Morus gliedert seine Schrift in zwei Teile, die er über die Form eines Dialogs zu einer Reisebeschreibung verbindet. Widmet er den ersten Teil der Kritik, so entfaltet er in den Abschnitten des zweiten Teils das Leben und die Siedlungsweise auf der Insel Utopia, d. h., er beschreibt die Städte und das Siedlungssystem, die Aufgabenteilung des Lebens in diesen und die Regierungsform. Er entwirft ein Bild von Stadt und Gesellschaft, das vor 500 Jahren revolutionär war. Das begründete seine Popularität. In den acht Unterkapiteln des „Zweiten Buches“, in welchem er das Utopia den Lesern (eigentlich Zuhörern) ausbreitet, werden semantisch wie inhaltlich Brücken geschlagen zwischen dem Zeitverständnis am

Beginn des 16. Jahrhunderts und einer fernen, fiktiven Welt – hierin liegt auch das verstörende Moment begründet, wonach es möglich sein könnte, die Darlegungen zu Utopia direkt umzusetzen. Diese Kapitel des zweiten Buches werden mit geografischen Ausführungen eingeleitet und heißen:

- Von den Städten, namentlich von Amaurotum
- Von den Obrigkeiten
- Von den Handwerkern
- Vom Verkehr der Utopier untereinander
- Von den Reisen der Utopier
- Von den Sklaven
- Vom Kriegswesen
- Von den religiösen Anschauungen der Utopier

Die Symmetrie dieses zweiten Buches ist vermutlich auch die kompositorische Grundlage für die Struktur des ewigen Utopia. Die Grundlage der Gesellschaft sind Städte. In ihnen wirken zwei gesellschaftliche Gruppierungen: die Organisatoren der Gesellschaft und diejenigen, die die ökonomische Basis darstellen (Obrigkeit und Handwerker). Dann erläutert Morus die inneren und äußeren Beziehungen der Utopier in zwei Kapiteln. Erst dann folgen mit dem Kapitel über die Sklaven und zum Kriegswesen Themen, die sozial-kulturellen Sprengstoff beinhalten, aber auch an Diskussionen der Zeit anknüpfen. In dem abschließenden Kapitel über die Religion bietet er einen überwölbenden Ausblick zur Rolle des Glaubens in der Gesellschaft und dem Verhältnis von Freiheit und Gebundensein im ewigen Dasein der Menschheit an, also auch ein Verhältnis von Wissen und Glauben. Das ist wohl die „Reformation" des Katholiken Morus und zugleich finales Angebot im Buch für einen Diskurs über die Funktion und die Praxis der Religion am Beginn einer neuen Menschheitsära, der Neuzeit um 1500. Hier hat er sicher methodische Inspiration von seinem Freund, Erasmus von Rotterdam, aufgenommen. Dieser schrieb wenige Jahre vor dem Erscheinen Utopias im Hause von Morus in England sein berühmtes Buch „Lob der Torheit" (Zweig 2016, 67). Dessen Personifizierung der „Torheit" und die beißende Gesellschaftskritik, aber auch das Offenhalten von Zukunftsentwicklungen dürften Morus beflügelt haben für sein phantastisches Werk (Erasmus 1511/2011).

Innerhalb dieser strukturellen Komposition, die sein grundsätzliches Anliegen zum Ausdruck bringt, hat Morus eine Vielzahl von Anregungen unterbreitet, die den Ruf, ja Mythos von Utopia eigentlich begründeten. Zu den fast beiläufig eingestreuten fundamentalen Aussagen gehören u. a. die über das Fehlen von privatem Eigentum an Boden und Immobilien, das Fehlen von Geld oder die Ablehnung von materiellem Reichtum, die Gleichheit der Mitglieder

der Gesellschaft, die Betonung der Gemeinschaft gegenüber dem Individuum, die rationale Raumorganisation der Gesellschaft, die Freiwilligkeit des Fügens in ein (ewiges) Regelwerk des gemeinschaftlichen Lebens einschließlich einer ständisch organisierten Formation von der Familie bis zum gesamten Staat. Bei der Lektüre des Buches beschleicht die Leserschaft bisweilen das Gefühl, nicht mehr einem Weg nach Utopia zu folgen, sondern eher in eine Dystopie zu geraten, wenn es z. B. um zwanghafte Organisationsformen des Lebensalltags geht.

Die gesamte Diskussion zu Utopia in der Nachfolge zu Morus, allen voran der „Geist der Utopie“ von 1918 und der „Abriss der Sozialutopien“ als viertem Teil („Grundrisse einer besseren Welt“) im zweiten Band des „Prinzips Hoffnung“ von Ernst Bloch (1885–1977), erschienen in den 1940er und 1950er Jahren, kann und soll hier nicht ausgebreitet und erörtert werden. Wir beschränken uns auf die Teile der Ausführungen von Morus, die die sozial-räumlichen Dimensionen betreffen: die Anlage des Stadtraums, die Bildung von Gemeinschaft, übergreifende, aber auch räumlich relevante Kriterien wie Gleichheit, Schönheit, Bodeneigentum, Ressourcen-Autarkie, demografische Entwicklung und deren räumliche Steuerung, gerechtes Wohnen, Steuerung von regionaler Entwicklung oder politische Kommunikation – zusammengefasst in der Raumordnung. Davon ausgehend suchen wir historische, diskussionswürdige Referenzen, nicht, um einen Beweis anzutreten, dass Utopia gelingen kann, sondern wir erkunden Heterotype hinsichtlich ihrer denkbaren Beiträge, die über ihre Zeit hinausreichen könnten und für eine heutige Debatte um eine „Noch-Nicht-Gesellschaft“ (Bloch), ein „Klimatopia“ als globale Stadtregion im Klimawandel fruchtbar sein würden.

Wir wagen einen weiteren Zeitverschub, der im Epilog in einem Ausblick mündet für ein unbekanntes Zeit-Territorium im 21. Jahrhundert (oder später), das im Zuge klimatischer Wandlungen entstehen könnte. Dabei folgt diese Projektion der Annahme, dass der Klimawandel voranschreitet und – trotz notwendiger mitigativer (vorbeugender) Gegenmaßnahmen – die Menschheit sich auf einen neuen Klimamodus einstellen muss, der auch ein neues Raumordnungsgefüge bedingt. Dies hat weitreichende Konsequenzen, die letztlich die gegenwärtige Gesellschaft in ihrer kapitalistischen Verfasstheit und ihrer räumlichen Konfiguration infrage stellen könnte. Das bedeutet auch, dass es nicht um Untergangsszenarien, sondern um „Freiräume“ in gesellschaftlicher wie räumlicher Entwicklung geht, die jedoch nicht als Idealzustände zu verstehen sind, sondern als gesellschaftliche Auseinandersetzungsräume (reale wie geistige), um das Finden eines adäquaten Weges in den neuen Klimamodus (vgl. auch Wright 2017, 436–437). Der Prozess dorthin hat bereits begonnen, wie u. a. das Ringen um die

Energiewende in Deutschland belegt. Der historisch angelegte Utopia-Diskurs mag ein sinnstiftender Begleiter in die neuen Freiräume sein.

Der Buchaufbau

Der Komposition von Morus lehnt sich das vorliegende Buch an, entwickelt aber nicht einfach eine neue Utopie, sondern geht auf Spurensuche in der Geschichte, legt dabei utopische Elemente – auch mit ihrer Widersprüchlichkeit – frei und entwickelt schließlich raumordnerische Ansätze für ein „*Klimatopia*“, also eine Raumordnung, die resilient ist und zugleich den Übergang in eine neue Existenz der menschlichen Gesellschaft ermöglicht, also im besten Sinne des Wortes nachhaltig ist. Insofern wird Morus nicht als „Retroutopia“ genutzt. Gerahmt von Prolog und Epilog werden wie in einer Collage programmatische Orte erkundet, die für eine verdichtete Diskussion um Utopia in einer (neuen) Raumordnung ertragreich erscheinen. Die beiden „Bücher“ im vorgelegten Werk sind zeitlich gestaffelt, deren Scheidemarke am Beginn der 20. Jahrhunderts liegt. Die dabei skizzierten Erkundungen zur Geschichte identifizieren räumlich konkrete utopische Versuche und bilden einen Echoraum aktueller Debatten.

Im Buch Eins, das Einblicke sucht, wird der Bogen vom Prolog mit der Methode und seinen einleitenden Schwerpunktsetzungen (Klimafrage) zu den Orten der Inspiration für Utopia geleitet: Antwerpen und Leuven. Die erste Überprüfung der Inspiration erfolgt an dem nahe gelegenen Ort einer für die Epoche des Kapitalismus typischen verwirklichten „utopischen“ Raumstruktur: im ehemaligen wallonischen Kohlerevier von Mons, bei der auf der Welterbeliste stehenden Siedlung Grand Hornu.

Die Entdeckung der ersten Umsetzung der Idee von Morus liegt jedoch in Mexiko (Patzcuaro) – entstanden bereits im 16. Jahrhundert. Diese weicht bereits stark von der Ursprungsidee von Morus ab. Somit folgt dann, angesichts der Befunde, die Analyse der Insel-Idee von Morus und seiner Stadt Amaurotum mit deren räumlicher Ordnung. Daran schließt sich der Blick auf den Beginn des 20. Jahrhunderts an, als eine erste globale Umsetzung einer Utopie praktisch versucht worden war. Wir begegnen einer radikalen Erweiterung der von Morus gedachten räumlichen Struktur der Gesellschaft: die erste „virtuelle“ Welt-Friedens-Stadt (Mundaneum-World City) ab 1898. Die Idee weist sie auf die Globalisierung als neuer Dimension menschlichen Wirkens hin und appelliert zugleich an die Friedensnotwendigkeit der Zukunft. Damit sind Koordinaten von Utopia abgesteckt, denen an gedacht-gebauten Beispielen nachgegangen wird.

Das Buch Zwei lenkt einen Ausblick auf bewusst gebaute Utopien im 20. Jahrhundert mit unterschiedlichen Ausrichtungen, um das Spektrum utopischer

Experimente einzufangen – auch als exemplarische Bilanz. Nach dieser Typologie utopischer Orte wird mit dem radikalen Versuch einer neuen gebauten Gesellschaft begonnen: die „neue" Stadt (Genesis der Sowjetstadt) als ein Versuch, in großem Stile planvoll neue Städte für eine neue Gesellschaft in neuen Territorien zu bauen, die auf gesellschaftlichem Eigentum an Grund und Boden fußte. Danach folgt die technologische Utopie, die so überwältigend das 20. Jahrhundert prägte, symbolisiert durch das „Atomium" und deren dadaistische Karikatur („Weltmaschine"). Schließlich folgen drei gebaute Utopien auf drei Kontinenten mit großen Ideen für die Menschheit und deren Befragung als Heterotope: Lambaréné, Auroville sowie das Bauhaus in Dessau. Dann erst wird der Blick frei für eine Kernaufgabe der Zukunft, die gesellschaftliche Raumordnung, ausgehend von Entwicklungen, dem manifestieren von Ordnungsprinzipien und dem Treffen von Feststellungen zur Planung – direkt Bezug nehmend auf Morus. Von diesem Denkraum ausgehend wird schließlich im Epilog ein utopisch anmutender Entwurf für eine Zeit gewagt, die nicht unwahrscheinlich, aber auch (noch) nicht vorstellbar ist. Auch hierbei werden Bezüge zur Vergangenheit utopischen Denkens hergestellt. Dies ist aber keine neue „Stadtutopie", sondern ein raumordnerischer Denk-Versuch, basierend auf Realentwicklungen, die uns im gesamten Buch begleiten. Der Epilog säht hoffnungsmögliche Zweifel in Gestalt eines „100-Jahr-Plans".

Zu Retrotopia

Diese dem Text eingravierte Aktualität, Interpretationsmöglichkeit und auch Herausforderung für die Suche nach einem neuen „Nicht-Ort" bzw. „glücklichen Ort" – beide Begriffsdeutungen sind ja möglich – bot die Gelegenheit, anlässlich des 500-jährigen Jubiläums des Erscheinens von Utopia im Jahr 2016 einer spezifischen Würdigung nachzugehen. Diese erfolgte mit einer Ausstellung in Leuven, Belgien. Obgleich die dortigen Ausstellungen imposant waren, blieb das Jubiläum dieser neuartigen Schrift im Schatten der Würdigung einer anderen Schrift, der Bibel von Luther und seinen Thesen im Jahr 2017. (https://www.luther2017.de/de/2017/reformationsjubilaeum/) Vielleicht täuscht der Eindruck, aber Grundsätzlichem nachzugehen scheint eher weniger Interesse auf sich zu ziehen in Zeiten, da eigentlich Grundsätzliches auf der Tagesordnung stehen müsste, als Bekanntes zu rekapitulieren.

Bei den im Rahmen der Ausstellungen in Leuven gezeigten Dokumenten und Interpretationen blieben die stadt- und siedlungstheoretischen Ansätze, die Morus entfaltet hatte, im Hintergrund. Es lassen sich im deutschsprachigen Raum einige Pressebeiträge identifizieren, vor allem aber fand 2016 eine bemerkenswerte Utopia-Konferenz an der Universität Hildesheim statt, die auch den Anstoß zu diesem Buch gegeben hat. Nun besteht natürlich ein Risiko, dass ein Rekapitulieren von Utopien deren Beschwören gleichkommt und sich letztlich auch nur als eine Variante der Flucht in ein „Retrotopia" entpuppt: „Visionen, die sich anders als ihre Vorläufer nicht mehr aus einer noch ausstehenden und deshalb inexistenten Zukunft speisen, sondern aus der verlorenen/geraubten/verwaisten, jedenfalls untoten Vergangenheit" (Bauman 2017, 13). Anstatt des „düsteren Pfades" (Bauman 2017, 15) in eine Welt des Niedergangs und Verfalls infolge von wirtschaftlichen Krisen, von Migration und von Verlusterfahrungen aller Art wird dem ein scheinbar heiles „Gestern" der stabilen, monokulturellen, abgegrenzten, vertrauten und überschaubaren Welt der Gewissheiten entgegengesetzt und als Zukunft apostrophiert. Es wird, wie Bauman konstatiert, eine „Kehrtwende ins Gestern", eine „Sehnsucht nach der ‚guten alten Zeit'" (Bauman 2017, 15) vorgeführt, nach der ‚alten Heimat' als Lösung heutiger Probleme – folglich mit den Vorstellungen von einem Gestern, das es so nie gab, aber offenbar wieder Anziehung ausübt. Belege dafür lassen sich täglich in den Medien finden. Ist die Suche bei Morus nicht vergleichbar mit der Suche nach Vertrautem (wenngleich nur Geschriebenem), um der Ungewissheit von Zukünftigem etwas (scheinbar) Erprobtes entgegenzusetzen? Ist nicht eine „Neue Gartenstadt", um nur ein Beispiel zu nennen, ein zwar sozialer und ökologisch vertretbarer Versuch, nach neuen Ansätzen zu suchen, doch haftet nicht auch der idealisierten Gartenstadt – auch in ihrem zeitgemäßen Nachhaltigkeits-Gewand (vgl. Fricke 1995, 11) – ein verklärendes Moment an, letztlich ein stilisiertes Dorfidyll?

Diese Radikalität gesellschaftlicher Wandlungen dürfte die geübten Verfahren des demokratischen Aushandelns oder der Lösungssuche bei Konflikten auf den verschiedenen Ebenen der Gesellschaft bei der nun anstehenden (oder bereits begonnenen) Klimaveränderung grundsätzlich berühren oder sogar infrage stellen – die Demokratie steht auf einem neuen Prüfstand. Retrotopien lassen sich leichter mobilisieren für den Umgang mit ungewohnten Situationen; sie versprechen bewährte Lösungen einfachen Musters.

Anders als vor 500 Jahren, einer Zeit des Beginns der „Kleinen Eiszeit", die zwischen 1570 und 1700 festzumachen ist und tief greifende Änderungen im Gefüge letztlich der Weltgesellschaft zeitigte (Blohm 2017), scheint sich die Änderung heute in die andere Richtung zu bewegen: Es wird klimatisch wärmer. Der sich im 16. und 17. Jahrhundert vollziehende, widersprüchliche Aufbruch in die kapitalistische Gesellschaft kann zugleich als „Übergangskrise der modernen Staatenorganisation" bewertet werden – einerseits tief in vorkapitalistischen Verhältnissen verankert (z. B. Spanien), andererseits bereits sprunghaft auf dem

Wege in die kapitalistische Moderne (z. B. Flandern / Niederlande) – befeuert durch die hereinbrechende „Kleine Eiszeit" (Teschke 2007, 204). In diesem Spannungsfeld entstand Utopia.

Damals wie heute aber sind in besonderer Weise Städte und ihre Regionen betroffen. Die Folgen der „Kleinen Eiszeit" sind bekannt und die Auseinandersetzungen um die Vormacht im Europa des Umbruchs gipfelten in den Verheerungen des 30-jährigen Krieges. Ganze Regionen wurden entvölkert, massenhafte Migrationen in die noch vorhandenen Städte fanden statt oder – später – in die neuen Kolonien. Heute, da wir in einem enormen Maße vulnerabel gegenüber jedweder Art von Störungen geworden sind, dürften die Folgen unabsehbar sein. Sind Analogien zur heutigen Entwicklung möglich? Die Antworten heute gleichen, sehr grob gesprochen, entweder gut gemeinten Aufforderungen, etwas zu verändern, oder verdrängen ein Nachdenken über grundsätzliche Utopien durch Flucht in Technologiefantasien oder verklärende Scheinlösungen. Eine bilanzierende Rückschau, wie im vorliegenden Buch angerissen, vermag Ansätze für den Umgang mit den sich abzeichnenden konfliktreichen Herausforderungen gestatten – Blaupausen liefert sie nicht.

Wie im 16. Jahrhundert bahnt sich eine grundlegende Umwälzung an, die seinerzeit mit den großen Entdeckungen (eingeleitet durch Columbus) jenseits Europas die Weltsicht und die Weltgesellschaft veränderte. Nach dem Ende der mittelalterlichen Warmzeit driftete Europa einer Ressourcenkrise entgegen – der kleine Kontinent war erschöpft durch die für damalige Verhältnisse enormen Wachstumsprozesse (in drei Jahrhunderten waren ca. 3.000 Städte allein nördlich der Alpen entstanden, Behringer 2016, 111). Weite Teile Europas standen im 15. Jahrhundert am Abgrund. Die Entdeckung Amerikas – zwei Jahrzehnte vor dem Buch von Morus erfolgt – bot für die Europäer einen neuen Siedlungs- und Ressourcenraum, den sie sich kolonialisierend nahmen, ihre Existenz sicherten und global ausbauten und dabei diesen auch mit städtebaulichen Versuchen überzogen, ein Eroberungs- und Flucht-Utopia Wirklichkeit werden zu lassen. Viele Idealstadtkonzepte sind seit der Renaissance entstanden, einige „utopische" Anlagen sind gebaut worden und wirken bis heute als Projektionsflächen für neue Gesellschaften. Eine Ausstellung in den Franckischen Stiftungen in Halle/Saale im Jahre 2010 widmete sich dieser Seite von Utopia: „Gebaute Utopien". Das Fazit daraus für heute: Die Zukunft des Wohls der Menschen in Städten und Dörfern, der Stadtgesellschaft, des Siedlungssystems im Kontext der globalen räumlichen Ordnung steht heute radikal zur Debatte, einschließlich der kolonialen Implikationen.

In die Geschichte des utopischen Denkens ist die des immerwährenden, aber zugleich permanent gebrochenen „Fortschrittsglaubens" eingewoben (Radkau

2017, 31ff). Dabei wurde zu jeder Zeit fest daran geglaubt, je das Richtige getan zu haben, wie Festinger in frappierender Weise feststellte: „Was wir tun, ist immer gut." (Festinger 1985, 225). Er meinte, dass in den Epochen jeweils ein selbstverständliches Bild dessen vorherrschte, dass das, was die Gesellschaft gerade unter Fortschritt verstand und demgemäß handelte, als grundsätzlich „gut" angesehen wurde, was sich aber später nicht nur als fatal, sondern manchmal sogar als grausam erwies. Darauf wird am Ende nochmals einzugehen sein.

Nun wäre es sicher wichtig, über die reflektierende Darstellung des eingewobenen Fortschrittsdenkens in Utopia hinauszugehen, um die aktuellen Herausforderungen einer urbanisierten, globalisierten Welt, die vor 500 Jahren ihren Siegeszug antrat, zu thematisieren. Vielleicht ist heute die Insel Utopia nicht mehr das ferne Gestade, von dem ein Reisender kündet und über realisierte Vorstellungen einer anderen Gesellschaft berichtet, sondern eine ganz naheliegende „Insel" im bereits besiedelten (zersiedelten) Land, die global vernetzt ist und dennoch etwas von Utopia enthält – mit all seinen Widersprüchen und untermalt von ironischer Selbstreflexion, sichtbar werdender Zukunftsvorstellung – jenseits von naiver Verheißung, aber praktisch genug, um ein Neues real erproben zu können.

Wo wäre ein Utopia heute? Liegt das Utopia des 21. Jahrhunderts nicht nebenan und überall, in einer global (sub)urbanisierten Welt? Ist es nicht ein Reallabor für die Gestaltung einer „Überlebensstadt" im entropischen Raum umfassender Suburbanisierung, als eine Form der „entropischen Zeche" des Industriezeitalters (Rifkin 2011, 35; Hahne, Kegler 2016, 28)? Ist es ein Festplatz des Fortschritts – oder vielleicht doch nicht? Vielleicht wird Amaurotum, die Hauptstadt der Insel Utopia, in der Zukunft eine ‚digitale Stadt aus Holz' sein, vielleicht aber auch etwas ganz anderes. Angesichts weitergehender möglicher Verwerfungen in den gesellschaftlichen Strukturen im Kontext einer anthropogen geprägten Warmzeit drängt sich ein radikales Nachdenken auf, wie es Zygmunt Bauman anbot: „Entweder wir reichen einander die Hände – oder wir schaufeln einander die Gräber" (Bauman 2017, 203).

Ein Ansatz

Es wird ein neues „Amaurotum" („Klimatopia") sein, welches die Perspektive von vor 500 Jahren umkehrt: Nicht ein Reisender bringt eine Geschichte aus der Ferne mit in die alte Welt, sondern Reisende kommen zu einer „Insel", lernen hier Utopia kennen und beginnen dann ihre Reise zum „Utopia des 21. Jahrhunderts", das eben eine zwiespältige Mischung aus „Nicht-Ort" und „Glücks-Ort" sein dürfte, wobei es im 21. Jahrhundert nicht mehr um das Entdecken von bislang Nicht-Gesehenem und Nicht-Erdachtem geht, sondern schlicht um eine Auseinandersetzung um eine Kultur des Sicherns und Gestaltens einer Zukunft für die „Insel Erde" insgesamt. Gerade angesichts offenkundiger Gründe, sich mit derartigen historisch neuen Grundfragen auseinanderzusetzen, drängt sich die Frage auf, warum statt der Suche nach angemessenen Lösungsansätzen zunehmend auf „Lösungen" durch Verklärung der Vergangenheit als Scheingewissheiten im Sinne einer „Retrotopia" nach Bauman zurückgegriffen wird. „Getreu dem utopischen Geist bezieht die Retrotopie ihren Reiz aus der Hoffnung auf eine endgültige Versöhnung von Freiheit und Sicherheit: ein unmögliches Kunststück, das sowohl die Originalversion wie auch deren erste Negation nicht zu versuchen wagten – oder an dem sie scheiterten." (Bauman 2017, 17). Dem soll mit dem vorgelegten Buch widerständige wie zugleich auffordernde Lektüre beigegeben werden, die episodenhaft einen historischen Bogen spannt und keine simplen „Retro-Ausblicke" anbieten möchte – was nicht nur auf konservative Konzepte zutreffen würde. Dennoch gilt das Interesse vornehmlich den Utopie-Versuchen, die kritisch zu sehende Anknüpfungspunkte bei Morus versprechen und Impulse geben können für ein Nachdenken über ein humanistisches Utopia des 21. Jahrhunderts mit Vorstellungen zukünftiger, lebenswerter Daseinsweise, mit Kritik an bestehenden Verhältnissen und basierend auf einem grundsätzlich rationalen Verständnis der Welt und ihrer grundlegenden Änderungsmöglichkeit.

2 Die Inspiration

Antwerpen und Leuven: Ein Streifzug durch die Orte der Utopia-Inspiration

Abb. 2-1: Antwerpen: Grund-Stein mit Inschrift zum imaginären Beginn der Geschichte zu Utopia, datiert auf 1515

„Thomas More tells us that this is where, in 1515, he met the Traveller who told him about Utopia.“ Der heute Reisende begegnet nach 500 Jahren dieser Inschrift auf einem Stein vor der Kathedrale von Antwerpen: der Grundstein von Utopia. Dieser Ort, so die von Morus einleitend in seinem Buch kolportierte Begebenheit, soll es gewesen sein, an welchem die denkwürdige Begegnung von ihm mit dem Weltreisenden Raphael Hythlodeus (was im Griechischen so viel wie „Possenreiter“ bedeutet) stattgefunden haben soll. Der Ort im Herzen der Hafen-Metropole an der Schelde ist somit in doppeldeutiger Weise markiert: Das Treffen hat nie stattgefunden. Der Reisende ist erfunden. Morus aber war in Antwerpen und hat hier den wesentlichen Teil seines Buches geschrieben, das Kapitel zwei mit den Ausführungen jenes Weltreisenden über das sagenhafte wie entfernte Utopia. Die imaginäre Begegnung zweier Persönlichkeiten an dieser Stätte veranlasste die heutige Stadt Antwerpen dazu, einen Gedenkstein an dieser für die Ideengeschichte der Welt wichtigen Symbolort im Boden einzulassen, der den Auftakt für ein Nachdenken über ein Utopia bildete. Die heutigen Reisenden werden vor dem Portal der Liebfrauen-Kathedrale, einem imposanten Bau, der auch als Landmarke für die Seefahrer diente, nicht nur mit der realen Geschichte dieses Ortes konfrontiert und eingeladen, sich darauf einzulassen, sie werden auch in die Gedankenwelt der beginnenden Neuzeit versetzt, als Utopia entstand. Es bildet sich ein Spannungsverhältnis für die Betrachter von Kathedrale und Stein. Das Signal des Kirchturmes kündet von Macht und Gottesnähe, aber auch von einem Signal in die Ferne anderer Welten. Der fast unmerkliche Stein auf dem Boden vor dem Eingang am Westportal der Kirche lädt zum Verweilen ein und lenkt den Blick nach unten. Nur mit Mühe können die Schriftzüge entziffert werden. Dem englischen Text ist die chinesische Fassung vorangestellt – nicht nur ein Tribut an die wachsende Touristenzahl aus diesem Land, sondern ein Zeichen heutiger globaler Entwicklung, die nicht mehr Amerika als erstes Ziel des Handels hat, sondern den „fernen" Osten. Dem folgen die identischen Übersetzungen in Französisch, Hindi, Arabisch und Flämisch.

Warum nun hat Morus Antwerpen für den Beginn seiner Reise nach Utopia gewählt? Die Entstehung des Buches ist historisch gut dokumentiert und wurde im Rahmen der Ausstellung 2016 in Leuven im Katalog zusammengefasst. Bislang war der Ort des Entstehens von "Utopia" eher verborgen geblieben. Das Buch ist jedoch ohne diesen Kontext kaum deutbar. Benevolo oder Harari verweisen darauf, dass Nordwesteuropa (und damit Antwerpen) für den Beginn der Erschließung des amerikanischen Kontinents, letztlich für den Weg Europas zum dominanten „Treibhaus" (Harari) der damaligen Weltentwicklung, eine zunehmend zentrale Rolle gewann (Harari 2015, 340ff). Die Stadt Antwerpen löste am Beginn des 16. Jahrhunderts die alte Metropole Brügge als ein Welthandelsplatz für Mitteleuropa ab (Benevolo 2000, 647). Die Handelswege des Kontinents verlagerten sich von den Mittelmeerstädten wie Venedig stärker an die Küstenstädte Portugals, Spaniens und schließlich nach Nordwesteuropa. Neben Amsterdam und London avancierte Antwerpen am Beginn des 16. Jahrhunderts wegen dessen günstiger Lage zu einem der wichtigsten Seehandelszentren Westeuropas und gleichzeitig zu einem ökonomisch und kulturell herausragenden Ort. Mit dieser Rolle als Umschlagplatz von Waren und Ideen gewann diese Stadt auch den Charakter einer „Schaltzentrale" im geistigen Austausch Europas der beginnenden Renaissance. Hier fanden Verhandlungen statt, hier wurden Auseinandersetzungen über politische und wirtschaftliche Beziehungen der aufstrebenden frühkapitalistischen Nationen geführt. In diesem Umfeld gaben sich auch die großen Geister Europas die Klinke in die Hand. Antwerpen wurde so etwas wie Sammelort des geistigen Austausches über die neuen Weltbilder, ein Ort des frei(ere)n Kommunizierens weitab vom strengen Rom. Die Niederlande, zu denen Antwerpen damals gehörte, bildeten ein Zentrum für einen Humanismus, der sich an der griechischen Antike abarbeitete und zugleich begann, die katholische Glaubenslehre zu hinterfragen, ohne jedoch eine vollständige Abkehr zu vollziehen. Das blieb Luther vorbehalten.

Abb. 2-2: Stadtansicht von Antwerpen mit altem Hafen

Handel und Denken suchten Grenzen zu überwinden – welch besseren Ort genau dafür konnte es geben als Antwerpen? Hier kamen die beiden Quellen des späteren Aufstiegs Westeuropas zur globalen Bestimmungskraft zusammen: der entstehende Kapitalismus als effiziente Wirtschafts- und Gesellschaftsform sowie die Wissenschaft (Harari 2015, 345). Sie griff die Antike auf und nutzte diese als Inspiration für eine Suche nach einer neuen Sicht der Welt, der Geburtsstunde der modernen Wissenschaft. In diese ist Utopia zu einem ganz frühen Zeitpunkt eingebettet und inspiriert ihrerseits die weitere Entwicklung des gesellschaftlichen Diskurses. Damit erlangt Utopia Weltbedeutung, als Teil dieses „Treibsatzes" der globalen Entwicklung. Zugleich soll jedoch kein euphemistisches Bild dieser Entwicklung gezeichnet werden – der

Aufstieg Westeuropas war alles andere als gütlich! Zur Geburt des utopischen Denkens in Antwerpen gehört auch der beginnende Völkermord an den Ureinwohnern der Neuen Welt jenseits des Atlantiks, woran die Hafenstädte einen besonderen Anteil hatten.

In dieser Stadt hatte sich eine der wohl wichtigsten Persönlichkeiten der Renaissance nördlich der Alpen Anfang des 16. Jahrhunderts angesiedelt: Desiderius Erasmus von Rotterdam (1467–1536), geboren unter ärmlichen Verhältnissen in der Nähe von Rotterdam. Er wurde, ohne je ein besonderes Amt innezuhaben, nicht nur eine Schlüsselfigur bei der Entstehung von Utopia, sondern auch für die Geisteskultur Europas schlechthin (van der Stock et al. 2016, 73). Morus und Erasmus begegneten sich erstmals 1498 in London. Dem folgte dann das neuralgische Treffen von 1509, als Erasmus von seinen Italienaufenthalten zurückkehrte und Morus sein Buch „Lob der Torheit" (1412) überreichte. Dies muss eine Schlüsselinspiration für Morus gewesen sein, gab doch Erasmus mit der Anlage seines Buches nicht nur den ironischen Zug beim späteren Utopia in das Denken von Morus ein, auch die dialogische Erzählweise, die Personifizierung der Torheit, die dann alles sagen darf, was die strenge katholische Kirche noch nicht zulassen würde, gewissermaßen als imaginäre Figur aus einer anderen kommenden Zeit (Erasmus 1509/1511, 2011). Dieses Buch war heftigen Anfeindungen durch Kleriker wie dem in Leuven ansässigen Theologen Martinius Dorius ausgesetzt (van der Stock et al. 2016, 73). Die heftige Kritik, ja auch das Auf-den-Index-Setzen, begleitete die publizistischen Aktivitäten der beiden Protagonisten der literarischen Frühmoderne permanent. Ein untrügliches Zeichen von widersprüchlichem Umbruch. Die antiken Quellen, die in Italien gerade wieder erschlossen worden waren und dort die Renaissance zum Durchbruch brachten, waren Erasmus, aber auch Morus bekannt. Sie fungierten als eine wichtige Quelle, die beide teilten.

Die unmittelbare Anregung für die Geschichte, in die Utopia eingebettet wurde, lieferte die Entdeckungsreise von Amerigo Vespucci, nach dessen Vornamen später der neue Kontinent, jenes vermeintliche Indien, benannt worden ist (van der Stock et al. 2016, 73). Die Berichte über dessen Fahrt zur Neuen Welt im Westen regten die Phantasie an und gestatteten es Morus, die Reisemetapher für seine Kritiken an den existierenden Verhältnissen und die Darlegungen über eine Neue Welt als mögliche Perspektive der Menschheit zu wählen. Die Hafenstadt Antwerpen bot die Gelegenheit, die Berichte von den Fahrten in die neuen Gestade zu reflektieren und für das Buch aufzugreifen. Folgerichtig legte er seine imaginäre Begegnung vom Erzähler der Begegnung mit dem Reisenden an den Platz vor der Kathedrale von Antwerpen. Hier traf er Erasmus 1515. Er war als Gesandter des Königs von England in den

Niederlanden, um Verhandlungen zu führen. Er hatte sich in Brügge einquartiert, dem Ort der Verhandlungen. Während dieses Aufenthaltes besuchte er auch Antwerpen und traf seinen Freund Erasmus. Zudem begegnete er Pieter Gilles, dem Stadtschreiber von Antwerpen, einer sehr umtriebigen, stark vernetzten Persönlichkeit, der zugleich literarische wie organisatorische Fähigkeiten besaß (van der Stock et al. 2016, 73). Weitere Personen müssten zu dem inspirierenden Umfeld genannt werden, die die Arbeit am Buch und dessen Veröffentlichung begünstigten, so z. B. Busleyder, einem Politiker aus Mechelen und Freund von Erasmus, der in vielerlei Weise inspirierend und vermittelnd wirkte (van der Stock et al. 2016, 73). Doch im engeren Zirkel waren Erasmus und Gilles, die Morus auf dem Weg zum Utopia-Buch Pate standen. Morus schildert die Umstände der Entstehung seines Buches am Beginn des „Ersten Buches" als einleitende Beschreibung der Konferenz in Brügge und seine Fahrt nach Antwerpen sowie die Begegnungen mit P(i)eter Gilles, also einer realen Figur, dem er dann das Zusammentreffen mit dem imaginären Reisenden vor der Kathedrale von Antwerpen zuschreibt (Morus 2009, 6ff). Er setzt damit diesem Pieter Gilles ein Denkmal, das sich heute als Stein auf jenem Platz vor der Kirche wiederfindet. Damit beginnt das Spiel der realen mit den erdachten Welten im Buch von Morus und findet seine Fortsetzung in den Gestalten der Reisenden Vespucci und Raphael Hythlodaeus.

In Antwerpen schrieb Morus den zweiten Teil seines Werkes („Zweites Buch") von Utopia zwischen Mai und Oktober 1515, bevor er später, nach London zurückgekehrt, den kritischen ersten Teil verfasste, der dann Anfang 1516 vorlag (van der Stock et al. 2016, 32). Er nutzte also die anregende Atmosphäre von Antwerpen zum Verfassen des „utopischen" Kerns seiner Schrift, während er den eigentlich einführenden Part zur Gesellschaftskritik erst später dann in London schrieb, also in jenem Land, das er in diesem Teil als Folie für seine harsche Kritik wählte. Die Orte des Schreibens an dem Buch spiegeln also auch deren Inhalte wider. Die geistige Weite der niederländischen Hafenstadt gab ihm die nötige Anregung für seinen Ausflug in den „Nicht-Ort", war also Anlass für die Negation des realen Ortes durch den imaginären, während die reale „Stadt im Nebel" („Amaurotum") als konkretes Gegenbild dazu diente, welche aber nicht als analytischer Ausgangspunkt beim Schreiben fungierte, sondern als Rückblende auf den bereits verfassten Abschnitt. Die inhaltliche Basis seiner „Fantasiewelt" lag nicht in bloßer Imagination. Vielmehr spielten hier die griechisch-antiken Quellen und deren Interpretation eine maßgebliche Rolle, was durch den Austausch mit Erasmus in Antwerpen befördert worden war.

Nachdem er beide Teile vollendet hatte, sandte er diese sowohl an Erasmus als auch an Gilles. Beide lieferten Hinweise, die einleitenden und finalen Abschnitte betreffend, vor allem aber wurde der Druck des Buches ermöglicht. Spätere Unterstellungen – so die von Brockhaus 1929, Erasmus habe maßgebliche Änderungen in Morus Schrift vorgenommen, konnten nicht nur nicht belegt werden, sie waren handfeste Versuche einer Uminterpretation und Reduktion von Morus auf eine rein religiöse Auffassung, wohingegen alles Gesellschaftspolitische Erasmus zugeschrieben wurde (Bloch 1985, 61–62). Zurück zu den verbrieften Ereignissen. Zunächst war für die Veröffentlichung von Utopia an eine Druckerei in Antwerpen gedacht, weil dort bereits eine entwickelte Druckkultur bestand, was jedoch nicht zustande kam. Dann vermittelte Gilles den Kontakt zu dem Professor für Rhetorik an der Universität Leuven, Johannes Paludanus, der als Promotor für den Druck dort fungierte. Erasmus seinerseits stellte den Kontakt zum Universitätsdrucker Dirk Martens in Leuven her.

Abb. 2-3: Leuven: Hauptgebäude der Universität

Die Universität in Leuven, östlich von Brüssel gelegen, war seinerzeit eine der bedeutendsten Universitätsstädte nördlich der Alpen und eine der ältesten katholischen Universitäten überhaupt. Hier befand sich auch das mechanische

Laboratorium, in welchem eine Vielzahl von astronomischen Messinstrumenten hergestellt wurde, später geleitet von Mercator, einem der wichtigsten Geografen, Astronomen und Feinmechaniker dieser Zeit (van der Stock et al. 2016, 73 sowie 65). Pieter Gilles betonte in Briefen Anfang Januar 1516, die Bedeutung der Universität Leuven und des dortigen wissenschaftlich-technischen Niveaus der Lehre und der Bibliothek, die es dank ihrer Bestände auch gestattete, geistige Brücken von der griechischen Antike zur Gegenwart zu schlagen. Es kann also von einem günstigen Umfeld für die Herausgabe des Buches von Morus gesprochen werden; ohne ein solches wäre es wohl nicht zustande gekommen (van der Stock et al. 2016, 66). Leuven war also – trotz der dortigen konservativen Vertreter an der Universität – zugleich ein idealer Ort für die technische Umsetzung des Vorhabens, das „Goldene Buch" von Morus drucken zu lassen, was zugleich ein kultureller Akt war und nicht nur ein technologischer Vorgang. Gerade dort, wo es Gegner gab, das Buch drucken zu lassen und damit auch einen Beitrag zur Auseinandersetzung um den Wandel der Weltsicht zu leisten, war ein wichtiges Motiv und Begleitmoment für die Verbreitung von Utopia.

Morus stützte sein Buch in vielfacher, direkter oder indirekter Weise auf die griechische Antike, vor allem auf Platon, aber auch auf Sokrates, Aristoteles und, nicht zu vergessen, auf Lucian sowie, weitergehend, bis zu Augustins „Gottesstaat" (van der Stock et al. 2016, 31–37, Bloch 1985, 60 sowie Morus 1516/2001, insbes. 51–53, siehe auch Morus/Teller 1516/1985, 158, 160). Morus deutet aber nicht nur Bezüge auf Platon (Plato) an, die im Gespräch vor allem hinsichtlich der Eigentumsfrage eine Rolle spielen. Er lässt Platon auch personifiziert auftreten, wenn er (sich) den Reisenden aus dem Munde des Erzählers beschreiben lässt: „‚Habe ich doch gleich auf den ersten Blick gemerkt, das muß ein Seemann sein.' – ‚Weit gefehlt!' erwiderte er, ‚wenigstens segelt er nicht als Palinurus, sondern als Ulysses oder gar Plato.' " (Morus 1516/2001, 17).

Im Wesentlichen adaptiert Morus bei Platon die Entwicklung einer raumgewordenen Staatstheorie, die, in Dialogform gegossen, Elemente eines im Kontrast zur Gegenwart stehenden Gesellschaftssystems enthält, das von Rückbezügen gespeist wird, Neues zur Diskussion stellt – auch mit Selbstironie und beißender Kritik versehen. In der Staatstheorie bei Morus, wenn man hier von Theorie sprechen kann, lassen sich mehrfach deutliche Bezüge zu Platon (427 – 347 v.u.Z.) ausmachen, dessen „Politeia" als erste Sozialutopie gelten kann – allerdings ohne eine konkret räumliche Figur zu entwerfen. Lediglich Andeutungen zur Rolle der Geometrie und zum allgemein Guten und Vorteilhaften, das diese bewirkt, wenn sich alle Bewohner des Musterstaates damit befassen, lassen einen mittelbaren Bezug zu einem Raum, zu einer Stadt in seinem siebenten Buch erkennen (Platon/Vrestka 2016, 526d, 527c / 344–345). Die Schrift Platons und die Gespräche mit Erasmus darüber lieferten Morus zahlreiche Anregungen für die Ausgestaltung von Utopia (Platon/Gerlach, Schenk 1923/1988, 20, Morus/ Teller 1985, 159–161, Zaunstöck 2010, 39 sowie van der Stock et al. 2016, 64). Zunächst fallen die Wortspiele bei Morus auf, die die Bezüge nach Athen signifikant machen. Die Personen: Raphael Hythlodaeus, eine Zusammensetzung der griechischen Wörter hythlos = Nonsens erzählen, sowie hodaios = Pendler (also „Possenreiter"), eine verschlüsselte Anspielung auf die zu erwartende, auch nicht ganz ernst zu nehmende Botschaft dieses Reisenden. In gleiche, diesmal selbstironische Richtung zielend, lassen sich auch der Name von Morus als moros, Dummkopf, und der Titel von Erasmus' Werk, Lob der Torheit (moriae, also Morus), deuten. Aber auch der Name der Hauptstadt von Utopia, Amaurotum, lässt sich aus dem Griechischen amauros als obskur oder auch unbekannt (im Nebel) erklären. Der Fluss, welcher die Stadt durchfließt, heißt bei Morus „Anydrus", was so viel wie ohne Wasser (Nicht-Wasser, also nicht lebensfähig) bedeutet (van der Stock et al. 2016, 31–33). Stets trifft der Leser des Buches auf Doppeldeutigkeiten, die dem Griechischen entlehnt sind und damit auch eine Spannung zu der gängigen lateinischen Sprache der Zeit aufmachen, die die Kirche, aber auch die Eliten benutzten. Die Sprache und das Spiel mit ihr ist bei Morus selbst Gegenstand der Utopie, nicht nur deren Inhalt. So entwarf Pieter Gilles, diesen Anspruch unterstreichend, für die Erstausgabe von Utopia eigens ein Alphabet der Utopier, das aus geometrisch, rational-mathematisch anmutenden Buchstaben bestand, sich an einer Logik griechischer Philosophie anzulehnen scheint – Platons Erkenntnisgegenstände aufgreifend, und sich deutlich von der lateinischen Schriftkultur abhebt.

Abb. 2-4: Platon-Statue am Rande der historischen Akademie bei Athen

Grundsätzlich aber knüpft das Buch in seiner dialogischen Struktur an die von Platon in der Politeia entwickelte an. Dabei wird in zehn Büchern das Gespräch, der Dialog, mit Bericht und Erzählung verknüpft und als „tausendjährige Wanderung … zu einem glücklichen Dasein" verbunden (Platon/ Gerlach, Schenk 1923/1988, S. 450). Eine zentrale Rolle nimmt bei Platon das gestufte Erziehungssystem ein, auf dem sich sein idealer Staat gründet und welches sich in der Polis realisiert (Platon /Gerlach, Schenk 1923/1988, S. 38–41 sowie Ober 2016, S. 74, 321). Dass die Stadt bzw. der mit ihr identische Staat als Ganzes die Schule für die Gesellschaft für Platon darstellt, kann als Vorlage für die Struktur von Utopia bei Morus angesehen werden mit dem Unterschied, dass es bei Letzterem gar keine eigentliche Schule gibt, wie sie etwa in Gestalt der Platonischen bzw. Aristotelischen Akademie zu finden war (Ober 2016, S. 321). Utopia ist insgesamt eine Schule. Athen gewinnt für Morus die Bedeutung eines Typus für seinen Musterstaat, ohne dass sein räumliches Modell Bezüge zu Athen aufweist. Das entlehnt er andernorts, worauf noch eingegangen wird. Staat und Stadt sind identisch und lassen sich in geistiger Form über die Geometrie des Grundrisses erschließen – als Ausdruck eines guten Menschseins im Raum, einer glücklichen Stadt, resp. einem glücklichen Staat (Platon/Vrestka 2016, 583, 584). Bei Platon findet sich kein eigner Stadtbegriff, der sich räumlich beschreiben ließe. Morus hat jedoch die Stadt mit ihren konkreten räumlichen Ausprägungen zum idealen Staat hinzugefügt und diesem damit eine scheinbare Realität verliehen.

Setzen wir die Reise nach diesen Umherschweifungen in Leuven fort, um in der Diktion von Morus zu bleiben, und blicken auf den Ort der platonschen Dialoge. Dieser siedelt seine Gespräche in Piräus (Peiraieus), der Hafenstadt von Athen, an, demnach ein für die Seefahrerei prädestinierter Ort, was Morus bei der Suche nach einer Metapher für die Erzählweise in seinem Buch beflügelt haben dürfte. Im ersten Buch wird Platon jedoch sehr anschaulich und konkret, wenn er die Stadt als den Schauplatz seines Gesprächskreises beschreibt (Platon/Vrestka 2016, 327a / 83–84). Die Jetzt-Stadt Piräus, die lediglich beiläufig erwähnt und nicht kritisiert wird, unterscheidet er somit von der idealen Stadt, die er im weiteren Verlauf des Gesprächs, ab Buch zwei, durchdekliniert. Zweitausend Jahre später ist es wieder eine Hafenstadt, die als Schauplatz für einen Dialog über die ideale Gesellschaft dient. Antwerpen wird auch nicht einer Kritik unterzogen, vielmehr werden Verhältnisse angeprangert, die sich an einem anderen Ort zutragen. Wie Piräus ist Antwerpen das „Tor“ für einen Diskurs über ideale Zustände, die in einem „Woanders“ liegen, hinter dem Horizont, wofür eine Hafenstadt offenbar archetypische Charakteristika aufweist. Nichtsichtbares kann eher verständlich gemacht werden, symbolisieren doch die Schiffe jenen geistigen Transfer zu neuen Horizonten.

Abb. 2-5: Hafen von Piräus am Mittelmeer

Bei Platon wird diese Situation noch unterstrichen, indem er einen Festzug, der durch die Stadt zieht, als Anlass für ein Zusammentreffen der Gesprächspartner voranstellt: „Prächtig war er nun wirklich, der Festzug der Einheimischen … Da wir gebetet und alle betrachtet hatten, machten wir uns auf den Heimweg zur Stadt." (Platon/Vrestka 2016, 327a, 83). Diesen Ort, die städtische Heimat, verlässt er in den Gesprächen über den gerechten, schönen, idealen usw. Staat. Diese Abstraktion von den realen Verhältnissen, die Negation des Ortes, greift Morus auf, relativiert dies aber, indem er im Verlauf seiner Handlung auf konkrete Räumlichkeiten der idealen Stadt eingeht. Das Wechselspiel mit den Örtlichkeiten zwischen Athen und Antwerpen, zwischen dem Mittelmeer und dem Atlantik, zwischen der griechischen Kultur-Basis und einer durch das „Fenster" von Antwerpen zu entdeckenden Neuen Welt, soll als inspirierende ‚Reisevorbereitung' nach Utopia angesehen werden.

3 Die Entdeckung

Kaum 25 Jahre nach dem Erscheinen der Schrift von Morus wird ein erster praktischer Versuch der Umsetzung seiner Ideen unternommen: 1541 gründet der Bischof von Patzcuaro, Vasco de Quiroga (1470–1565), im Südwesten von Mexiko zwei Städte, in welchen er die Ideale von Morus Wirklichkeit werden lassen will (Benevolo 1999, 140 sowie http://www.latimes.com/travel/la-040702patzcuaro-story.html). Nach diesen Quellenangaben hatte er Utopia gelesen und die Ausführungen von Morus über die Städte und die sozialen Verhältnisse zum Vorbild gewählt für sein Gerechtigkeitsvorhaben. Die Städte gruppierte er jedoch um Kathedralen, welche bei Morus nicht vorkommen. Ein Blick auf die heutige Stadt Patzcuaro zeigt ein typisches Bild der frühen Kolonialstädte mit zentralem Platz, vier Ausfallstraßen und einem rasterförmigen Grundriss – nichts Außergewöhnliches also. Doch die Umstände, weshalb Utopia real wurde, zeigen bereits das Hauptmotiv für die späteren Versuche, idealtypisch Utopia umzusetzen: die Idee der sozialen Gleichheit. Doch im Falle von Patzcuaro kommen noch zwei weitere hinzu, die nichts mit Morus zu tun haben, sondern aus den Umständen der Ernennung von Vasco de Quiroga zum Bischof resultieren, gleichwohl aber auf utopische Ideen verweisen, wie sie bis heute eine Rolle spielen: die Wiedergutmachung für zugefügtes Leid und die Versöhnung unterschiedlicher Menschengruppen bzw. Völker (Manguel 2018, 19–22). Die Spanier hatten 1530 einen Indianerhäuptling bestialisch ermordet, weil er die Silberquellen nicht preisgeben wollte oder konnte.

Um nun aufkeimenden Unruhen vorzubeugen, tauschte das spanische Herrscherhaus den Statthalter aus und berief einen Richter, jenen Quiroga, zum Gesandten, der dann Bischof wurde, um die Lage zu befrieden (http://www.latimes.com/travel/la-040702patzcuaro-story.html). Das gelang ihm – inspiriert durch Morus, indem er aus seinen privaten Mitteln jene Kathedralen errichten und die indianische Bevölkerung als gleichwertige Mitglieder in der neuen Stadt Einzug halten ließ. Der Boden der Stadt gehörte zunächst auch nicht einzelnen Eigentümern. Insofern bezog er sich auf Morus; dann aber ging er weiter. Die Gründung der Stadt als Wiedergutmachung an von der Kolonialmacht verursachtem Unheil kommt bei Morus nicht vor. Wir finden am Beginn des 20. Jahrhunderts auch ein vergleichbares Motiv bei Albert Schweitzers Gründung von Lambaréné (Schmundt et al. 2010, 138). Der Gedanke der Versöhnung der ethnischen Volksgruppen ist das eigentlich utopische Moment. Es steht in bizarrem Gegensatz zur praktizierten Realität. Auch dieser Versuch fand erst mit dem

Ende der Sklaverei dreihundert Jahre ansatzweise eine Realisierung und ist bis heute eine der großen Herausforderungen der Menschheit geblieben.

Abb. 3-1: Idealstadt Chaux: Königliche Saline in Arc-et-Senans, Ledoux, 1775

Damit kann Patzcuaro als das eigentlich erste Utopia der Menschheit angesehen werden, allerdings weniger als Stadt, sondern als die – bewusste – Umsetzung und Interpretation von Utopia im ideellen Sinne, die eine (beliebige) räumliche Struktur erhielt. Das ist aber die treffendste Umsetzung von Utopia, das eigentlich nicht realisierbar ist, denn dann wäre es ja kein Utopia mehr, kein „Nicht-Ort". Versuche, Utopia zu realisieren, wurden in Gestalt von Idealstädten vorgenommen, die ebenfalls kurze Zeit nach dem Erscheinen des Buches von Morus entstanden, jedoch selten auf Anregungen von eben diesem zurückgeführt werden können (Kruft 1989, 9). Patzcuaro ist also keine Idealstadt, wie sie z. B. in Pienza, Freudenstadt, der Saline von Chaux, die als Königliche Saline in Arc-et-Senans ab 1775 nach Plänen des Revolutionsarchitekten Claude-Nicolas Ledoux (1736–1806) realisiert wurde – seit 1982 auf der UNESCO-Welterbeliste stehend – oder den neuen Städten der jungen Sowjetunion in den folgenden 500 Jahren gebaut wurden. Deren Deutungen gehören zur „Archäologie von formgewordener Utopie" (Kruft 1989, 10, 112–114) und sind zu unterscheiden von der Ideengeschichte des Utopischen, welche Morus einleitete. Diese wiederum unterscheiden sich von der Realentwicklung der neuen Städte, wie sie insbesondere in der sog. Neuen Welt, in Amerika – Kuba ist mit Havanna dabei ein erster Anker und Umschlagplatz, aber auch anderswo zu finden sind. Dabei kann die Form, wie wir sie im Raster dieser Städte (wie Patzcuaro) antreffen, sowohl ein Indiz für ein Ideal wie für eine Normalität sein.

Abb. 3-2: Kathedrale von Havanna: Umschlagplatz zwischen neuer und alter Welt – Europa und Amerika

Die Stadt bei Morus basiert ebenfalls auf einem rasterförmigen Grundriss (mit einer noch darzustellenden Besonderheit), jedoch dezidiert nach sozialen Kriterien ausgelegt, wohingegen die Rasterung der spanischen Kolonialstädte nach einem rationalen Prinzip effektiver Bebauung, optimaler Verwaltung, politischer Beherrschung und funktionaler wie ökonomischer Bodennutzung vorgenommen wurde und zentral vorgegeben war, worauf Benevolo hinweist (Benevolo 1999, 140–144). Deswegen ist sehr genau zu betrachten, welche Unterschiede es in der Anlage zur Stadt und der utopischen Vorstellung von ihr gibt. Zugleich ist auf das Utopia-Paradoxon von Unmöglichkeit der Realisierung des Utopischen und der Sinnhaftigkeit, eine Utopie zu kreieren, einzugehen. Eine „Archäologie des Fortschritts" (Festinger 1985) hat eben nach diesem Paradoxon zu „graben".

Wer den Fortschritt im Utopischen sucht, wird auch Unschönes, Abscheuliches, Törichtes, neben Sinnreichem, Befreiendem und Schönem finden.

Genau an dieser Stelle tritt der Bezug auf den geistigen Urahnen von Utopia auf den Plan: die Konstruktion des idealen Staates durch Platon. Sein „Idealstaat ist jenseits von Raum und Zeit, er hat kein Hier und kein Jetzt. Er ist ein Paradigma, eine Norm und ein Vorbild für menschliche Handlungen"; so charakterisierte Ernst Cassierer den Kerngedanken von Platon (Cassierer 1949, zit. nach Platon/Vretska 2016, 76). Die Nicht-Umsetzung der zentralen Ideen für den Aufbau und die Wirkungsmechanismen des idealen Staates nach Platon als Maxime hinderte die Nachfolger nicht, diese – in ihrer jeweiligen Auslegung – zu realisieren. Dabei handelte es sich meist um totalitäre Regime, manchmal mit den besten Absichten (aus heutiger Sicht). Ob dies Campanellas „Sonnenstaat" war oder die verschiedenen Versuche im 20. Jahrhundert, incl. der Nationalsozialisten, die ihre Rassenideologie, insbesondere die Eugenetik, u. a. auf Platon bezogen (Platon/Vretska 2016, 77).

Der Versuch von Quiroga in Mexiko, eine Idee zu verwirklichen, stand am Beginn unserer Entdeckungen von Versuchen, Utopia zu verwirklichen, und wir stießen auf geradezu diametrale Resultate. Ist es also immer riskant, eine Utopie umsetzen zu wollen? Gibt es keine Chance, die „heile Welt" zu realisieren? Utopie stand immer für einen Fortschritt gegenüber dem gerade vorhandenen Zustand der Gesellschaft und damit auch der Stadt. Wurde nicht die jeweilige Vorstellung von dem, was Fortschritt sein sollte, stets als positive Vorstellung deklariert? Die jeweilige Gesellschaft erhob – durchaus im Widerstreit – zentrale Leitideen zu den Maßstäben für eine gute Zukunft, für ein zukünftig gelungenes Leben, für eine ideale, optimale und glückliche Stadt. Die nächste Generation widerlegte diese Auffassung allzu oft, wenn wir allein an das 20. Jahrhundert denken.

Es ist vermessen, rückwirkend zu urteilen, und den Experimenten ein von vornherein innewohnendes Scheitern nachzusagen, doch liegt genau hier die Herausforderung einer Diskussion über den Sinn des Aufstellens einer Utopie, insbesondere mit dem Blick auf das Heute.

Als Quiroga sich anschickte, seine Idee von einer in Harmonie lebenden Gesellschaft in der Stadt Patzcuaro zu verwirklichen, verdichteten sich die Anzeichen der beginnenden „Kleinen Eiszeit" im fernen Europa, dem bis dahin am dichtesten besiedelten Kontinent. Sie trieb zwei Entwicklungen voran: eine verstärkte Expansion in die Neue Welt nach Amerika und ein Umbau in Europa mit z. T. verheerenden Auswirkungen für das gesamte Siedlungssystem, für die Landwirtschaft und die gesellschaftlichen Konstellationen. Am Ende der drei Jahrhunderte dauernden „Kleinen Eiszeit" hatte sich Europa fundamental verändert und war zu einem Entwicklungsgenerator der Welt geworden, von dem andere Teile dieser Welt dann profitierten, insbesondere Nordamerika. Der Preis dafür war für andere Erdteile ein enormer: Der Aufstieg der Neuen Welt wie der Umbau der alten Welt wurde durch Sklaven bewerkstelligt. Sowohl bei Platon als auch bei Morus sind Sklaven ein ökonomisch tragender Bestandteil des idealen Staates. Erst am Ende der Expansions- und Umbauepoche beginnt die Sklaverei zu bröckeln, weil sie ökonomisch nicht mehr die entscheidenden Entwicklungsimpulse erbringen kann und neue, humanistische Prinzipien greifen. Verschwunden ist sie bis heute aber nicht.

Genau zu dem Zeitpunkt, da sich die „Kleine Eiszeit" ihrem natürlichen Ende näherte und der Umbau Europas mit dem Beginn der Industrialisierung eine Zäsur erfuhr, also im beginnenden 19. Jahrhundert, kamen erneut utopische Vorstellungen von idealen (Stadt-)Gesellschaften auf, die auch räumlich umgesetzt wurden. Sie unterschieden sich von den barocken Totalitätsvorstellungen und den Idealstädten der Renaissance mit ihren meist fortifikatorischen Ausrichtungen.

4 Die Stadt und die Insel

Die Hauptstadt Amaurotum

Mit der Beschreibung der Hauptstadt seines Idealstaates legt Morus den Grundstein für die fortwährende Debatte um die Realisierungsmöglichkeit jener idealen, harmonischen Gesellschaft in Gestalt einer konkreten räumlichen Figur. Ein Paradoxon nimmt eine Form an und wird damit diskutierbar. Obgleich in der langen Rezeptionsgeschichte des Werkes von Morus die konkrete Übertragung seiner Beschreibungen in eine Planform selten vorkam (und erst jüngst vorgenommen wurde, siehe unten), fehlt es nicht an Versuchen, der Utopia eine konkrete städtebauliche Form geben zu wollen. Die Idealstädte, vor allem deren Entwürfe, der Renaissance und des Barocks sind beredter Ausdruck dessen (Zaunstöck 2010, 27–76). Vor allem im 19. Jahrhundert mit dem Beginn der Industrialisierung, gewannen die Versuche, neue Utopien zu entwickeln und Utopia zu realisieren, an vermehrter praktischer und politischer Bedeutung. Sie sind zugleich zunehmend Gegenstand diverser politischer, wissenschaftlicher und ideologischer Auseinandersetzungen. Die Polemik von Marx und vor allem von Engels gegen die Utopien sind hinlänglich bekannt (Engels: „Die Entwicklung des Sozialismus von der Utopie zur Wissenschaft", 1882) und wurden u. a. von Seeber und Berghahn treffend rezipiert. Demnach sei „die Vorstellung eines die Geschichte abschließenden ‚Reichs der Freiheit' (wie bei Engels als Resultat wissenschaftlicher Erkenntnis des historisch notwendigen Prozesses, HK) selbst eine Utopie par excellence" (Seeber, Berghahn 1986, 13). Das 19. Jahrhundert hat aber der Rezeption und kontroversen Auseinandersetzung um die Utopie Flügel verliehen und vielfältige Variationen und Versuche hervorgebracht, vor allem aber auch gegensätzliche Denkrichtungen offenbart: Utopia verlor den Nimbus einer Vorstellung von der guten Welt, die es zu gestalten gälte. Spätestens mit Karl Mannheims „Utopie und Ideologie" von 1929 wurde Utopie politisch definiert und geschichtsmächtig, damit auch ein Mittel zur Gestaltung der Wirklichkeit, also keine fiktive Idee mehr, die keine Realisierungschance besitzt (Seeber, Berghahn 1986, 13).

Das Paradoxon erscheint auflösbar, indem die existierende Gesellschaft mittels Utopie negiert wird. Das öffnet zugleich Möglichkeiten, durch Negation bestehender Verhältnisse, existierender Personengruppen, eine Utopie Wirklichkeit werden zu lassen. Belege dafür ließen sich u. a. im Nationalsozialismus finden. Ob dafür der Utopiebegriff taugt, ist sicher zu bezweifeln. Andererseits sind „Anti-Utopien“, „Gegenutopie“, „positive oder negative Utopien“, ob reaktionär oder kleinbürgerlich, kommunistisch oder technokratisch bis totalitär, im 20. Jahrhundert immer wieder kontrovers debattiert worden, wie Seeber aufzeigt (Seeber 1986, 168–169). Geradezu warnend, aber auch aufrufend erhebt Burckhardt seine Stimme, stellvertretend für die Architektenschaft, wenn er postuliert: „Gefährlich wäre es, wenn man die Utopie mit der künftigen Wirklichkeit verwechseln und sie tatsächlich verwirklichen würde. [...] Wir verstehen die Utopien als einen Aufruf zu ihrer Verwirklichung – dann wäre sie ja keine –, sondern als einen Verzweiflungsschrei der Gestalter an die Gesellschaft, ihnen endlich die doppelte Last der Formulierung und der Lösung der Aufgaben abzunehmen.“ (Burckhardt 1980, 161) Damit wird zugleich die Brücke zwischen Utopie und Utopia aufgezeigt, zwischen gesellschaftlichem Anspruch und der räumlichen Dimension dessen.

Utopien lassen sich nicht vom jeweiligen gesellschaftlichen und historischen Kontext und den jeweiligen Vertretern entkoppeln. Die gebauten oder als räumliche Strukturen angelegten / gedachten Resultate utopischen Denkens widerspiegeln jeweils die darin innewohnenden Paradoxien. Der Fundus an versuchten Utopien und der Debatten darüber – ob gebaut oder gezeichnet, geschrieben oder gefilmt – aus den letzten beiden Jahrhunderten gehört mit zu den Wegbereitern der Moderne, eines modernen Utopieverständnisses, das nicht nur im Sinne einer positiven Rezeption zu verstehen ist, sondern auch selbstkritisch wirkt (Seeber 1986, 170 oder aus marxistischer Sicht Goldzamt 1976, 98).

Eine konkrete Befragung der städtebaulichen Strukturen, die Morus entwickelt hatte, ist in der Literatur rar. Gradow legte wahrscheinlich 1970 erstmals eine Planzeichnung von Utopia vor, die sich auf Morus berief (Gradow 1970, 39, zit. nach Carsten 2015, 105). Dieser Plan weist aber mehr Bezüge zu Idealstädten und antiken Vorbildern auf, als er den Beschreibungen von Morus folgt. Dennoch handelt es sich um einen wichtigen Baustein in der Geschichte der Utopia-Rezeption, der bislang kaum rezipiert worden ist. Eine weitere der ersten Darstellungen über Utopia lieferte – im Zusammenhang mit der Analyse der Idealstadt von Dürer – Topfstedt 1982. Er verglich die differenzierten städtebaulichen Beschreibungen bei Morus mit den gezeichneten Strukturen bei Dürer und lieferte damit – soweit bisher erkennbar – eine erste Deutung der Ausführungen bei Morus aus städtebauhistorischer Sicht (Topfstedt 1982, 4–5). Ob es der Zeilenbau, die Gärten, die Straßenführung und die Haustypen, die Form des Stadtgrundrisses insgesamt oder die regionale Verteilung der Städte auf der Insel sind – alle werden bei Topfstedt rezipiert und werden dann wenig später bei Erzgräber mittelbar behandelt als Bestandteile der Glücksvorstellungen in Utopia (Erzgräber 1986, 32). Alle utopischen Konkretisierungen oder räumliche Ansätze versuchen der Kritik an Verhältnissen durch baulich-räumliche Alternativen Ausdruck zu verleihen und dabei gesellschaftliche Vorstellungen jenseits bestehender Verhältnisse zu transportieren. Nicht nur der Anspruch auf Realisierbarkeit hat Ideen wie die Gartenstadt, um nur diese zu nennen, wegen der geringen darin manifestierten gesellschaftlichen Vorstellung jenseits bestehender Verhältnisse als entweder nur ästhetisch oder wenig sozialökonomisch verankert, also zu eng gefasst erscheinen lassen, oder, wie Bloch sagte, „schwach an Einsicht, reich an Einfällen" (Bloch 1985, 177). Viel stärker fällt jedoch bei der Bewertung von Planvorstellungen, ob sie denn utopisch seien, die Selbstreflexion ins Gewicht, wie sie Morus am Ende seines Buches vornimmt, wenn er den Selbstzweifel, vielleicht auch die Selbstironie bezogen auf seine unterbreiteten Ideen anbietet und das Paradoxon „am Leben" erhält. (Morus 1516/2001, 148) Diese Wendung wird als der eigentliche Zukunftsansatz hervorgehoben, als „Entwicklung von der Raum-Utopie zur Zeit-Utopie" (Erzgräber 1986, 40).

Morus bleibt also nicht bei der Formulierung eines (statischen) Raum-Programms für die erdachte zukünftige Gesellschaft stehen, sondern reflektiert diese in einer Zeitrelation. Obgleich er ein statisches Raummodell entwirft, stellt er dennoch die Wandelbarkeit der Gesellschaft dar und damit eine Zeitutopie. Anders als in der mittelalterlichen Stadt, die pragmatisch angelegt wurde, verkörpert sie die Ewigkeit der Gesellschaft im „Schatten" der Heiligen Stadt Jerusalem. Veränderungen der Gesellschaft standen nicht zur Debatte. Um 1500 aber wandelte sich das Bild komplett. Die Entdeckung Amerikas öffnete den Blick auf Alternativen zur existierenden Weltsicht. Die Änderung der Weltsicht speiste sich aus der Ansicht dieser Welt und aus einem Rückbezug auf eine als ideal angesehene Welt, die Antike.

Abb. 4-1: Jerusalem auf der Mosaikkarte in der St.-Georgs-Kirche von Madaba, Jordanien, 570 n. C

Die Planentstehung

Um die Planung für Utopia deuten zu können, sind zunächst zwei Bezüge hervorzuheben. Zum einen gewann um 1500 eine systematische Sicht auf das gesellschaftliche Phänomen „Stadt" an Bedeutung. Die Stadt wurde reflektiert in Gestalt von Plan-Bild-Sammlungen. Mit den sogenannten „Städtebüchern" (Füssel 2017, 8) legte 1493 Schedel eine als „Weltchronik" bezeichnete Sammlung von Stadtplänen (meist in axonometrischer Ansicht) vor – und das 50 Jahre nach der Erfindung des Buchdrucks (Füssel 2017, 8). Die Stadt war nicht nur zum Gegenstand der Darstellung geworden, sondern auch zum Inbegriff von neuem Selbstbewusstsein städtisch gewordener Bevölkerungsschichten, aber auch Ausdruck von sich wandelnder Gesellschaft, die auch in Stadtbüchern ihren Ausdruck suchte. „Der gelehrte Humanist Schedel fasste Quellen der griechischen und römischen Antike, des Christentums sowie zeitgenössische Reiseerzählungen zusammen und berichtete über die Städte unter verschiedenen Gesichtspunkten von der Etymologie der Stadtnamen über legendäre Gründungsmythen bis zu Fragen der Kanalisation und des Straßenbaus sowie der Fortifikation und des Schulwesens der damaligen Zeit." (Füssel 2017, 8). Die in Kombination von

Holzschnitten und Texten in lateinischer und deutscher Sprache angelegte Weltchronik als Enzyklopädie war eine besondere wissenschaftskulturelle Leistung und fand von Nürnberg ausgehend große Verbreitung. Es kann davon ausgegangen werden, dass Morus oder Erasmus Kenntnis von diesem Werk hatten. Die Stadt war ins Zentrum humanistischen Interesses gerückt – eine Inspiration für alle großen Geister der Zeit.

Abb. 4-2: Parthenon auf der Akropolis in Athen

Der zweite Bezug erwächst aus der neuen Aneignung der Antike – das „Markenzeichen" der Renaissance führte wiederum auf Platon. Sein Werk über den

Staat bildete das Epizentrum der Rückbezugnahme auf die Antike. Morus entwickelte das Metanarrativ für sein Utopia aus Bezügen zu Platon. Dies findet sowohl auf der strukturellen Ebene seines Buches seinen Niederschlag als auch in der Planungsgeschichte für die Siedlungsstruktur der Insel, der Hauptstadt, der Wohnquartiere oder der Infrastruktur. Darin lässt er die Beschreibung der idealen Gesellschaft in dem fernen Gefilde spielen. Seiner Idee für eine ideale Gesellschaft ist, wie bei Platon, mit der Stadt identisch, jedoch gibt er dieser einen konkreten räumlichen Ausdruck. Darin unterschied sich seine Darstellung von Idealität, von dem Unerreichbaren einer Gesellschaft, wie sie Platon entwickelt hatte. Dort waren bekanntlich Stadt und Staat identisch, gegründet auf dem System der griechischen antiken Stadt um 500 v. u. Z. So spricht dieser im „7. Buch" seines „Staates" (526C–527C) davon, dass „dazu alles, was die Seele nötigt, sich nach jener Region hinzuwenden, die die Stätte des Glückseligsten unter allem Seienden ist, dessen ansichtig zu werden sie auf jede Weise erstreben muss." (Platon/Apelt 1988, 526C, S. 318 bzw. Platon/Vretska 2016, S. 344 in ähnlicher Übersetzung). Er fordert sich aufzumachen zu einer „Kallipolis" (griechisch: schöne Gegend / Stadt), die als Ausdruck des „Musterstaates" eine vollkommene Struktur und Gestalt aufweist, was er an anderer Stelle wiederholt, ohne jedoch konkrete räumliche Angaben dieses „trefflichen Gemeinwesens" zu machen, das zu gründen sei und in welchem dieser ideale Staat seinen Ausdruck gefunden haben wird (Platon/Apelt 1988, 434C–436A, S. 195, 318–319). Er lässt diese ideale Stadt nicht entstehen durch eine Planung; sie ist da und will gefunden sein. Dabei abstrahiert er von der räumlichen Dimension seiner idealen Gesellschaft. Er äußert sich nicht zur konkreten Ausgestaltung der Stadt, dem Grundriss, der Plätze, Straßen etc. Er setzt sie voraus. Ihm müssen natürlich die Städte seiner Zeit bekannt gewesen sein. Die meisten neuen Planungen griechischer Städte, wie sie in Milet oder Priene weltweit bekannt geworden sind mit ihrem paradigmatischen Rasteraufbau, entstanden erst nach Platons Tod (vgl. auch http://www.br.de/fernsehen/ard-alpha/programmkalender/sendung-1757344.html). Dennoch öffnete sich vor Platons Augen ein breites Anschauungsarsenal an Städten, die für ihn als Hintergrund dienten – jedoch nicht für räumliche Aussagen (vgl. McEvedy 2013, S. 66–78, 330–337 oder 347–348 sowie Lang 2004, S. 2–9 und 13–17). Grundsätzlich kann das Verständnis von Platon, das bei Morus Pate stand, wie folgt zusammengefasst werden: „Das Verhältnis der historischen Polis und ihrer Ordnung zur paradigmatischen, einzig ‚wahren' Polis der Idee wird durch das Symbol der Nachahmung (mimesis) ausgedrückt. Wegen der Unvollkommenheit der conditio humana ist die Verkörperung der wahren Politeia selbst nicht realisierbar." (Moulatin 1973, 92). Dieses Paradoxon nimmt Morus an.

So kreiert auch Morus seine ideale Stadt-Gesellschaft, er geht jedoch weiter. Er gewährt Einblick in den Entstehungsprozess dieser Stadt, die zum Zeitpunkt ihrer Entdeckung aber den Grad der Vollkommenheit erreicht hatte. Von dem Zeitpunkt an ist sie ewig, unveränderbar und ideal, wie die Gesellschaft. Hier ist er wieder bei Platon, der Sokrates sagen lässt, „dass die Erkenntnis um das ewig Seiende geht, nicht um das Werdende und Vergehende." (Platon/Vretska 2016, 527B, 344).

Morus lehnte sich direkt bei Platon an. Dabei argumentiert er aber genau umgekehrt wie Platon. Dieser entfaltet in dialogischer Form die Facetten seiner Vorstellungen vom idealen (zukünftigen) Staat als ein Bildungsprogramm für die auszubildende Elite der Gesellschaft, die dann den Staat führen solle. Morus hingegen beginnt den zweiten Teil seiner Schrift (Zweites Buch) mit einer konkreten Beschreibung der Insel, der Landschaft, der Stadt, des Städtesystems, aus dem er dann die Hauptstadt als konzentrierten Ausdruck dieser zukünftigen und zugleich räumlich fernen Gesellschaft darlegt. Er wird also zuerst räumlich konkret, bevor er das System der urbanen Gesellschaft der Utopier entfaltet (Morus 1516/2001, 62ff). Diese Beschreibung lässt er als Rede des Reisenden an die Leserschaft richten und sich selbst stellt er lediglich als den Aufschreiber dar. So spielt er mit den Rollen zwischen Realität und Fiktion. Dieses Chargieren zwischen den Welten kennzeichnet sein Angebot an die Leserschaft generell. Er lässt vergleichen, abwägen, regt die Fantasie an und übertreibt mit den detaillierten Schilderungen von Einzelheiten der Funktionsweise dieses Staates in der Stadt und dem sie umgebenden Land sowie den Beziehungen der Bewohnerschaft untereinander.

Bei den räumlichen Darlegungen nehmen strategische Ausführungen zur Lage der Insel und zur räumlichen Verteilung der Städte auf ihr einen zentralen Raum ein. Indem er dies am Beginn den Lesern darstellt, sollen diese eine genaue Vorstellung von eben der Raumstruktur bekommen, womöglich als Blaupause für derartige neue Staaten auch anderswo, ohne dass dies ersichtlich wird. Auch hier dreht er das antike Vorbild, wenn man davon sprechen kann, um. Die griechischen Städte der Zeit Platons sind auf dem Festland um das Meer gruppiert, wohingegen die Städte seines Utopia auf einer Insel im Meer liegen. Platon spricht von „Ameisen oder Fröschen um einen Teich" (Platon zitiert bei Ober, 2016, S. 49), wenn er die räumliche Verteilung der griechischen Bevölkerung um das Mittelmeer beschreibt. Dabei ist nicht nur die räumliche Metapher interessant, sondern auch der Vergleich mit dem Sozialverhalten der Ameisen als Staat, der ihm als Analogie für die griechische Gesellschaft dient. Morus lässt seine Gesellschaft auf einer Insel wohnen, was eher mit dem Eiland der britischen Insel zu tun haben dürfte, aber dennoch nicht unwichtig ist, weil es ihm dadurch gelingt, den Fokus auf die Idealität zu lenken, diese herauszuheben und der Realität gegenüberzustellen.

Analog hingegen ist, dass dieser ideale Staat ein urbaner ist; Dörfer und ländlicher Raum kommen als Subjekte der Raumstruktur nicht vor; sie sind der von der Stadt beherrschte Raum in der Umgebung der Stadt. Dieser Raum außerhalb der Städte ist das Hinterland – wie im Griechenland seinerzeit. Das Dorf spielt lediglich eine passive Rolle als Dienstleister für die Stadt, ohne dass es einer weiteren Ausführung wert ist, ja eigentlich als Raumeinheit gar nicht konkret existent ist. Die Raumstruktur der Insel Utopia legt er als ein System aus identischen Städten an, zu welchen dann ländliche Güter hinzukommen („Höfe, planmäßig über die ganze Anbaufläche verteilt …", Morus 1516/2001, S. 60). Den ländlichen Raum lässt er diffus. Er skizziert eine (sub)urbane, hierarchische Gesellschaft, kein Landidyll als Zukunftsmodell. Die ideale Gesellschaft brauchte demnach eine ideale Raumstruktur, die sich in einem rationalen Verhältnis von Stadt und Land auszeichnet, wie vom Konsumenten (Stadt) und Produzenten (Land / Dorf). Die Beziehungen zwischen der Stadt und dem Land werden bei ihm als nichtmarktförmige Austauschbeziehungen gekennzeichnet, entlang von Übereinkünften der gesellschaftlichen Akteure über gemeinsam konstatierte Bedürfnisse, die von der Stadt bestimmt werden (Morus 1516/2001, 59).

Auf nur wenigen Seiten beschreibt er die Raumorganisation von Utopia, wenig, im Verhältnis zu seinen Ausführungen über das Leben in Utopia, wohingegen er lange, teils außerordentlich detaillierte Beschreibungen über die einzelnen Stände der Gesellschaft, der politischen und gemeinschaftlichen Beziehungen der Utopier untereinander, deren Reisegebaren, das Kriegsverständnis, über die Sklaven oder die Religion liefert. Dennoch bildet das Raumverständnis, einschließlich der geografischen Idee über Lage und Entstehung der Insel, eine entscheidende, bisher aber viel zu wenig beachtete Grundlage seines Werkes. Die Stadt-Land-Relation leitet also die Darlegungen zu seinem idealen Staat ein, was auch aus den Umbrüchen in England um 1500 erklärbar ist, worauf explizit Blohm verweist, indem er die entsprechende Stelle bei Morus zitiert (Erstes Buch) und die verheerende Wirkung der Wollproduktion für die ländliche Bevölkerung sowie die dörfliche Situation generell herausarbeitet (Blohm 2017, 92–93 sowie Morus 1516/2001, 58–61 sowie 22–24). Morus blendet also die unmittelbare Erfahrung des Stadt-Land-Verhältnisses in die Entwicklung seiner Idee von einer zukünftigen Region an zentraler Stelle ein, um damit zu signalisieren, dass darin die räumliche Grundlage der gesellschaftlichen Existenz zu suchen ist, die in der Ausgestaltung eben dieser Relation ihre dauerhafte Existenz bezieht.

So erscheint sein Ansatz nachvollziehbar, dass er im existierenden Land seiner Zeit keine Verbesserungschance sieht und auch deswegen die Projektion einer besseren Welt als Reise zu fernen Gestaden auslegt. Die Vorstellung, nach der Utopia durch ein „Ablegen", ein künstliches Abtrennen vom Festland, entstanden sei (Morus 1516/2001, S. 58), bezieht sich einerseits auf England. Andererseits verleiht er mit dem Abkoppeln von den existierenden Verhältnissen seinem Utopia den Charakter einer normativen Aufforderung, eben die Verhältnisse zu verlassen und eine neue Gesellschaft – auch räumlich – mindestens zu denken, wenn nicht gar zu gründen, ohne, dass diese Aufforderung bei ihm explizit wird, was wichtig ist festzuhalten.

Dennoch ist England für Morus auch ein räumlich konkreter Bezug: Die Zahl der neuen Städte in Utopia (54) korrespondiert mit exakt jener Zahl von größeren Städten, die England damals hatte (Morus 1516/2001 – siehe Anmerkung 1 des Übersetzers, 2001, 152). Noch klarer wird die Anlehnung an England bei seiner Darstellung der Hauptstadt, der Stadt Amaurotum. Es ist die „Stadt im Nebel" (Morus 1516/2001 – siehe Anmerkung 6 des Übersetzers, 2001, 152). So naheliegend dies erscheint, schließlich liegt London (damals) am Nordufer der Themse und ist real häufig im Nebel verschwunden (Morus 1516/2001, 62), so wäre aber auch die Annahme denkbar, dass er sich auf Antwerpen bezieht.

Auf diese Weise wäre eine Verbindung dieser beiden realen Städte – in der Gedankenwelt von Morus – jene Stadtkonstruktion, die er in Gestalt von Amaurotum entwirft, indem er eine Nord- und eine Südstadt beiderseits eines Flusses als Verbindung von London und Antwerpen im Hintergrund habend beschreibt. Aber auch Brügge kann im Spiel gewesen sein, schließlich wohnte Morus dort während seines Aufenthaltes in Flandern, bei dem es um die Verhandlungen über den Wollhandel ging, in dieser Stadt (Morus 1516/2009, 15). Die war über einen Kanal mit der Nordsee verbunden und somit ähnlich wie Amaurotum angelegt. Da jedoch der Kanal allmählich versandete, trat die Stadt zunehmend ihre Rolle als See-Handelsstadt an das geografisch günstiger gelegene Antwerpen ab. Anregungen jedoch könnte Morus auch aus der Struktur der Stadt gewonnen haben mit ihrem runden Stadtgrundriss, den Stadtmauern und eben der Anbindung an das Meer (vgl. https://commons.wikimedia.org/w/index.php?curid=956225).

Der Plan

„Wer eine Stadt kennt, kennt sie alle: so völlig ähnlich sind sie untereinander, soweit nicht die Örtlichkeit Abweichungen bedingt." (Morus 1516/2001, 62). Obgleich eine Schilderung der Stadt aus dieser Sicht keine Auswahl bedeutet hätte, zieht er dennoch die Hauptstadt vor, ist sie doch durch den Sitz der

Regierung (Senat) und die privilegierte Lage zum Meer, als Hafenstadt, von besonderer Bedeutung für die Erklärung dessen, was Utopia insgesamt ausmacht. Bezüglich aller anderen Charakteristika unterscheidet sich die Hauptstadt aber nicht von den anderen 53 Städten. Auch sie verfügt über „planmäßig zugeteilte“ (Morus 1516/2001, 60) Anbaufläche für die eigene Versorgung. Da die Städte nicht auf Wachstum ausgerichtet sind, besteht keine Notwendigkeit, die Anbaufläche zu vergrößern oder in Bauland umzuwandeln. Somit ist die Hauptstadt eine Stadt der Gleichen für die Freiheit unter Gleichen, in den gesetzten Grenzen einer fortdauernden Entwicklung oder, anders gesagt, eines ewigen Kreislaufes. So könnte das Leitbild für den Bauplan von „Utopia“ und die einzelnen Städte formuliert sein, das Morus dem Schöpfer der Stadt, „Utopus“, dem transzendenten Planer, mitgegeben hat – anders als bei Platon, wie wir gesehen haben (Morus 1516/2001, S. 64).

Damit repräsentiert vor allem die Raumstruktur den Kern der Utopie, nämlich das Erreichen eines idealen Endzustandes gesellschaftlicher Vollkommenheit und Glückseligkeit. Ein derartiges eschatologisches Ansinnen entspringt auch der katholischen Religiosität von Morus, die, trotz seiner weit über die Zeitverhältnisse hinausgehenden Äußerungen zu Religionsfragen der Utopier (z. B. Religionsfreiheit – Morus 1516/2001, 127ff), ein starres Heilsversprechen beinhaltet, das keine Entwicklung zulässt und gerade die Widersprüche der Zeitverhältnisse gegen eine Harmonievorstellung im Jenseits, das auf die Erde rückprojiziert wird, eintauscht. Dem sind viele Jünger, Epigonen oder Nacheiferer aufgesessen, indem sie Utopia wörtlich nahmen und eine endgültig heile Welt „schaffen“ wollten. Mit fatalen Folgen, wie das 20. Jahrhundert belegt, in welchem viele Versuche gestartet wurden, eine solche Harmoniegesellschaft – zwanghaft – zu schaffen. Morus entwarf dennoch ein Gegen-Modell zur sich auflösenden Gesellschaft, wie er sie in England im ausgehenden Mittelalter vorfand, die im Gefolge ökonomischer Umbrüche (von der Subsistenzlandwirtschaft zur marktförmigen, gewinnorientierten landwirtschaftlichen Produktion) enormen sozialen Verwerfungen ausgesetzt wurde (vgl. Wendt 2015, 12). Dem setzt er einen Traum von einem für alle auskömmlichen Leben in ewiger Eintracht entgegen. Ein redliches Ziel, das aber nur durch jene Abkopplung vom „Festland bestehender Verhältnisse“ möglich schien und in großer Ferne liegen soll. Die (geistige) Überfahrt dorthin, so kann der Eindruck beim Lesenden dieser Geschichte entstehen, ist das eigentliche Ziel von Morus. Nicht das Erreichen jenes Ideals ist die Botschaft, sondern die Auseinandersetzung mit dem idealen Zustand im Verhältnis zur existierenden Realität.

Die Methode dafür legt Morus im Ersten Buch vor, in welchem er einen Dialog zwischen konträren Positionen über die Zeitverhältnisse (in England) als

„Vorrede“ zum eigentlichen Utopia-Buch werden lässt. Den Lesern wird also mittelbar eine Methode zur Deutung von Utopia an die Seite gestellt; die Anregung dazu hat er bei Platon gefunden. Nach dem Lesen des Zweiten Buches wäre nun wieder ein Dialog über die Sinnhaftigkeit, die Grenzen und Möglichkeiten jener Verhältnisse angesagt, wie er am Ausgangspunkt der Reise in die Zukunft stand. So ließen sich die beiden Bücher als rhetorischer Zirkel verstehen. An der Nahtstelle beider Bücher wird das Bild dieser Gesellschaft entwickelt, die aus dem ‚Jetzt‘ in das ‚Morgen‘ tritt. Damit verbindet Morus die Gesellschaftskritik und Gesellschaftsvorstellung durch ein raumzeitliches Scharnier, d.h. durch Reise und Ortsbeschreibung, durch ein dynamisches und ein statisches Prinzip. Amaurotum enthält also beides. Und doch kann es auch als ein fernes (teleologisches) Jerusalem auf Erden angesehen werden.

Morus spielt mit verschiedenen Mustern, die offen sind für immer wieder neue Deutungen – wie auch diese hier vorgelegte. Eindrucksvoller kann der ambige Charakter von Utopia kaum umrissen werden. Letztlich könnte das DIE Schlüsselbotschaft für ein Verständnis von Utopia sein, die Morus in die Diskussion wirft. Darin liegt der Reiz der Lektüre ebenso wie die innewohnende radikale Idee einer Gesellschaft jenseits nur marktgerechter Organisation, die ebenso dauerhaft Versagen produzieren kann, wie sie (partiellen) Wohlstand erzeugt. Auch das ist eine Kreislaufwirtschaft, die, als ewiges Modell gedacht, aber offenbar keinen Ewigkeitsbestand haben wird – so jedenfalls die Interpretation von Morus’ Idee einer rationalen Stadt-Land-Relation, die nicht auf Wachstum für eine Akkumulation von Tauschwerten ausgerichtet ist, sondern den Gebrauchswert favorisiert (Morus 1516/2001,73–74). Er plädiert für eine strikte Regelung der inneren Verhältnisse aber auch der räumlichen Beziehungen, eine Raumordnung, wie sie erst in den 1920er Jahren umfassend begründet wurde und auf innere Kolonisation setzt (Kegler, 2015, 104ff; siehe dazu Kapitel 9). Diese stringente Argumentation lässt jedoch zugleich Argwohn reifen, ob Morus die Darlegungen wirklich so eindeutig verstanden wissen wollte oder ob nicht Warnungen vor „Vereindeutigung“, also eine Verringerung der Ambiguitätstoleranz, (Bauer 2018) diesen Ideen von ihm eingeschrieben wurden.

Die Insel Utopia, früher die Halbinsel „Abraxa“, besitzt eine sichelförmige Struktur, die sich wie ein „zunehmender Mond“ darstellt (Morus 1516/2001, 58), sich also nach links, d.h. nach Westen, öffnet. Die sich ergebende schmale Bucht ist als Zufahrt für den Hafen gedacht und wird durch einen Felsen mit Festung gesichert. In diese Bucht mündet auch der Hauptfluss, an welchem die Hauptstadt liegt. Mit dieser Ost-West-Ausrichtung der Insel dürfte auch die Ausrichtung der Städte verbunden sein, also ebenfalls in Ost-West- bzw. in Nord-Süd-Richtung.

Die Stadt Amaurotum selbst spiegelt diese Raumordnung wider: Sie ist symmetrisch gegliedert und setzt sich aus Modulen zusammen, die wiederum einfache baulich-räumliche Strukturen aufweisen. Diese Klarheit grenzt an die Formen der Moderne des 20. Jahrhunderts oder an die römischen Gründungsstädte. Die Stadt wird auf die wesentlichen Funktionen bezogen. Zu den sonstigen Faktoren, die Stadt ausmachen, Repräsentanz, Freizeit, Bildung oder Erholung, sagt Morus nichts. Die Stadt hat kein eigentliches Zentrum mit repräsentativen Bauten – Kirche, Rathaus oder Parlament fehlen. Es werden die Kommunikationsorte als „Hallen", die die Orte des Geistigen wie des Praktischen sind und die eigentlichen „Zentren" bilden, und Marktplätze für praktische Versorgungsaufgaben im Plan fixiert. Zu den anderen Bautypen sagt er zwar, dass sie existieren, aber er lokalisiert sie nicht explizit: Die vier Spitäler liegen außerhalb der Stadtmauern, Tempel sind vorhanden, der Senat tagt an nicht näher herausgehobenen Orten und das „gesellige Leben" findet in den Hallen statt, in denen die gemeinsamen Mahlzeiten eingenommen werden – sie sind die wichtigsten öffentlichen Orte der Stadt; eine Art öffentlicher Kulturhäuser im weitesten Sinne (Morus 1516/2001, 75–79). Schulen hingegen fehlen in seiner Darstellung. Er dürfte sie nicht einfach vergessen haben, vielmehr kann davon ausgegangen werden, dass die Hallen, vielleicht sogar die ganze Stadt die Funktion der Schulen übernommen haben.

Ausführlich beschreibt er die Stadtmauern. Diese erscheinen als Fortifikationsbauten eine besondere Bedeutung auch zur möglichen Verteidigung zu haben. Auch das kann als ein Bezug auf Platon bzw. die griechischen Denker generell angesehen werden, bei denen die Verteidigung einen wichtigen Stellenwert in der Erörterung einnimmt (z. B. Ober 2016, 212ff). Dennoch kann der Eindruck entstehen, dass Morus darin nicht den eigentlichen Zweck dieser Anlagen sah: Die Mauern trennen Stadt und Land und grenzen die Bewohnerschaft der Stadt von der Welt der Fremden ab, andererseits umschließt die Mauer auch die Gemeinschaft und sichert die innere Freiheit (oder Unfreiheit) der Bewohner – im Sinne der Freiheit der Gleichen – sie markiert also eher den Charakter einer „Insel auf der Insel", als dass sie für Verteidigungszwecke angelegt ist. Dafür hätte sie nicht nur eine vertikale Ausrichtung haben müssen, sondern ein tief gestaffeltes Bollwerk umfassen müssen; schließlich ist die Artillerie seinerzeit die Hauptwaffe, die nur durch horizontale Anlage den Gegner auf Distanz hätte halten können (Morus 1516/2001, 63). Obwohl Morus Krieg als Bestandteil von Utopia sieht, sind die Ausführungen dazu nicht angetan, Utopia als eine auf Krieg ausgerichtete Gesellschaft zu betrachten (Morus 1516/2001, 115ff). Vielmehr spielt auch hier die Bezugnahme auf das antike Vorbild eine nicht unwesentliche Rolle. Auch bei Platon ist der Krieg ein wichtiger Gegenstand, gründet sich doch die Existenz des Stadtstaates auf der Einbeziehung des Umlandes, das, wenn wachsender Bedarf besteht, das Land gewaltsam in den Einzugsbereich der Stadt gebracht werden muss – eine legitime Handlung. Morus geht aber weiter, indem er eine Insel mit natürlicher Begrenztheit vorgibt, die eine Konkurrenz der Städte um Land ausschließt und Regelungen bedarf, um im Falle des Wachstums eine Stabilität des Gesamtsystems zu sichern. Darin liegt eine Neuerung von Morus gerade in der beginnenden kapitalistischen Expansion des städtischen Gewerbes und dem Umbau der Landwirtschaft.

Die räumliche Ordnung der Stadt

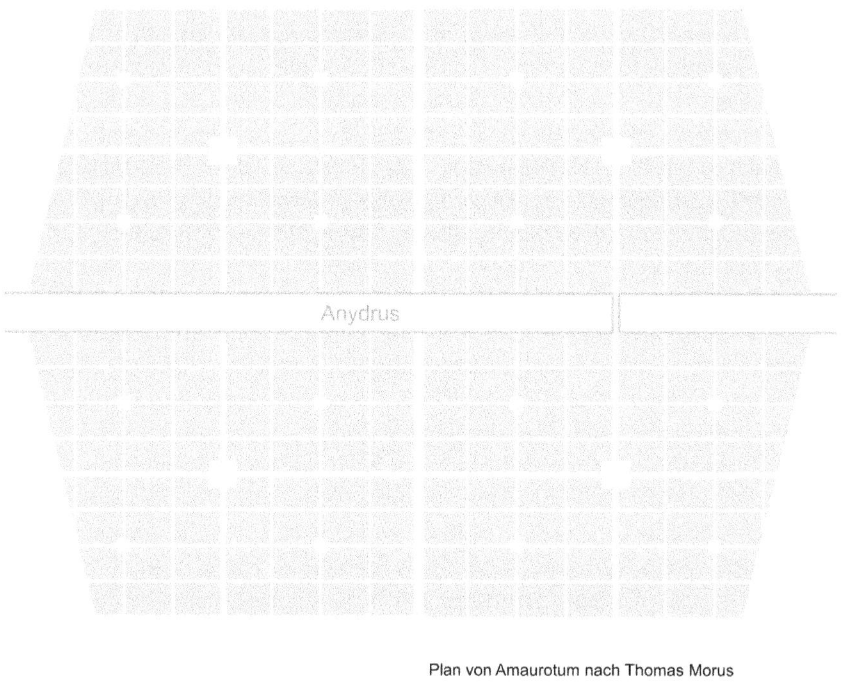

Abb. 4-3: Plan mit hexagonalem Grundriss (Zeichnung Ilka Viehmann)

Die Stadt ist auf einem quadratischen Grundriss aufgebaut, der sich entlang der Ufer etwas aufweitet, also leicht trapezförmig ist (vgl. Kegler 2018, 13ff). „Die ganze Stadt ist in vier gleich große Quartiere eingeteilt; in der Mitte eines jeden Quartiers befindet sich ein Markt für Waren aller Art.“ (Morus 1516/2001, 62,

74). Diese Märkte dienten der Versorgung mit täglichen Lebensmitteln; ihnen waren Lager zugeordnet, die Morus aber nicht näher lokalisiert. Schlachthäuser sah Morus durchaus vor, ließ sie aber außerhalb der Städte angesiedelt sein. Die Arbeit dort hatten Sklaven zu verrichten (Morus 1516/2001, 74–75). Die Märkte bildeten den Kern der öffentlichen Räume, sie gliederten die Stadtquartiere. Einen zentralen Platz gab es nicht. Die Lebensmittelmärkte waren innerhalb der vier Hauptquartiere angeordnet, wahrscheinlich symmetrisch, also vier je Hauptquadrat. Den Hauptmärkten kam offenbar noch eine weitergehende Funktion im öffentlichen Leben zu, sonst hätte Morus sie nicht extra betont, ohne jedoch zu sagen, wofür sie im Einzelnen dienten.

Sein Hauptaugenmerk legte er auf die Beschreibung der Wohnbereiche. Hier widerspiegelte sich insbesondere der utopische Grad seiner räumlichen Vorstellung von einer fernen Gesellschaft: Er erwähnt zunächst, dass die Hauptquartiere in Häuserblöcke gegliedert sind (Morus 1516/2001, 63). Die Häuser sind in langen, die gesamte Straße bestimmenden Reihen angeordnet, also Reihenhäuser in gleichförmiger Gestalt. Das spricht für Zeilenbebauung, was er an anderer Stelle auch so bezeichnet: „Häuserreihe" (Morus 1516/2001, 74). Zwischen den Häuserreihen sind Gärten angelegt, die von den Häuserzeilen begrenzt werden und auch der eigenen Versorgung dienen, wobei es keine Zuordnung der Gärten zu den einzelnen Häusern gibt. Die gesamte Stadt ist mit einem differenzierten System an Wasserleitungen in Backsteinkanälen durchzogen, die auch durch die Gartenbereiche geleitet werden. Die Hauszeilen sind „zwanzig Fuß" voneinander entfernt und bilden den Fahrdamm (Morus 1516/2001, 63). Die Häuser waren in der ersten Zeit ihrer Entstehung noch klein, wurden dann aber ausgebaut und haben offenbar nun den endgültigen Stand mit drei Geschossen erreicht und sind solide ausgebaut, wozu auch die aufwendige Ausgestaltung der Dächer zählt – als Flachdächer (Morus 1516/2001, 64). Sie heben sich – damals wie zu Morus Zeiten – deutlich von den üblichen Bauformen ab; das flache Dach ist ein Signal für Modernität. In sozialer Hinsicht ist aber hervorzuheben, dass die Häuserzeilen nicht nur Wohnanlagen waren, sondern diese in regelmäßigen Abständen durch sog. Hallenbauten ergänzt wurden. In dem rasterförmigen Straßennetz – so die Deutung der Ausführungen von Morus – waren jedem „Block" (vier Zeilen) je zwei Versammlungshallen zugeordnet (Morus 1516/2001, 75). Sie dienten den Mahlzeiten, der Freizeit, öffentlichen Versammlungen, rituellen Handlungen (z. B. Hochzeitszeremonie) und vielleicht auch Senatsversammlungen, da ja keine gesonderten Regierungsbauten vorgesehen waren.

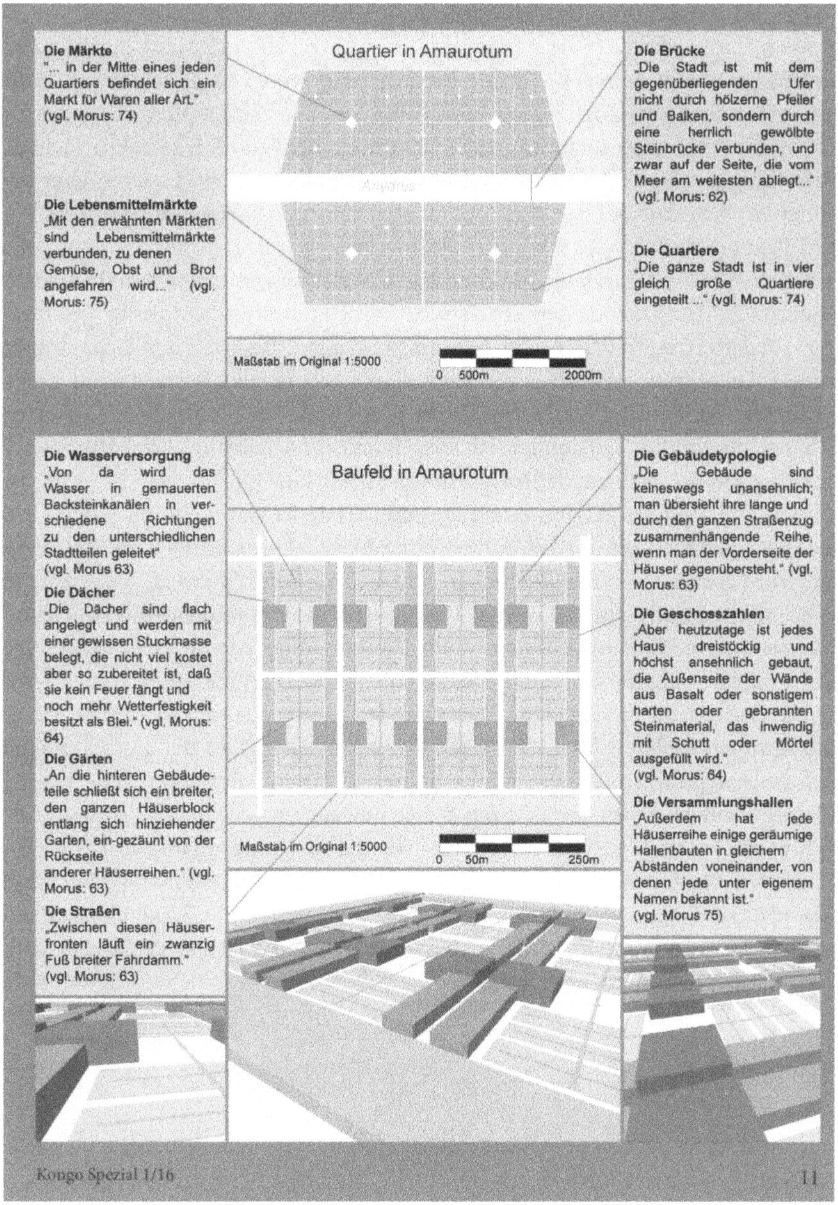

Abb. 4-4: Plan von Amaurotum mit Textanalyse (Studierende der Universität Kassel)

Bei der Betrachtung des Stadtgrundrisses fällt auf, dass dieser nicht wie die antiken Städte entweder eine quadratische (rechteckige) oder eine dem Gelände angepasste Form aufweist. In der Beschreibung von Morus wird von einem trapezförmigen Grundriss gesprochen. Ein solcher erklärt sich nicht aus der Topografie und auch nicht aus den Funktionen der Stadtinfrastruktur, wie der Befestigungsanlage oder der Aufteilung des Straßensystems. Es kann eher vermutet werden, dass bei der Wahl der Grundrissform für Morus ein anderes Vorbild Pate gestanden haben könnte. Nachweisen lässt es sich bislang nicht, aber Indizien sprechen durchaus für derartige Überlegungen: Unter den Bastiden in Frankreich (https://de.france.fr/de/okzitanien-sudfrankreich/artikel/die-bastiden-suedwestfrankreich) findet sich ein markantes Beispiel, das einen trapezartigen Grundriss aufweist – die Stadt Carcassonne, als „Bastide Saint-Louis" zu Füßen der Festung Carcassonne am Fluss Aude im Südwesten Frankreichs gelegen, gegründet 1260, eigentlich ausgebaut im 14. Jahrhundert (https://www.odeaanaude.eu/catalogaude2/carcassonne-la-bastide-saint-louis). Sie war Teil eines im 13. und 14. Jahrhundert angelegten Systems von mehr als 300 Städten, die der Erschließung des bis dahin wenig besiedelten Gebietes im Südwesten und zum Aufbau eines militärischen Stützpunktenetzes dienten. Sie wurde im Wesentlichen nach einem gleichen Muster errichtet mit rasterförmigem Grundriss, zentralem Platz und Rathaus sowie Kirche, umgeben von einer Mauer. Das ist wenig spektakulär. Le Bastide Saint-Louis jedoch erhielt einen trapezförmigen Grundriss, der sich auch nicht aus der Topografie oder aus fortifikatorischen Erwägungen erklären lässt. Die Stadt wurde zur Heimstatt der Katharer, einer Reformbewegung innerhalb der katholischen Kirche zwischen dem 11. und 13. Jahrhundert. Eines der Zentren dieser Bewegung – die als ein Vorläufer der Reformation angesehen werden kann – war Carcassonne, unweit von Toulouse. Nun wies der Grundriss dieser Stadt vielleicht zufällig jenen trapezförmigen Grundriss auf, dem auch eine eingeschriebene Botschaft in Gestalt eines „Platonischen Körpers" nachgesagt werden könnte (Adam; Wyss 1994). Ob dies wirklich so war, bleibt noch zu ergründen.

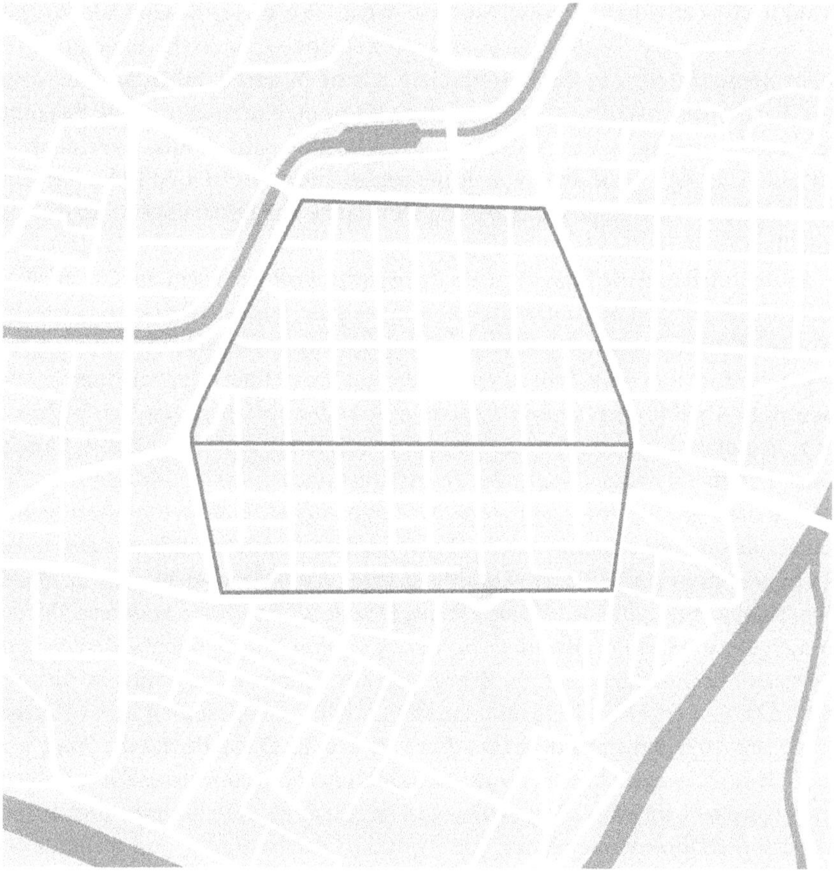

Abb. 4-5: La Bastide Saint Louis 1260: Hexagonaler Grundriss (Zeichnung von Ilka Viehmann)

Morus war ein exzellenter Kenner Platons und könnte die Geometrie als Metapher verwendet haben für eine reformerische Botschaft, Bezug nehmend auf die Katharer. Die Tatsache der spektakulären Reformbewegung, die blutig von der katholischen Kirche niedergeschlagen worden war und sich in das kollektive Bewusstsein der Öffentlichkeit eingrub – was der Klerus auch mit der grausamen Verfolgung beabsichtigt hatte – ließ die Stadt am Fuße der großen Festung – am Vorabend des 100-jährigen Krieges zwischen England und

Frankreich – zu einem Symbol werden. Wenn also dieser hexagonale Grundriss von La Bastide Saint-Louis (Carcassonne) eine symbolische Bedeutung für Reformbestrebungen in der katholischen Kirche besessen haben könnte, dann war dies Morus bzw. Erasmus gewiss auch bekannt. Nutzte Morus die Bekanntheit der Ereignisse in Carcassonne bzw. La Bastide Saint-Louis, wäre dann zu vermuten, in den Grundriss von Amaurotum auch eine symbolische Reformbotschaft einzuschreiben? Das könnte zumindest ein Erklärungsansatz für die auffällige Form der Stadt sein.

Es stellt sich nun die Frage, warum diese so symbolhafte Form des Grundrisses nicht weitergegeben oder von Nachfolgern rezipiert wurde. War sie zu versteckt? Wurde überhaupt etwas von seinen Beschreibungen der Stadtstruktur weitergegeben? Zum einen hat Morus seine Ideen nie gezeichnet oder zeichnen lassen. Derartige Abbildungen sind erst später entstanden und bezogen sich nicht auf den Grundriss der Stadt. Zum anderen dominierten in der beginnenden Renaissance bereits die quadratisch oder rechteckig angelegten Grundrissformen der Antike das Denken. An ihnen wurde weitergearbeitet. Eine weitergehende Botschaft, die über die allgemeine Gleichheit der Gesellschaftsmitglieder durch den Rastergrundriss ausgedrückt wird, hinausgeht, wie sie (vielleicht) Morus in den Plan eingewoben hatte, wurde eher weniger verfolgt. Auf einen anderen Pfad der Weitergabe des Grundrisswissens im Nachgang von Morus machte Metzger aufmerksam. Er berichtet über die Begegnung von Dürer mit Erasmus in Antwerpen 1521, den er porträtierte und natürlich mit ihm ins Gespräch kam (Metzger 2015, 107–109). Erasmus berichtet ihm von Utopia. Dabei dürfte die Stadt eine zentrale Rolle gespielt haben, ob aber die Deutung des Grundrisses dabei besprochen wurde, bleibt offen. Der Stellenwert der Stadt als Gesellschaftsmodell aber hat sich bei Dürer eingepflanzt, vor allem die Gleichartigkeit und Struktur der gesamten Anlage. Derartige Anregungen verband er in seinen Überlegungen zu Fortifikationen, die als geometrische Systeme auch einen ästhetischen Reiz besaßen (vgl. v. Brandt 2008, 60–61). Der „Ideale Plan" enthielt bei Dürer keine (versteckten) Paradoxien und gesellschaftlichen Diskurse a la Morus, sondern stellt einen technisch anmutenden Plan dar, der exzellent gezeichnet und detailliert beschrieben ist sowie den Eindruck eines untadligen Endzustandes einer Stadt manifestiert, also den Unterschied zwischen Utopia und dem Idealplan zum Ausdruck bringt, wenngleich der Ewigkeitsgedanke beide eint (Dürer 1523/1978, 260–275).

Die Form des Grundrisses seiner Stadtentwürfe von 1527 aber bezog er, so eine nicht unwahrscheinliche Annahme, aus Überlieferungen der spanischen Eroberer zu der Stadtanlage der Azteken im späteren Mexiko, veröffentlicht 1524 in Nürnberg, seinem Wohn- und Schaffensort. Das Quadrat war auch deren formale Grundlage; mindestens sah er sich bestätigt und durch das Gespräch mit Erasmus bestärkt. Es verdichten sich also in der Zeit kurz nach den beginnenden Expansionen auf den amerikanischen Kontinent die Überlegungen zur Neuanlage von Städten, die sich später als Idealplanungen erwiesen, also Überlegungen zu optimalen Städten für ideale, aber abstrakte Gesellschaften darstellten. Dürer folgte in dieser Hinsicht Morus bei der Negation des Ortsbezuges, blieb aber gefangen in einer Konstruktion von Gesellschaft in einem „leblosen“ Jetzt, ganz anders als die schillernde, wenngleich durchreglementierte Stadtgesellschaft bei Morus, deren Lebendigkeit z. B. in den Hallen sehr plastisch gezeigt wird. Davon findet man in Dürers Entwurf nichts. Dennoch leistete er einen bahnbrechenden Beitrag für die Entwicklung immer neuer Idealstadtentwürfe und letztlich auch der räumlichen Gesellschaftsentwürfe der folgenden Jahrhunderte (Metzger 2015, 111–115).

Struktur einer „Platonischen“ bzw. „bastidischen“ Stadt

Die Interpretation der städtebaulichen Grundstruktur für die Städte der Insel Utopia basiert auf Grundbausteinen, auf die Morus abhob: den Block, die Reihe (Zeile), das Nord-Süd- / Ost-West-Raster, die Quartierstruktur, das System der öffentlichen Bereiche mit den Plätzen und den Hallen (Kulturhäusern) sowie verschiedenen Infrastrukturen. Es liest sich wie das Einmaleins des modernen Städtebaus der 1920er Jahre. Dennoch ist die Interpretation nicht eindeutig, was auch den Reiz der Schrift von Morus ausmacht. Darin zeigt sich auch eine Bandbreite der Deutung, wie z. B. der Vergleich mit den Plandarstellungen von Eva Eylers belegt, die den Grundriss vollkommen anders zeigt als er sich bei Morus gewöhnlich liest: eine quadratische Stadt, nicht durch einen Fluss geteilt und um einen zentralen Platz gruppierte quadratische Blöcke (Eylers 2015, 12). Zudem orientiert sie die Insel mit der Öffnung nach Norden – offenbar eine andere Deutung des „zunehmenden Mondes“ als Basisform für Utopia. Die Verteilung der 54 Städte sieht sie als gleichmäßiges Raster über die gesamte Insel vor – das ist nachvollziehbar, kann aber auch anders erklärt werden (siehe Kapitel 9), vor allem fehlt auch hier der alles bestimmende Fluss. Deutlicher noch unterscheiden sich ihre Interpretationen von der hier vorgelegten: Sie geht von einer in sich verwobenen Blockstruktur der Stadt Amaurotum aus, in welcher in unregelmäßiger Weise Plätze und andere öffentliche Räume verteilt sind. Zwar kann hinsichtlich der Blockstruktur keine eindeutige Aussage bei Morus gefunden werden – es sind durchaus zwei Interpretationen denkbar, so sind doch die Einteilungen der Stadt in vier Quartiere und den dazugehörigen Substrukturen plausibel.

Dennoch: Mit Block und Zeile ist der Kanon von Utopias Städten bestimmt, wie sie Morus nahelegt. Sie entspricht viel eher dem Gleichheitsprinzip, denn bei der Blockstruktur ist immer eine Seite des Hauses nach Norden orientiert, wohingegen bei der Ost-West-Ausrichtung der Wohnungen (bei Nord-Süd-Zeilen) alle Wohnungen prinzipiell gleich besonnt sind. Das ist ein Kernkriterium für egale Wohnbedingungen, worauf es Morus ja besonders ankam.

Dieses Ziel unterstreicht er für seine Stadt der Gleichen dadurch, dass die Bewohner ihre Häuser in Abständen von zehn Jahren per Los tauschen, also kein Privatbesitz anlegen (Morus 1516/2001, 63). Das Gleichheitsprinzip ist das Dominante in der gesamten Argumentation – allerdings mit Einschränkungen und Variationen. Er sieht Sklaven (Verurteilte) und Verantwortungsträger, die leitende Funktion in Utopia innehaben, vor. Es gibt Hierarchien. Dennoch ist die Gleichheit aller eine Bedingung für Utopia, was auch mit dem Fehlen an Grundbesitz einhergeht. Die Stadt, das Land und die Infrastrukturen (Hafen, Höfe) gehören allen und besitzen keinen Tauschwert, können also nicht verkauft werden. Der Gebrauchswert der öffentlichen Güter steht über dem Tauschwert, anders als schon zu Zeiten von Morus üblich.

Das so revolutionär anmutende und in der Tat sich klar von den Zeitverhältnissen abhebende Konzept für Utopia kann aber auch als ein sehr konservatives angesehen werden. Es wäre auch denkbar, dass Morus, der strenge Katholik, mit seiner Schrift eine Modernisierung der katholischen Kirche anregen wollte und sie keinesfalls durch eine andere ersetzt sehen wollte, wie sein Schicksal der Hinrichtung aus Glaubensgründen letztlich belegt. Nehmen wir die Hauptkriterien des Konservatismus, die zwar später erst als solche benannt wurden, dennoch aber auch in der Zeit von Morus galten:

„Autorität des Staates“ als oberste Instanz, „Natürlichkeit der gesellschaftlichen Ordnung“ (Unveränderbarkeit der gesellschaftlichen Strukturen), „Prozeduralisierung“, d. h., wenn von einer Unveränderbarkeit der „natürlichen Ordnung“ ausgegangen wird, bleibt nur noch die Frage nach der jeweiligen Art des „Auffangens“, Moderierens oder Verwaltens von „Störungen“ dieser Ordnung, um sie aufrechtzuerhalten, letztlich zu verewigen (Biebricher 2018, 34–41). Diese Kriterien gehen auf Burke zurück, die er 1790 in Reaktion auf die Französische Revolution veröffentlichte (Biebricher 2018, 20). Nimmt man nun diese Kernkriterien des Konservatismus, dann entpuppt sich Morus als Hüter konservativer Vorstellungen. Die Ewigkeit und Unabänderlichkeit der räumlichen wie staatlichen Ordnung ist ein Hauptmerkmal von Utopia. Das von ihm entworfene System an Regeln, Verhaltensnormen und Verfahren zielt letztlich darauf, den Status Quo zu erhalten und keine Änderung zuzulassen. Dieser einmal erreichte Zustand der Stadtgesellschaft von Utopia kann somit als die

„natürliche Ordnung“ angesehen werden, die beste, die es je zu erreichen gibt. Sie muss gesichert und verteidigt werden, wofür die Insellage ein Garant ist.

Letztlich dienen auch die radikalen Ideen von Morus, wie die Abschaffung von Geld oder das Gemeineigentum an Grund und Boden sowie die Eliminierung des Privatbesitzes vielleicht nur dazu, keine Störfaktoren dieser „natürlichen Ordnung“ keimen zu lassen, die sich als Störmomente erweisen könnten, also Risikofaktoren darstellen. Das System der Regeln und Verfahren sorgt für den reibungslosen Ablauf des Lebens in Utopia, den ewigen Betrieb. Sollten Veränderungen eintreten wie eine Bevölkerungszunahme, dann wird regulierend durch den Staat eingegriffen und eine Umverteilung der überzähligen Menschen vorgenommen, um nur dieses Beispiel zu nennen. Bei aller Ironie und eingewobenen Mehrdeutigkeit handelt es sich also durchaus auch um ein ernsthaftes Anliegen von Morus, der katholischen Kirche ein Konzept für deren Erneuerung an die Hand zu geben. Darin war er sich mit Erasmus auch einig, der zwar kirchenkritisch eingestellt war, aber nie eine Reformation wollte, da sie zur Spaltung der Kirche führen würde (was dann ja auch geschah), sondern wollte sie durch seine Schriften läutern – mit dem „Lob der Torheit“ hat er einen Beitrag dazu geleistet. Morus legte mit Utopia nach – auf seine Art. Erst aus dieser Perspektive kann das Werk der beiden eine gesellschaftliche Kraft bekommen. Morus hat bei Weitem kein dystopisches Zukunftsbild gezeichnet, sondern sehr rational versucht, in den Gang der Entwicklung einzuwirken und ebenso läuternd zu wirken.

Sein revolutionärer Geist kann demnach auch als ein Produkt des 19. und beginnenden 20. Jahrhunderts angesehen werden, denn man wollte Morus als einen Revolutionär verstehen und seine Schrift als Autoritätsbeweis führen. Für die katholische Kirche war er ein Revolutionär, aber im Sinne der (Wieder-)Herstellung ihrer Position in der Gesellschaft als ewiger Gesellschaft. Seine Anregungen und die Form der Schrift schmälern seinen Beitrag in der Geschichte damit keineswegs. Sie bedürfen lediglich einer differenzierten Betrachtung in den Zeitverhältnissen. Dessen ungeachtet erhebt sich die Frage nach der Bedeutung dieser „konservativen Seite“ von Morus. In seinem Konzept kommt eine externe Störung wie eine Naturkatastrophe nicht vor. Utopia ist ein geschlossenes System, das in sich ewig funktioniert. Im Falle einer Störung von außen wäre es kaum reaktionsfähig, lediglich die militärische Sicherung wird bei Morus angesprochen. Ein Vorgang wie der Klimawandel ist nicht Bestandteil seines Konzeptes – die Analogien zum Konservatismus generell sind naheliegend. Wenn nun von einem Wandel der Gesellschaft im Kontext des klimatischen Wandels auszugehen ist – die Geschichte belegt diesen Vorgang – dann bedarf es gesellschaftlicher Strukturen, die mit diesem Wandel umgehen können. Wäre Utopia unter diesem Blickwinkel anregend? Die Antwort könnte in zweierlei Hinsicht erfolgen. Ertragreich wäre einmal die Vorstellung, dass ein neues Siedlungssystem denkbar erscheinen muss, schließlich startet Utopia mit einem Aufbruch zu neuen Gefilden infolge von Veränderungen (die dann aber nicht mehr vorkommen). Eine derartige „Flucht" ist auf einem vollkommen besiedelten Planeten aber nicht mehr denkbar. Es müssen andere Formen gefunden werden.

Zum anderen bedarf die Transformation, ob nun als Anpassung, als grundlegende Neugestaltung oder als fallweise inkrementalistische Umstellung, stabilisierender Faktoren, denn sonst kämen die Veränderungen chaotischen Umstürzen gleich, die unter den Bedingungen globaler Vernetzung, vulnerabler Infrastrukturen und scharfer sozialer Gegensätze katastrophale Ausmaße annehmen könnten. Belege hierfür finden sich zuhauf. Insofern haben die Rolle des Staates als Sicherungs- und Organisationsfaktor und die Ausgestaltung von Verfahrensfragen sowie die Sicherung von „natürlichen" Festpunkten (Ankern, Kulturen, Zusammenhalt etc.) eine nicht zu unterschätzende Bedeutung. Deren Verabsolutierung hingegen oder die Dominanz von „Glaubensgrundsätzen" wie denen des privaten Eigentums an Grund und Boden, um nur diesen einen zu nennen, können kontraproduktive Wirkung entfalten, nicht nur, aber besonders im Falle externer Störungen. Der Klimawandel hält ein noch nicht übersehbares Arsenal an derartigen Störungen parat. Es bedarf also neuer Regeln für den Veränderungsfall. Welche Regeln das sind und wie deren Herausbildung erörtert werden kann, dafür liefert Morus auch ein Beispiel durch die Art seiner Argumentation in Utopia.

5 Die „neue" Stadt

Die Werkssiedlung Le Grand Hornu

Abb. 5-1: Le Grand Hornu: Arbeitersiedlung ab 1820, Bruno Renard

Unweit von Antwerpen und Leuven, eine Fahrtstunde südlich von Brüssel, liegt Mons, die ehemalige Bergbaustadt. Dieser Teil des heutigen Belgiens gehörte am Beginn des 19. Jahrhunderts zu den ersten industrialisierten Gegenden auf dem europäischen Festland und war – nach England – ein Vorreiter der „Ersten Industriellen Revolution". Die Steinkohlelagerstätten boten die stoffliche Grundlage für diesen Aufstieg. Es war nur folgerichtig, dass sich hier ein Zentrum der Innovation bildete, wie es aus Großbritannien auch bekannt ist (vgl. Greenhalf 1998). Der wirtschaftliche Aufbruch des industriellen Kapitalismus' bildete den Nährboden für die Gründung nicht nur neuer Zechen- und Verarbeitungsindustrien, sondern führte zum Bau eines neuen Siedlungssystems außerhalb der bestehenden Städte und Dörfer. Mit der Werkssiedlung Grand Hornu finden wir ein Beispiel für diese Neustrukturierung des Raumes. Zwar flossen bei der Konzipierung der neuen Siedlungsanlagen Ideen vergangener

Arbeiterunterkünfte ein, ohne direkte Zusammenhänge auf die Fuggerei in Augsburg von 1521 (Heigl 2008, 372), einer Reihenhaussiedlung für sozial bedürftige Menschen, oder auf Utopia dezidiert nachweisen zu können, könnten Anregungen aufgenommen worden sein, doch hauptsächlich handelt es sich um die Neuerfindung eines Siedlungstyps. Die sich daraus ableitende Frage lautet nun: Handelt es sich dabei um eine „Utopia" oder sind die im Zuge der Industrialisierung entstandenen Werkssiedlungen nur paternalistische Modelle sozialverträglichen Wohnens nahe am Arbeitsort, also „Idealstädte des frühen Industriezeitalters"? Ist andererseits die „Utopia" von Morus aber letztlich auch nichts anderes als ein Modell der effektiven und zugleich auf das Wohlergehen bedachten Unterbringung von Menschen, nur mit dem Unterschied, dass bei Morus die Einwohner im primären und im tertiären Wirtschaftssektor tätig waren, allerdings nicht als freie Menschen, die auf dem Markt ihre Ware Arbeitskraft anboten, sondern nach einem strengen Reglement – freiwillig – genötigt waren, periodisch notwendige Tätigkeiten auszuüben (schwere Arbeit, die nicht näher verräumlicht wurde, verrichteten bei Morus Sklaven). Die Arbeiter des Kapitalismus der Ersten Industriellen Revolution entsprangen einem wachsenden Bevölkerungsüberschuss auf dem Lande, eine Folge des langsamen Endes der Kleinen Eiszeit und einer sich modernisierenden Landwirtschaft (Glaser 2008, 197–200). Zudem eröffnete die Arbeit in den entstehenden Industrien neue Lebenschancen, die auf dem Lande kaum noch zu erlangen waren. Ohne in romantische Verklärungen der Verhältnisse abzugleiten: Die Werkssiedlungen waren die Ausnahme, vielmehr herrschte in den Zechen und den nahe gelegenen Wohnunterkünften meist erbärmliche Armut, wie das Émile Zola in „Germinal", allerdings aus der zweiten Hälfte des 19. Jahrhunderts eindrücklich beschreibt (Zola 1885/1971).

Die Geschichte der idealen Städte, der Stadtutopien nach Morus, weist eine stattliche Reihe bekannter Beispiele, gebaut oder gezeichnet, auf. Sie sind vielfach beschrieben und bewertet worden (vgl. u. a. Kruft 1989). Eine Realisierung eines solchen Versuchs unter „Normalbedingungen" kann diese Fragen beantworten helfen.

Nach den Entdeckungen der Neuen Welt in Amerika, dem Einsetzen der „Kleinen Eiszeit" (Behringer 2016, 119ff) und den sich aus den beiden Rahmenbedingungen ableitenden fundamentalen Umwandlungen des „alten" Kontinents, erwuchs ein „neuer", der sich anschickte, das Geschehen in der Welt zu diktieren: In Europa begann sich im ausgehenden 18. Jahrhundert die „Industrielle Revolution" durchzusetzen. Dies ist zugleich Vollendung eines dreihundertjährigen Vorgangs der Akkumulation, der Innovation, basierend auf der kolonialisierenden Ausnutzung der Ressourcen und der menschlichen Arbeitskraft anderer Völker und Kontinente. Der Vorgang ist hinreichend bekannt. Die Vorstellung von Morus, nach der die Idee einer „Neuen Welt" im Ergebnis der räumlichen Entdeckungen Rückwirkungen auf die „Alte Welt" zeitigen würde, hinterließ Spuren, wie die Reformation zeigte, blieb aber die beabsichtigte grundsätzliche Konsequenz unverwirklicht. Die Versuche, eine „Neue Welt" in der „alten" zu kreieren, mehrten sich zwar schon in der Renaissance, doch letztlich erst am Beginn dieser Epoche des beginnenden (technologischen) Industriezeitalters. Die Ressourcen für derartige Versuche reiften heran. Es waren nicht nur die materiellen und finanziellen, es waren auch die ideellen. Am Ende der Kleinen Eiszeit herrschte verbreitet bittere Armut; die beginnenden Aufbruchskrisen des Kapitalismus taten das Übrige dazu, sodass die sozialen Verhältnisse, ähnlich wie zu der Zeit von Morus, nach dringender Änderung lechzten.

Wieder war es das heutige Belgien, das einer der wichtigen Schauplätze solcher Versuche war. Die industrielle Revolution erreichte als erstes Land auf dem Kontinent jenes Gebiet, das England am nächsten lag und das selbst über ähnliche Bodenschätze verfügte. Die Häfen boten wiederum die Handelsmöglichkeit. Zudem strahlte die Französische Revolution aus. Ein erstarkendes Bürgertum, vor allem in der südlichen Wallonie, stellte die Basis für neue Entwicklungen. Der prosperierende Bergbau in Kohle- und Bleiminen, der Aufbau eines Eisenbahnnetzes und der Bau von Wohnanlagen boten nun die Gelegenheit für die Unternehmen, ihrer gewonnenen Stellung räumlichen Ausdruck zu verleihen. Die Gelegenheit für das Beschreiten neuer Wege in der Kultur der Unternehmen und ihrer baulichen Manifestation schien gekommen. Verschiedene „utopische" Versuche des beginnenden 19. Jahrhunderts – außerhalb Belgiens – sind bekannt, so die des philanthropischen Unternehmers Robert Owen in Schottland mit seiner sozialen Kolonie New Lanark. Sie gelten als eine Quelle für die späteren Gesellschaftskonzepte der sozialistischen Bewegung. Owen hatte, über die Versuche anderer Werkssiedlungen hinausgehend, mit seinem Projekt in New Lanark ein „neues Gesellschaftssystem" im Blick, also durchaus einen utopischen Versuch, wie er selbst in der Reflexion auf diesen Versuch aus den Jahren 1813–14 und nochmals dann, bereits in den USA lebend, 1825 (Owen 1988, 77ff) eingestand. Er wollte die Gesellschaft grundsätzlich erneuern und bot damit seine Erfahrungen für die späteren sozialen Bewegungen als eine Quelle an.

Der andere Zweig jener Versuche ist der von „aufgeklärten“ Unternehmern, die sich sozialen Zielen als Bestandteil ihrer Unternehmensziele verpflichtet sahen, jedoch keine andere Gesellschaft anstrebten. Vielmehr sahen sie in ihren Versuchen die Verwirklichung der eigentlichen Gesellschaft, also eher ein konservatives Konzept verfolgend – so jedenfalls kann der Versuch im südbelgischen Mons gedeutet werden, den der Bergbauunternehmer Henri de Gorge Legrand (1774–1832) aus Lille vornahm (vgl. Jacobs 2016). Er hatte 1810 das Steinkohlebergwerk in Hornu bei Mons von Charles Godonnesche übernommen, der dieses bereits 1777 begonnen hatte. Die zentrale Lage dieses Abbaugebietes zwischen den beginnenden Industrierevieren um Lille und eine direkte Eisenbahnverbindung von Hornu mit dem Hafen in Antwerpen ließen den Standort prosperieren. Der Gründer verstand sich als paternalistischer „Übervater“ des Unternehmens und dessen Belegschaft nebst Familien. Er war so etwas wie ein „Utopus“, der alles geplant und die Umsetzung durch Vorgaben geregelt hatte. In 1832, seinem Todesjahr, wurde er zum Ehrenmitglied der Académie de l'Industrie agricole, manufacturière et commerciale gewählt. Die Akademie fußte auf den Gedanken von Henri Saint Simons und August Comte, die sozial-liberale Ideen verfochten. Danach sei die Freiheit der Bevölkerung und ihre soziale Zufriedenheit nicht von der Prosperität eines Unternehmens zu trennen (Busine 2010, 36). Die Ideen hatten ihn in seiner Tätigkeit als Unternehmer geleitet. Es sind versuchte Real-Utopien, die sich auf der Vorstellung einer Hierarchie gründen, an deren Spitze eine Elite steht, der Unternehmer, und die geprägt sind von einer Kultur der Erwerbsarbeit. Alle sind Mitglieder einer Gemeinschaft und werden versorgt. Es gelten eigene Regeln. Diese Bindung der Belegschaft an das Werk, und damit an die Arbeit, war zugleich Teil der Effizienzsteigerung des Unternehmens und seines Gewinns wie auch der Bindung der Arbeiter an das Unternehmen. Andererseits hatten die Wohnungen und die sozialen Einrichtungen einen weit über dem Durchschnitt liegenden Standard. Der Ertrag der Arbeit kam den Beschäftigten auch zu einem Teil zugute – Wohlstandsversprechen durch Bindung an die Arbeit. Eine Welt der „Harmonie“ sollte entstehen, jedenfalls solange keine äußeren Störungen eintraten. Grand-Hornu war eine Insel aufgeklärten Unternehmertums, analog zur Utopia-Insel.

Abb. 5-2: Le Grand Hornu: Zentrum, Welterbe seit 2012

Den Anstoß für den Bau eines solchen Industrie-Utopias gab der steigende Bedarf an Arbeitskräften, die in unmittelbarer Nähe zum Werk untergebracht werden mussten.

So wurde 1823 die Cité ouvrière durch den Architekten Bruno Renard geplant. Die Grundlage für die spätere Musterstadt bildeten die umfangreichen Landerwerbungen durch De Gorge ab 1819, die letztlich 50 ha umfassten. Bereits zwei Jahre nach der Planung standen die ersten 175 Reihenhäuser und weitere sieben Jahre darauf waren es 425 (Raymond 1973, 331ff). Den Höhepunkt der Gesamtanlage bildet ein Komplex, der in Form einer Ellipse 1827 bis 1829 angelegt wurde – also zeitgleich mit der Fertigstellung der Wohnungen. In diesem sind Geschäfte, die Konstruktionsbüros des Unternehmens, Versorgungseinrichtungen, Aufenthaltshallen und Freiräume für kulturelle Zwecke sowie repräsentative Räume, die die Würde der gesamten Anlage vermitteln, untergebracht (Bruwier 1975, 91). Mit diesem Zentrum wurde ein Raum der öffentlichen Gemeinschaft errichtet, welcher, neben den anderen öffentlichen Freiräumen, den urbanen Charakter der gesamten Anlage ausmacht. Dies hebt die Werkssiedlung ab von späteren Siedlungen, die meist nur noch dem Wohnen dienen.

Die Wohnhäuser sind als Reihenhauszeilen ausgebildet, denen jeweils Gärten und kleine Ställe angefügt wurden, also einer Teilselbstversorgung dienen. Die gesamte Anlage wird von öffentlichen Plätzen flankiert. Die Unternehmervilla liegt in einem Park gegenüber dem Zentrum. Durch den arkadengesäumten Hauptkomplex entstand eine klare, symmetrische Form mit hoher ästhetischer Qualität. Der Innenhof, die prägnante Form und die anschließenden Stadt- und Parkräume verbinden sich zu einem eindrucksvollen Ensemble (Bruwier 1975, 14). Sie verleihen dem Raum den Charakter einer Arena, die nach festgelegten Spielregeln öffentlich genutzt werden konnte. Die Form des Innenhofes erinnert an den Entwurf théatre de travail des Architekten Claude-Nicolas Ledoux, in dem ein kreisförmiger Raum durch gleichmäßig verteilte Achsen erschlossen wurde und ihn so von allen Seiten betretbar machte. Diese Form erinnert an das Symbol der Sonne, ein Symbol von Licht und Geist (Busine 2010, 65).

Nachtrag: Die Zeche wurde in den 1950er Jahren geschlossen. Grand Hornu beherbergt heute, neben den immer noch bewohnten Reihenhäusern, parkartige Anlagen, ein Museum für zeitgenössisches Design sowie ein Restaurant – es ist also ein Wohn- und Freizeitort. Es wurde gemeinsam mit drei anderen wallonischen Gruben zum UNESCO-Weltkulturerbe erklärt. (http://www.cid-grand-hornu.be/en/Grand-Hornu/The_history/8/)

Die Werkssiedlung Analogie zu Utopia?

Vergleichbare Modelle der Arbeitersiedlungen avancierten im 19. und beginnenden 20. Jahrhundert zu idealisierten „heilen" Welten, jedenfalls im Kontrast zu den Lebens- und Arbeitsverhältnissen der durchschnittlichen arbeitenden Klasse in den aufstrebenden Industrienationen Europas und Amerikas. Ob Saltaire bei Leeds (heute ebenso auf der Welterbeliste stehend) oder später Port Sunlight bei Liverpool – sie waren fortschrittliche Modelle aufgeklärter Unternehmer, die begrenzte Alternativen im Manchester-Kapitalismus realisierten – Inseln einer teilweise anderen Welt zum Mietskasernenbau der expandierenden Industriestädte, welche den Prototyp für die Unterbringung der Industriearbeiter darstellte (Greenhalf 1998, 26ff sowie Sharples 2004, 299–301). Das utopische Moment lag im Versuch, eine Alternative innerhalb des bestehenden Systems zu entwickeln, also dem Utopia-Paradoxon auszuweichen. Sie boten eine menschlichere Wohn- und Lebensumwelt an, was seinerzeit (und bis heute vielfach) allein schon utopisch anmutet. Dennoch gingen sie kaum weiter als die realisierten Versuche von Grand Hornu.

Robert Owen (1771–1858) versuchte in New Lanark ein Modell, das den Ansatz von Grand Hornu weiterentwickelte, indem er eine Tuchfabrik und Musterwohnanlage errichtete, wo er seine Auffassung realisierte, Industrie und Landwirtschaft wären untrennbar verknüpft, da sie einander ergänzen und daher auch von der derselben Person betrieben werden könnten. Durch modernste Technik sollte der Anteil der Freizeit für kulturelle Zwecke und für landwirtschaftliche Tätigkeit erweiterbar sein – Industriearbeit sollte sekundär bleiben (Heigl 2008, 394). Das kulturelle Surplus: Eine Schule für ganzheitliche Erziehung der Arbeiter im Zentrum der Anlage bei Glasgow entsprach den Intentionen des Gründers zur Hebung der Kultur seiner Beschäftigten, ja der Menschen generell (Heigl 2008, 395).

Einen bemerkenswerten Beitrag in dieser Hinsicht leistete fast 100 Jahre später der Unternehmer Karl Schmidt mit der von ihm initiierten Gründung der Gartenstadt Hellerau bei Dresden 1909, eigentlich auch einer Werkssiedlung. Mit dem Festspielhaus (Architekt Tessenow) entstand eine kulturelle Akropolis, die einzigartige Tanzschule, die diese Gartenstadt aus dem Kreis der anderen heraushob und jenen kulturellen Surplus auf eindrucksvolle Weise manifestierte (Schinker 2013, 31ff).

Abb. 5-3: Gartenstadt Hellerau: Festspielhaus, 1911, Heinrich Tessenow

Noch weiter war hingegen der Unternehmer Jean-Baptiste André Godin (1817–1888) mit der Gründung seines „Sozialpalastes“ bei Guise, im industriellen Norden Frankreichs, unweit von Mons, ab 1856 gegangen (Manguel 2018, 87–90). Die Anlage umfasst ein Areal von 18 Morgen und ist für 900 Arbeiter und deren Familien angelegt worden. Die Anlage existiert bis heute und dient neben der Wohnfunktion auch als Besuchsort. Godin verfolgte mit diesem Ensemble aus Wohnbereichen, Kindergarten, Grundschule, Kleingärten und – vor allem – einem Theater, eine zentrale Idee der Utopisten: die „soziale Anteilnahme“, d. h. die freie Verfügung der Arbeiter über ihre Zeit (Manguel 2018, 89). „Als Herr über seine Zeit erlangt der Arbeiter seine Würde wieder“ (Manguel 2018, 88) formulierte der Unternehmer sein Credo und deutete die Richtung seiner sozialen Befreiung der Arbeit vom Zwang des Verkaufs der Ware Arbeit durch die Arbeiter an. Er bot, ähnlich wie in Grand Hornu oder New Lanark, Freizeit für Kultur und Selbstverwirklichung statt Fronarbeit für konsumtive Zwecke an. Ein Stück Freiheit dessen, was später Lafargue in seiner Schrift über den Müßiggang forderte, verwirklichte Godin in seiner Werkssiedlung, ein wirkliches Heterotop. Seine Insel der befreiten Arbeit funktionierte bis in das 20. Jahrhundert hinein.

Allen Werkssiedlungen ist gemein, dass sie eine Urbanität neu kreierten, die Elemente der alten Stadt mit ihren Zentren und öffentlichen Räumen sowie funktionalen Gliederungen aufgriff und zugleich mit der neuen industriellen Arbeit verbanden. Darin manifestierten sich raumordnerische Gedanken für eine neue Besiedelung der sich industrialisierenden Welt (vgl. auch Kegler 1992 und 2015). Ein wesentliches Merkmal von Urbanität ist die Einwohnerdichte. Ein Vergleich offenbart, dass es sich bei den Werkssiedlungen in dieser Hinsicht typologisch um eine Anlage handelt, die den Städten bei Morus ähnelt:

Amaurotum: 130 EW/ha (bei 7,68 qkm Fläche und einer Einwohnerzahl von umgerechnet ca. 100.000 für Amaurotum, eigene Untersuchungen)

Zum Vergleich zeitgenössische Bevölkerungsdichten von Städten um 1500:
Köln: ca. 100 EW/ha; Brügge: 116 EW/ha (https://www.leben-im-mittelalter.net).

Die Werkssiedlungen fallen in ihren Dichtewerten ähnlich aus:
Hellerau (bei Dresden, 1908): ca. 77 EW/ha (Schinker 2013, 148, 472), Piesteritz (bei Lutherstadt Wittenberg, 1919): 107 EW/ha (Kegler 1992, 38 sowie eigene Untersuchungen).

Abb. 5-4: Werkssiedlung Piesteritz: 1919, Otto Rudolf Salvisberg

Für Grand Hornu oder Guise können, soweit die Angaben überprüfbar sind, eine ähnliche Größe und Einwohnerzahl wie die Werkssiedlung Piesteritz angenommen werden, wobei die Anlage von Guise eine kompakte Struktur mit viergeschossigen Bauten aufweist. Obwohl 100 Jahre zwischen den einzelnen Siedlungen liegen, haben sich die Dichtewerte kaum verändert. Und noch ein Vergleich bestärkt die These, nach der es sich bei den Werkssiedlungen um einen urbanen Siedlungstyp handelt: Die Innenstadt von Berlin hat heute (2018) eine Dichte von 111 EW/ha (https://www.stadtentwicklung.berlin.de). Allen Werkssiedlungen ist zudem gemeinsam eigen, dass sie über öffentliche Gemeinschaftsorte verfügen und dass sie eine Siedlungsdichte besitzen, die offenbar ein Optimum darstellt, was noch weiter im Kapitel zur Raumordnung behandelt wird. Sie kommt damit dem Gedanken einer Idealstadt nahe und stellt insofern eine Annäherung an Utopia dar. Letztlich fehlt ihr in der Gründungszeit das über die existierende Gesellschaft hinausreichende Moment des „Noch-nicht-Seins". Mit dem Übergang in das „post-industrielle" Zeitalter oder den Übergang zur „Dritten Industriellen Revolution" könnte dies jedoch Wirklichkeit werden. Dies würde weniger die räumliche Struktur betreffen als den Gründungszusammenhang der Werkssiedlung, die Arbeit.

Ansätze von Utopia zur Überwindung der Arbeitsgesellschaft finden in den Werkssiedlungen ihren Niederschlag in den kulturellen Einrichtungen (wie dem Zentrum) und erinnern an jene Hallen im Modell von Morus, in denen das gesellschaftliche Leben jenseits der Arbeit stattfindet. Zudem sind diese Orte auch Symbolträger der ‚befreiten‘ Zeit und damit eigentliche Orte der Selbstverwirklichung des Menschen in einer von den Zwängen der Erwerbsarbeit befreiten Gesellschaft.

Eine konsequente Utopie einer nicht mehr diesen Arbeitszwängen verpflichteten Gesellschaft unterbreitete Paul Lafargue 1880 (Lafargue 2018). Waren die Inseln wie die von Grand Hornu und den Nachfolgern Anreger zum Suchen nach neuen Wegen der räumlich-sozialen Gestaltung von Wohn- und Arbeitswelt, gepaart mit kultureller „Überwölbung“, so blieben sie, bis auf Guise, gefangen im Denk- und Handlungsraum der Arbeitsgesellschaft, waren also bedingte Heterotope. Morus hatte die Arbeitspflicht als Selbstbindung deklariert, doch diese zugleich durch Zuspitzung auch wieder relativiert, also wohl auch ironisiert. Lafargue baut seine Alternative auf einer heftigen Kritik an dem selbstzerstörerischen Glauben und die reale Bindung an die (industrielle) „Zwangsarbeit“ auf (Lafargue 2018, 16). Morus lässt seine Utopier sagen, dass „das wichtigste und beinahe einzige Geschäft der Syphogranten ist, dafür zu sorgen und Maßregeln zu treffen, dass keiner müßig herumsitzt, sondern jeder fleißig sein Gewerbe treibt, ohne indessen vom frühen Morgen bis tief in die Nacht wie ein Lasttier sich beständig abzurackern. Das wäre ja eine mehr als sklavische Schinderei!“ (Morus 1516/2001, 67). Dennoch unterliegt diese gewerbliche Tätigkeit einer Kontrolle und ist keine konsequente Befreiung von Arbeit. Diese Befreiung, wie sie Lafargue vorschwebt, entsteht nicht durch technologische „Befreiung“, die menschliche Arbeit ersetzt – was nur zum Zwang zu Konsum führe und damit eine Weiterführung der Knechtung mit anderen Mitteln bedeute (Lafargue 2018, 47) und nicht durch Verwirklichung eines „Rechtes auf Arbeit“ kompensiert werden würde (Lafargue 2018, 52), sondern nur durch forcierte „Faulheit“ zu erlangen sei. Er personifiziert die Faulheit – wie einst Erasmus die Torheit – und beschwört diese am Ende seiner polemischen Schrift: „Oh Faulheit, Mutter der Künste und der edlen Tugenden, sei Balsam der menschlichen Ängste!“ (Lafargue 2018, 53).

Die „virtuelle“ Welt-Friedens-Stadt

Am Beginn des 20. Jahrhunderts, also dem Beginn der Zweiten Industriellen Revolution, entstand eine wirklich neue Utopie, die derjenigen von Morus gleichgestellt werden kann: die Idee eines weltumspannenden Informationssystems, das jedem Menschen frei zugänglich sein würde und das, gepaart mit einem öffentlichen Zentrum, einer „Stadt der Welt“, die ein umfassendes Friedenswerk darstellen sollte. Den Nachfolger dieser Initiative finden wir heute als Museum ebenfalls in Mons. Die Geschichte für dieses atemberaubende Vorhaben begann in Brüssel um 1910. Der Name dieser ersten „virtuellen Stadt“ wurde von Paul Otlet, dem Initiator, geprägt: Mundaneum. Nicht mehr eine ferne Insel, eine neue Stadt oder eine ideale Siedlung sollte jenes Utopia werden, sondern eine weltumspannende Verknüpfung des Wissens der Welt, das in einem realen Ort eine zentrale Vermittlungsstelle, eine Art öffentlicher, kostenloser „Server-City“, erhalten sollte. Darin eingewoben war die Idee des Weltfriedens (Rayward/Gillen 2010). Das Mundaneum und mit dem in Mons lagernden Bestand an Dokumenten der einstigen Otlet-Institution wurde von der UNESCO zum Weltkulturerbe (des geistigen Erbes) ernannt – eine späte Anerkennung der Initiative von Paul Otlet und Henri La Fontaine, die mit der Gründung der Union of International Associations einen Grundstein der späteren UN und ihrer Unterorganisation, der UNESCO, gelegt hatten (http://archives.mundaneum.org/en/history sowie Hartmann 2011, 63–101). In Mons, in der Rue de Nimy 76, befindet sich in einem unscheinbaren Gebäude jenes Mundaneum-Museum, das die Reste der einstigen Institution beherbergt und zugleich ein Ausstellungs- und Kommunikationsort ist. Es war der Ort, an dem vor 100 Jahren das Wissen dieser Welt systematisiert und abrufbar vereint wurde – als eine „analoge Suchmaschine“ (http://www.mundaneum.org/).

Abb. 5-5: Mundaneum in Mons: Eingang zum Museum

Die Gründer waren die Juristen Paul Otlet und Henri La Fontaine, die 1895 zusammenkamen und das „L'Institut International de Bibliographie (IIB)" gründeten (Rayward/Gillen 2010, S. 21ff). Die Idee, die im Wesentlichen von Otlet ausging, war es, durch einen Ort für ein vereintes, nach allgemein nachvollziehbaren Kriterien geordnetes Wissensnetzwerk und Wissensarchiv ohne Sprachbarrieren weltumspannend frei zugänglich zu machen und dadurch friedensstiftend zu wirken. Otlet entwickelte dafür ein hierarchisches System von Suchbegriffen und Zuordnungen – das Universal-Dezimal-System – und baute ein Karteisystem auf, das gewaltige Karteikästensammlungen sowie auf Mikrofilm gespeicherte Bilddokumentationen umfasste (Rayward/Gillen 2010, S. 28). Die Kommunikation lief über vernetzte Telefonapparaturen und eine weltweite Korrespondenz brieflicher, vor allem aber telegrafischer Verknüpfung. Dieses Hypermedium bildete – neben der Karteisammlung – den technologischen Grundstock für den Wissensapparat. Finanziert wurde das Unternehmen vom belgischen Staat sowie von Mäzenen und fand seinen Platz ab 1910 im Palais du Cinquantenaire in Brüssel (Montens/Gillen 2010, S. 124–133). In dem als „Mundaneum" bezeichneten Institut verbanden sich zudem eine Bibliothek, ein Museum („Welt-Museum"), ein Kommunikationsort für Wissenschaftler aus aller Welt und ein Archiv. Alles stand unter der Maxime des Friedensstiftens durch Kommunikation und Teilung von Wissen, eine Art „shared knowledge“, der Gemeinwohlökonomie gleichkommend, doch über sie hinausreichend.

Abb. 5-6: Mundaneum in Mons: Karteisammlung, um 1911

Wer waren diese neuen „Utopier“?

Der Visionär, Henri Marie La Fontaine (1854–1943), war Jurist und engagierte sich ab den 1870er Jahren für die belgische sozialistische und Friedensbewegung. Er wurde Abgeordneter der belgischen Sozialistischen Partei. 1883 gründete er die pazifistische Gesellschaft für Schlichtung und Frieden. In der Folgezeit engagierte er sich in zahlreichen internationalen Friedensinitiativen wie dem Universalen Friedenskongress in Antwerpen 1894, womit er zur Leitfigur belgischer Friedensbewegungen wurde. Vor allem aber widmete er sich der Schiedsgerichtsbarkeit und setzte sich für einen Weltgerichtshof im Internationalen Verband für Schiedsgerichtsbarkeit und Frieden ein. Ab 1891 wurde er Mitgründer des Internationalen Friedensbüros und ab 1907 dessen Vorsitzender bis zu seinem Tod. Sein überaus großes Friedensengagement würdigte das Nobelkomitee 1913 mit dem Friedensnobelpreis. Das Preisgeld dafür wollte er in die Gründung der „Welt-Stadt“ einbringen, die die Idee des Mundaneums erweitern sollte. Erste Ideen dafür wurden aber geboren und in den 1920er Jahren weiterverfolgt, ohne dass sie Realität wurden. Neben seinen Friedensaktivitäten war er Hochschullehrer und baute zusammen mit Otlet ab 1907 jenes Weltinformationssystem auf. Seine Ideen flossen nach dem Ersten Weltkrieg auch in die Gründung des Völkerbundes ein, an dessen Entstehen er lebhaft Anteil nahm (Rayward/Gillen 2010, S. 31ff sowie https://www.uia.org/henri-la-fontaine-1854-1943).

Der Initiator, Paul Otlet (1868–1944), wurde als Sohn einer belgischen Unternehmerfamilie geboren, studierte jedoch Jura. Er empfand während seines Studiums das System der Bibliotheken als nicht optimal für die Nutzung. Aus dieser Erfahrung heraus und der beginnenden neuen Dimension der industriellen Entwicklung mit ihrer zunehmenden Internationalisierung entstand die Idee, ein internationales Wissenssystem zu entwickeln. Mit dem ihm aus Brüssel bekannten Juristen La Fontaine begann er diese Idee der Universalbibliothek, die er Mundaneum nannte, ab 1895 umzusetzen. Er schuf das Dokumentationssystem, welches bis zum Ersten Weltkrieg einen Umfang von mehr als 15 Millionen Werken unterschiedlichster Fachgebiete umfasste. Das gesamte Werk wurde dann 1910 zur Weltausstellung in Brüssel gezeigt und erhielt dadurch eine besondere, zusätzliche und internationale Aufmerksamkeit (Kretschmer 1999, 169). Der Erste Weltkrieg setzte eine Zäsur – auch für ihn persönlich durch den Verlust seines Sohnes. Nun engagierte er sich verstärkt für den Frieden. Gemeinsam mit La Fontaine unterstützte er die Idee des Völkerbundes und entwickelte die Idee einer Welt-Friedens-Stadt. Am Ende seines Lebens kreierte er die wegweisende Idee einer Vernetzung aller Medien zu einem globalen Netz der Information, basierend auf der Telegrafie – er war Vordenker des Internets und einer virtuellen Stadt (http://www.uia.org/paul-otlet-1868-1944). Das von Otlet entwickelte Daten- und Kommunikationssystem ist heute bei YouTube abrufbar: „Mundaneum – Small history of a big idea“, das selbst als ein „Kind“ der Idee von Otlet bezeichnet werden kann, genauso wie die heutigen Suchmaschinen – 50 Jahre nach Erfindung des Internets im CERN: https://www.youtube.com/watch?v=DvLKr8Go3iA sowie https://home.cern/science/computing/birth-web. Doch die eingewobene Friedens- und Freizügigkeitsbotschaft für die globale Wissensgesellschaft der beiden Utopisten des Internets blieb inzwischen auf der Strecke.

Die Welt-Stadt

Eine geradezu absurd erscheinende Idee trieb Otlet darüber hinausgehend um, als er sein mediales Netz durch eine Stadt nicht nur verstärken wollte, sondern dies sollte der eigentliche Netzknoten, die Weltstadt – ein (womöglich) neues Utopia – werden. Zunächst bezeichnete er diese als Welt-Palast. Erste Ideen dazu lieferten 1913 der französische Beaux-Arts-Architekt Ernest Hébrard und der norwegisch-amerikanische Bildhauer Hendrik Christian Andersen in einer Serie von Plänen für ein Welt-Zentrum für Kommunikation (Sonne 2017, 34–35). Diese in einem interdisziplinären Team entwickelte Idee der Welt-Kommunikations-Stadt, die als Symbol für internationalen Austausch, für weltumspannenden Frieden und technologischen Fortschritt stehen sollte, repräsentiert ein Heterotop der besonderen Art, ein Utopia, das noch am Beginn des 21. Jahrhunderts Faszination und zugleich ihr Scheitern vermittelt.

An der Schwelle zum Ersten Weltkrieg entwickelten verschiedene Künstler, zusammen mit weiteren Wissenschaftlern (einem Team aus Historikern, Ökonomen und Juristen) eine Weltstadt, veröffentlicht in opulenten Büchern (Sonne 2017, 32). Diese Ideen entstanden in der Zeit des „Denkens in Jahrhunderten“, wie es Hermand einmal nannte (Kegler 1987, 89). Solche Pläne regten Otlet an, seine Netzstadt um die Realstadt zu erweitern. Nach dem Krieg trieb er, zusammen mit La Fontaine, diese Anregung weiter. Zunächst versuchten sie, die belgische Regierung zu überzeugen, ein entsprechendes Areal für ein solches Projekt auszuweisen, auch als Sitz für den gerade als Idee geborenen Völkerbund gedacht. Sie erhielten einen Flügel im Palais du Cinquantenaire als jenes Palais Mondial (1922 eingerichtet). Ab 1924 benannte Otlet dieses in Mundaneum um (Rayward/Gillen 2010, 30–40). Inhaltlich entfaltete er nun das gesamte Programm.

Die Idee, die Welt-Stadt nun erneut anzugehen, festigte sich. Der Völkerbund war inzwischen auf den Weg gebracht und hatte seinen Platz in Genf gefunden. Die Bemühungen um dessen architektonische Ausgestaltung nahmen Ende der 1920er Jahre Fahrt auf. Ein Wettbewerb für den Völkerbundpalast wurde 1927 ausgeschrieben, der zu einem Stelldichein für die Weltarchitektenschaft wurde, so auch für Hannes Meyer, den späteren Bauhaus-Direktor, der mit seinem Entwurf (zusammen mit Hans Wittwer) den dritten Preis gewann (Meyer 1980, 33–36, Abb. 14–18). Er formulierte ein Bauprogramm, das den Ideen auch eines Otlet entsprach, wonach insbesondere die Kommunikation im Gebäude und durch geradezu inszenierte technische Anlagen auf diesem sichtbar umgesetzt worden wäre. Es kam anders. Otlet (und im Zusammenwirken mit La Fontaine) versuchte im Zuge des Wettbewerbs parallel die Idee der Welt-Stadt für das Mundaneum zu realisieren. Dabei arbeitete er mit verschiedenen Architekten zusammen, allen voran Le Corbusier. Die von ihm vorgelegte, relativ vage Planung fand nicht nur Zustimmung. So kritisierte der Bauhäusler Karl Teige diesen Entwurf harsch und vielleicht auch vordergründig aus den Abneigungen gegenüber Le Corbusier resultierend: „Worin besteht nun der unmoderne, historisierende Charakter von Le Corbusiers Mundaneum? Welche Ursachen liegen dieser architektonischen Fehlleistung zugrunde? Der primäre Fehler liegt vor allem im Programm, in der Idee, in der Theorie des Mundaneums. Das ganze Projekt ist unbeseelt, ist nicht aus lebendigen und vernünftigen Anforderungen entwickelt worden. Ganz im Gegenteil ist es das Ergebnis einer überaus abstrakten und „leeren“ Spekulation jener intellektuellen Gruppen, die sich im Völkerbund zusammengefunden haben.“ (Teige in: ARCH+ 200, 52, 15.10.2010)

Anders als Teige beteiligte sich Otto Neurath (1882–1945) an dem Vorhaben des Mundaneums. Otlet hatte ihn in die Weiterentwicklung seines Kommunikationssystems einbezogen (Rayward/Gillen 2010, 44–45). Neurath war ein Spezialist in der grafischen Statistik. Er arbeitete in Wien und war auch mit dem Bauhaus unter der Ägide von Hannes Meyer im Kontakt, wo er Ende der 1920er Jahre Vorlesungen hielt (Blume 1993, 49). Er leitete das von ihm 1924 in Wien gegründete „Gesellschafts- und Wirtschaftsmuseum“ als ein „Volksbildungsinstitut für soziale Aufklärung“ (Blume 1993, 53). Methodologisch stand er einer neuen positiven Wissenschaft nahe, die zugleich sozialen Ansprüchen im Sinne einer „Gemeinwirtschaft“ verpflichtet sein sollte. Er hatte Nationalökonomie studiert und im Fach der politischen Ökonomie auch habilitiert. Es gab also genügend Anschlusspunkte für einen Kontakt zwischen den beiden Kommunikationsvisionären, die zugleich eine gesellschaftliche Verantwortung praktisch wahrnahmen, ob als Pazifist oder als wissenschaftlicher „Gesellschaftstechniker“ (Blume 1993, 49). Neurath sah vor diesem Hintergrund das Ansinnen von Otlet alles andere als eine „‚leere‘ Spekulation“ an. Die Möglichkeiten, seine Mengen-Bildstatistiken als Visualisierung von Weltwissen mit den neuen Medien zu kommunizieren, waren offenbar nicht nur faszinierend, sondern bargen auch die Chance, von Wien aus stärker vernetzend wirksam werden zu können.

Das Programm, das Otlet für das Mundaneum und die Welt-Stadt entwickelt hatte, war gleich geblieben: Welt-Museum, Welt-Universität, Welt-Bibliothek und Dokumentations- und Vernetzungszentrum, Büros für Internationale Beziehungen, Botschaften der Nationen sowie Wohnareale für Gäste und Parks für den Spaziergang als analoge Kommunikationsmöglichkeit. Die Standortfrage hingegen blieb offen. In der Folgezeit gab es noch weitere Versuche, die

Welt-Stadt zu realisieren. So lieferten Victor Bourgeois in Tervuren (1931), nochmals Le Corbusier mit Huib Hoste (1933) – interessanterweise für das linke Scheldeufer in Antwerpen, wofür auch Stanislas Jassinski und Raphaël Delville 1941 Entwürfe beisteuerten – und schließlich Maurice Heymans für einen Standort in Washington im Jahr 1935 (Reyward/Gillen 2010, 42) verschiedene Vorschläge.

Das Kommunikations-Utopia hatte unterschiedliche Formen bekommen, ohne je gebaut worden zu sein. Dagegen funktionierte das Medien-Utopia tatsächlich – jedenfalls bis 1934. In diesem Jahr versagte die belgische Regierung Otlet die weitere Finanzierung. Schließlich musste das gesamte Mundaneum eingelagert werden. Nach der Okkupation Belgiens durch die deutsche Wehrmacht im Zweiten Weltkrieg wurde das Mundaneum de facto aufgelöst. Vieles ging verloren. Reste konnten in einer Halle im Leopoldpark in Brüssel eingelagert werden (Rayward/Gillen 2010, 46–50). Das Ende erlebte Otlet noch. Die reale Utopie war beendet, die Idee aber nicht. Erst nach 1972 wurden die verbliebenen Reste wieder als museale Objekte zusammengestellt und in einem Geschäftshaus in Mons ab 1998 zugänglich gemacht. 2007 entdeckte GOOGLE den „Vorläufer auf Papier" und nahm sich dessen an. Der Internetkonzern hat 2007 seinen europäischen Firmensitz in Mons eingerichtet. Heute drängt sich jedoch die Frage auf, ob GOOGLE überhaupt der kongeniale Nachfolger von Otlet ist. Die globale Vernetzungsidee treibt auch den Konzern aus Kalifornien um. Weiteres jedoch – außer dem Geschäft mit der Information – kümmert ihn wenig. Da wäre das Modell des IPCC, des internationalen Klimarates, mit ihrem weltweiten Informationsnetz zu dem wichtigsten öffentlichen Thema der Zeit, dem Klimawandel, und dem Charakter als öffentlicher Netzwerkinstitution viel eher als das neue Mundaneum des 21. Jahrhunderts anzusehen.

Im Kontext der Kulturhauptstadt 2015 konnte aber das historische Mundaneum in den Räumen der Rue de Nimy 76 wieder einem breiten Publikum ausschnitthaft zugänglich gemacht und die Ideen der Gründer vermittelt werden. Zudem werden Ausstellungen zu Friedensthemen gezeigt (http://archives.mundaneum.org/en/history). Die Utopie der Server-Stadt ist im Museum und dient als geistiger Hintergrund für Diskussionen über den Sinngehalt und die Ausgestaltung der Globalisierung. Ein Kommunikationsraum in dem Gebäude heißt: Utopia.

Abb. 5-7: Mundaneum in Mons: Utopia-Raum

Buch II Ausblick

6 Die „neue" Stadt-Gesellschaft – Genesis des Sowjetischen Utopias

Einleitung

(Harald Kegler)„Es ist der Geist der real existierenden Utopie, ohne den jede Wirklichkeit für Menschen unlebbar wird." Diese Worte von Christa Wolf zitiert Klaus Berghahn in seiner Diskussion um das Utopische im real existierenden Sozialismus des 20. Jahrhunderts – kurz vor dessen Ende von 1990 (Berghahn 1986, 275). Sollte nicht gerade der Aufbau des Sozialismus jene Utopien seit Morus nun Wirklichkeit werden lassen? Sollte dies nicht das Ende der Geschichte werden? Dass es anders kam, ist bekannt und selbst schon Geschichte. Kurz darauf verkündete Fukuyama das nun endgültige Ende der Geschichte, da der Kapitalismus und dessen Demokratie die Geschichte überdauert habe (https://zeithistorische-forschungen.de/1-2009/id%3D4543). Bei aller Kritik an diesen provokanten Vorstellungen, die noch 1989 vor dem Fall der Berliner Mauer entwickelt worden waren, wirft Fukuyama die Frage nach der Zukunft auf und deren finalem Ausdruck, die er aus Rückbezügen auf Platon oder Hegel, aber auch Marx, motiviert sieht. Ist die amerikanische Lebensweise letztlich die endgültige der Menschheit insgesamt? Ließe sich aus seiner Betrachtung ableiten, dass dies das endgültige Utopia sei? Oder hat sich damit die Utopia-Frage erledigt? Vielmehr wurde diese in der Folgezeit seit 1990 „entsorgt": „Nachdem den Bürgern von Letzterem („Neue Rechte und neoliberaler Block" – HK) jahrzehntelang erklärt wurde, dass sie keine Utopien mehr wollten, ist es wenig verwunderlich, dass sie stattdessen gleich die Dystopie wählen. Um diesen Rückfall zu verhindern, bedarf es eben mehr als einer Symptomkur." (Nymoen 2018, 9). Der „Wettstreit", wer das Ende der Geschichte wirklich verwirklicht hat, ist müßig. Beide politisch-ökonomischen Systeme waren, grob gesagt, Spielarten einer Wachstumsgesellschaft zur Mehrung von „Fortschritt" im Sinne von Konsum – einmal mehr auf Gleichheit setzend (Sozialismus) oder mehr auf Freiheit orientiert (Kapitalismus). Ja, auch im Falle des Kapitalismus könnte bereits von einem ‚Waren' gesprochen werden angesichts des Klimawandels, der offenbar zeigt, dass die – gesellschaftliche – Evolution doch nicht zu Ende ist. „Es ist heute kein utopischer Traum mehr, den Kapitalismus zu ersetzen", resümiert Paul Mason optimistisch (Mason 2016, Die Zeit 16, 43).

Es bleibt also die Frage, weshalb ein Blick auf ein zu Ende gegangenes Experiment zur Umsetzung von utopischem Denken nützlich sein kann. Wenn es also denkbar wäre – und allein aus wissenschaftlicher Sicht sollte diese Möglichkeit ernsthaft erwogen werden –, dass die derzeitige kapitalistisch-neoliberale Weltordnung nicht der letzte Auftritt der Menschheit gewesen ist, dann gewinnt die Frage nach Umsetzungen einer gedachten Weltordnung, gerade aus Sicht ihres Scheiterns, eine besondere Bedeutung.

Es ist nach dem „Geist der real existierenden Utopie“ zu fragen – so widersprüchlich er auch sein mag, so wenig hilfreich er vielleicht auch ist beim Gang in die immer deutlicher werdenden Turbulenzen des Klimawandels. „Wenn sich nun der Kapitalismus verstärkt als Katastrophenkapitalismus erweist, dann wird auch die Frage der Neuverfassung der heutigen Gesellschaft neu gestellt werden.“ (Brie in Wright 2017, 510–511). Nachdem sich der real existierende Sozialismus als ‚Katastrophensozialismus‘ erwiesen hat, also ein „Patt“ bei den realisierten Großsystemen der jüngeren Vergangenheit bzw. Gegenwart herrscht, tritt die Frage nach der Betrachtung des „Geistes“ der gerade untergegangenen Strukturen deutlich hervor. Dies kann sich als unabdingbare historische Lehre erweisen – jenseits von Verteufelung, denn mit dem Klimawandel wird womöglich eine neue Phase gesellschaftlicher Entwicklung induziert, wie wir sie aus vergangenen klimatischen Veränderungen bereits kennengelernt haben. Gerade aber, weil dies nicht einfach ein naturgegebener Prozess ist, zumal der gegenwärtige Klimawandel deutlich menschliche Züge trägt, bedeutet dieser einen gesellschaftlichen Wandel. Welches Attribut er tragen wird, ist heute noch nicht klar. Die beiden bisherigen dienen erst einmal als Pate für die Deutung des Prozesses und für Überlegungen zur Gestaltung dessen im Sinne des Umgangs mit Möglichkeiten und Zwängen dieser Neujustierung der Rahmenbedingungen gesellschaftlicher Evolution (vgl. Brie in Wright 2017, 511). Ob sich dabei wünschbare in gangbare und schließlich erreichbare Möglichkeiten ummünzen lassen, wie sie Wright fordert, kann nicht per se widerlegt oder bestätigt werden (Wright 2017, 63–709).

Die gegenwärtig existierende globale „Hybrid-Gesellschaft“ ist nun der Nährboden, aus dem die Transformation der Gesellschaft im Kontext des Klimawandels gedacht und gemacht werden muss (Brie in Wright 2017, 504). Die in dieser Gesellschaft existierenden „Freiräume“ (Möglichkeiten jenseits der Marktstringenz, die der Kapitalismus mit hervorgebracht oder zugelassen hat) werden als mögliche Quellorte für diese Transformation angesehen (Wright 2017, 436ff). Das Maß für die Bewertung dieser Freiräume kann bei einer Justierung an historischen Prozessen gewonnen werden. Ein solcher war die umfassende Gründung von Städten, eines Städtesystems in der jungen Sowjetunion, das an Umfang und idealer Vorstellungskraft seinesgleichen sucht. Gerade weil es sich um ein so ambitioniertes Unterfangen handelte, aufgeladen mit einem großen utopischen

Potenzial und Sendungsbewusstsein, nämlich nun eine neue Welt zu erschaffen, und dieses schließlich im stalinistischen Zwangssystem verendete, ist es für die Reflexion utopischen Geistes unumgänglich.

In der Gründung der frühen sowjetischen Städte kommen zwei Momente von Utopia zusammen: die räumliche Neudefinition von Arbeit und von Eigentum. Die gesamte Gesellschaft wird, wie bei Morus, als ein Zusammenschluss von Menschen definiert, die freiwillig und aus Erkenntnis über die Richtigkeit des Handelns sich an dem Werk des Aufbaus der neuen Welt beteiligen. Darin schwingt ebenso jene teleologische Endzeiterfüllung mit, wie es der Schöpfungsgedanke ist, den Morus in Gestalt des Vordenkers und Planers „Utopus" als dem Schöpfer von Utopia, dem nun die Jünger in der Umsetzung des Werkes folgen, also als fortschreitender Annäherung an den idealen Endzustand. Doch waren gerade die Jahre der jungen Sowjetunion ein Austragungsort gegensätzlicher Auffassungen hinsichtlich der räumlichen Ausformung der neuen Gesellschaft. Ging eine Diskussionslinie von der evolutionären Entwicklung aus, verfocht die andere eine teleologische. Dahinter verbargen sich grundsätzliche Vorstellungen darüber, wie diese neue Gesellschaft errichtet werden sollte. Dass sich die „Teleologen" um Stalin letztlich durchsetzten, ist bekannt. Die Folgen dessen sind es auch. Dass dies aber kein „naturgegebener" Vorgang war, bedarf einer genauen Betrachtung. Dieses Thema ist keineswegs nur eines von historischer Relevanz. Es birgt enorme Aktualität.

Es könnte derartiges Denken als bereits überholt angesehen werden und es bedurfte keines Aufhebens mehr darum. In der Diskussion um das 2-Grad-Ziel schwingt aber – wenn auch politisch anders konnotiert – eine ebenso auf einen statischen Zustand ausgerichtete Orientierung gesellschaftlicher Bemühungen mit. Das ist bereits bei Morus sowohl in räumlicher als auch in institutioneller Hinsicht angelegt (vgl. Erzgräber 1986, 35). Morus sieht in der Darstellung einer ewigen, harmonischen und nach rationalen Grundsätzen geordneten Welt auch den ästhetischen Anspruch und ideellen Reiz der neuen Gesellschaft. Auch das prägte die Ansprüche der jungen Sowjetunion. Die Realität wich dann bekanntermaßen nicht unerheblich von diesem Anspruch ab. Doch nicht die Abweichung im Zuge der Realisierung steht hier zu Debatte, dazu gibt es hinlängliches Material. Vielmehr soll gerade die Differenz ausgelotet werden zwischen Geist der Utopie und den Ansätzen ihrer Realisierung, den Planungen also. Diese Differenz ist es, um die es auch zukünftig gehen wird. Was daraus werden kann, gehört zur Reflexion, zum Feedback-Loop, in deren Ergebnis Geist und Plan zu justieren sind.

Der zweite Tag[1]

Zur Genesis der sowjetischen Industriestadt – Utopia (Thomas Flierl)

Die Geschichte der Sowjetunion ist die Geschichte der umfassenden Industrialisierung des Landes. Die seit den frühen 1930er Jahren entstandenen neuen Städte und die dazugehörigen, zum großen Teil bis heute in Betrieb befindlichen Industriekomplexen sind das wichtigste materielle Zeugnis dieser Epoche. Heute schauen wir von einem doppelten Ende her auf dieses Erbe: mehr als zwanzig Jahre nach dem Megaprojekt „Sowjetunion“ und während des weltweiten Bedeutungsverlustes der großen extraktiven Industrien. In den russischen Industriestädten ist diese Geschichte des 20. Jahrhunderts baulich-räumlich und sozial-kulturell bis in den heutigen Alltag hinein fassbar.

Hatte bereits der Plan Lenins zur Elektrifizierung (GOĖLRO) aus dem Jahre 1920 die Modernisierung des Landes im Blick („Kommunismus = Sowjetmacht + Elektrifizierung des ganzen Landes“), konnte die Industrialisierung erst nach Bürgerkrieg und Kriegskommunismus im Zuge der Stabilisierung durch die Neue Ökonomische Politik (NĖP) in Angriff genommen werden. 1925 beschlossen, begann der Umbau vom Agrar- zum Industriestaat mit den ersten beiden Fünfjahrplänen (1929–1932 / 1933–1937). Auf der Basis der Erschließung der gigantischen Rohstofflager wurden Zentren der Schwerindustrie aufgebaut, die den Aufbau des Sozialismus – nach dem Ausbleiben der „Weltrevolution“ – zunächst „in einem Lande“ ermöglichen sollte. Da die Sowjetunion keine Kolonien hatte und im Ausland keine Kredite aufnehmen wollte, blieb ihr nur der Weg einer inneren Kolonisierung, einer „ursprünglichen Akkumulation“ – vor allem durch die Ausbeutung der Bauernschaft. Der 1925 getroffene Beschluss zur umfassenden Industrialisierung des Landes war mit einer Umverteilung der Ressourcen vom „Land“ in die „Stadt“ verbunden. Die Industrialisierung, d.h. der Import ganzer Werke und Ausrüstungen (vor allem aus den USA und Deutschland) wurde wesentlich durch den Export requirierten Getreides finanziert.

1 Seinem Roman „Der zweite Tag“ (1932/33) über die Entstehung des Metallurgischen Kombinates von Novokuzneck stellte Il'ja Ėrenburg als Motto Genesis 7,8 voran: „Es werde eine Feste zwischen den Wassern … Und es geschah also …. Da ward aus Abend und Morgen der zweite Tag.“ Berlin (DDR), 1958. Erschien zuerst in Deutsch 1933 im Malik-Verlag Berlin.

Die Ende der 1920er Jahre geführten Debatten zwischen den Anhängern der „genetischen" (evolutionären) und der „teleologischen" Sicht der Entwicklung der Volkswirtschaft waren für die Sowjetunion schicksalsentscheidend. Während die einen Ökonomen um Nikolaj Kondrat'ev[2] eine proportionale Entwicklung der Volkswirtschaft für erforderlich hielten und die Kollektivierung der Landwirtschaft vom Vorhandensein ausreichender Ressourcen für Landmaschinen abhängig machten, vertraten die anderen um Stanislav Strumilin[3] die Auffassung, dass der „Plan" selbst das die Wirtschaft formierende Element sei. Nikolaj Bucharin hing der „evolutionären" Linie an, Lev Trotzki dagegen bestand auf der beschleunigten Industrialisierung. Iosif Stalin, anfänglich ebenfalls ein „Genetiker", verbündete sich zunächst mit Bucharin, um Trotzki und die „Linke Opposition" auszuschalten, übernahm aber nach Trotzkis Parteiausschluss 1927 selbst die Position der beschleunigten Industrialisierung und eröffnete im April 1929 den Kampf gegen Bucharin (als Vorsitzendem der Kommunistischen Internationale) und Aleksej Rykov (als Vorsitzendem des Rates der Volkskommissare).

Stalins Abkehr von einem evolutionistischen Konzept der Industrialisierung der Sowjetunion hatte verheerende Folgen: die Anwendung „außerordentlicher Maßnahmen" gegenüber den selbstständigen Bauern zur Abpressung eines „Tributes" und die gewaltsame Kollektivierung der Landwirtschaft. Ausgehend von der fatalen Fehleinschätzung, dass die relative Stabilisierung des Kapitalismus ihr Ende gefunden habe und das Wachsen des Kommunismus in allen Ländern der Welt zu beobachten sei, könne man „ganz eindeutig davon sprechen, dass in den Ländern des Kapitalismus die Elemente eines neuen revolutionären Aufschwungs" heranreiften, während in der Sowjetunion die „Offensive des Sozialismus gegen die kapitalistischen Elemente der Volkswirtschaft an der ganzen Front" anstehe. Daher resultiere „die Aufgabe, den Kampf gegen die Sozialdemokratie als der sozialen Stütze des Kapitalismus und vor allen Dingen gegen ihren ‚linken' Flügel zu verschärfen. Daher die Aufgabe, den Kampf gegen die rechten Elemente in den kommunistischen Parteien, gegen die Agentur des sozialdemokratischen Einflusses, zu verschärfen."[4] Stalins These von der „gesetzmäßigen

2 Nikolaj D. Kondrat'ev (1892–1938), Ökonom, Begründer der ökomischen Zyklentheorie, 1920–1928 einer der Begründer und erster Direktor des Konjunkturinstituts des Volkskommissariats für Finanzen, wurde 1930 verhaftet, 1932 zu acht Jahren Gefängnis verurteilt, am 17. September 1938 zum Tode verurteilt und am selben Tag erschossen.

3 Stanislav G. Strumilin (1877–1974) Ökonom und Statistiker, 1921–1937 stellvertretender Vorsitzender von GOSPLAN.

4 Alle Zitate vgl. J. W. Stalin, „Über die rechte Abweichung in der KPdSU(B). Rede auf dem Plenum des ZK und der ZKK der KPdSU(B) im April 1929 (Stenographisches Protokoll)", in: Stalin, *Werke*, Bd. 12.

Verschärfung des Klassenkampfes“ untergrub außenpolitisch die Einheit der antifaschistischen Kräfte in den Ländern des Westens und führte die Sowjetunion 1932/33 innenpolitisch in ihre bis dahin tiefste Krise; Hungersnot und „Entkulakisierung“ kosteten Millionen Menschen das Leben.

Stalins (Gegen-)Revolution erreichte Städtebau und Architektur erst im Übergang vom ersten zum zweiten Fünfjahrplan. Wie in keinem anderen kulturellen Feld verstanden es Stalin und Lazar Kaganovič[5] (1893–1991, der engste Mitstreiter Stalins in den Fragen von Architektur und Städtebau, seit 1930 Moskauer Parteichef), die Abkehr von der ästhetischen Avantgarde, von Funktionalismus und Konstruktivismus in der Architektur als Anbruch einer neuen Epoche, der „Epoche Stalins“, zu präsentieren. Standen im ersten Fünfjahrplan noch die neuen Industriestädte (1929–1931) im Fokus der Aufmerksamkeit, rückten später vor allem der Umbau bestehender Städte und hierbei exemplarisch die „Rekonstruktion “ Moskaus in diese Position. Auf dem Weg zum Generalplan von Moskau (1935) bildete der Wettbewerb für den Palast der Sowjets (1931–1933) die entscheidende Weichenstellung.

Planungsschichten sowjetischer Industriestädte – das Beispiel Novokuzneck

Der Übergang zur Industrialisierung veränderte auf markante Weise die stadtplanerischen Leitbilder, insbesondere natürlich für den Bau der neuen Städte. Und da sich die Leitbilder schneller wandelten, als die Städte real errichtet werden konnten, sind die Städte heute als Überschreibungen verschiedener, immer nur fragmentarisch realisierter Planungen lesbar. Am Beispiel von Novokuzneck lässt sich dieser in wenigen Jahren vollzogene Wandel der Planungsphilosophien gut nachvollziehen.

---

5 Lazar M. Kaganovič (1893–1991), einer der engsten Vertrauten Stalins, Mitglied des ZK 1924–1957, Mitglied des Politbüros 1930–1957, Parteichef der Ukraine 1925–1928, Moskauer Parteichef (in der Stadt 1931–1934, im Gebiet 1930–1935), Hauptakteur der „Stalin'schen Umgestaltung Moskaus“

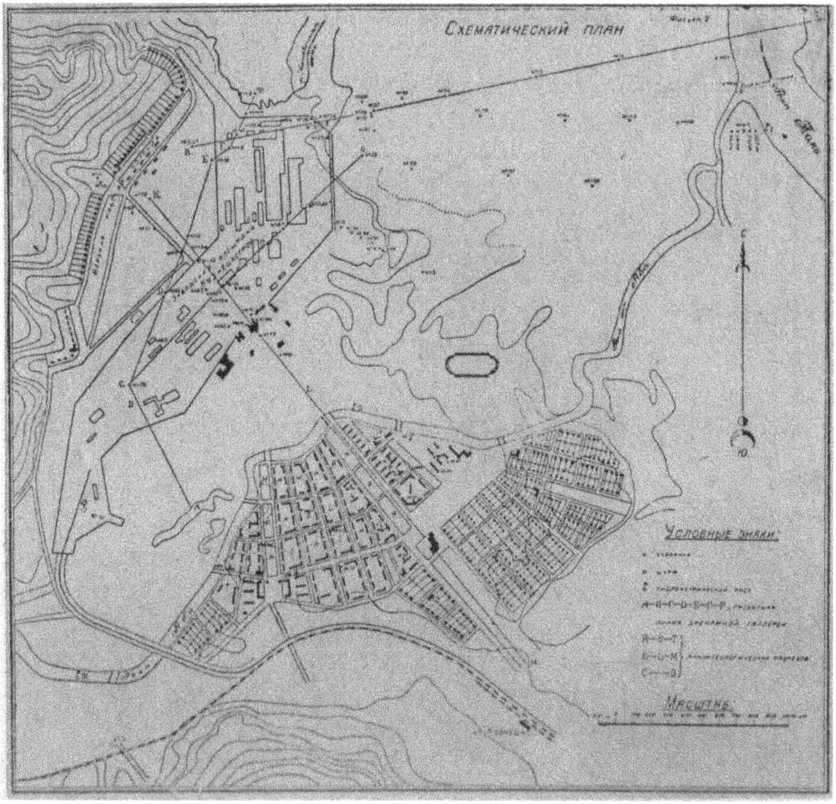

Abb. 6-1: Kuzneck als Gartenstadt, Schemaplan, 1929, © Evgenij Blinov, Novosibirsk

Der Plan von 1929 zeigt das metallurgische Kombinat und die südöstlich des Flusses Aba gelegene Gartenstadt[6] in Form einer axial auf das Werk ausgerichteten Werksiedlung; Arbeiten und Wohnen sind räumlich und ideell aufeinander bezogen. Die Stadt breitet sich wie vor einer Burg aus, die Stadt wird durch den „Fabrik-Kreml" formiert. Vor dem Werkseingang befinden sich öffentliche Gebäude, von hier führt eine zentrale Achse über einen grünen Boulevard durch die Wohnsiedlung zum Bahnhof. Die Stadtmitte wird durch ein zentrales

6 Noch 1929 träumte Vladimir Majakovskij die Zukunft von Kuzneck als „Gartenstadt", vgl. „Erzählung vom Kusnezkstroi und den Leuten von Kusnezk", in: ders., *Gedichte*, herausgegeben von Leonhard Kossuth, Berlin (DDR) 1975, 358ff.

Gebäude markiert, das wie eine Kirche auf einem Anger steht. Die Wohnstadt hat eher Siedlungs- bzw. kleinstädtischen Charakter, Ein- und Mehrfamilienhäuser sind etwa gleich verteilt. Der Einfluss der englischen Gartenstadtplanung ist unübersehbar.

Abb. 6-2: Kuzneck als Industriestadt, neue Planung, 1930, © Evgenij Blinov, Novosibirsk

Keine zwei Jahre später zeigt der Entwurf der Vesnin-Brüder Leonid und Aleksandr von März/April 1930 eine Industriestadt anderer Dimension: Die Einwohnerzahl ist stark gestiegen und es dominieren gemäß der damaligen Orientierung Kommunenhäuser als Großwohneinheiten. Die in strikter Nord-Süd-Richtung angeordneten Großwohneinheiten lassen den Einfluss von Le Corbusiers „Plan Voisin“ (1925) erkennen. Die zentrale Achse und der Dualismus der beiden Zentren bleiben bestehen. Am Werkseingang wird ein großer Platz ausgebildet, der offenbar für Demonstrationen bestimmt ist, während am begrünten zentralen Stadtplatz das Gebäude mit dem größten Zuschauersaal steht. Die Kommunenhäuser mit ihren jeweils mehrere Hundert umfassenden

Bewohnern bilden architektonisch und sozial starke Gegengewichte gegenüber den beiden Zentren.

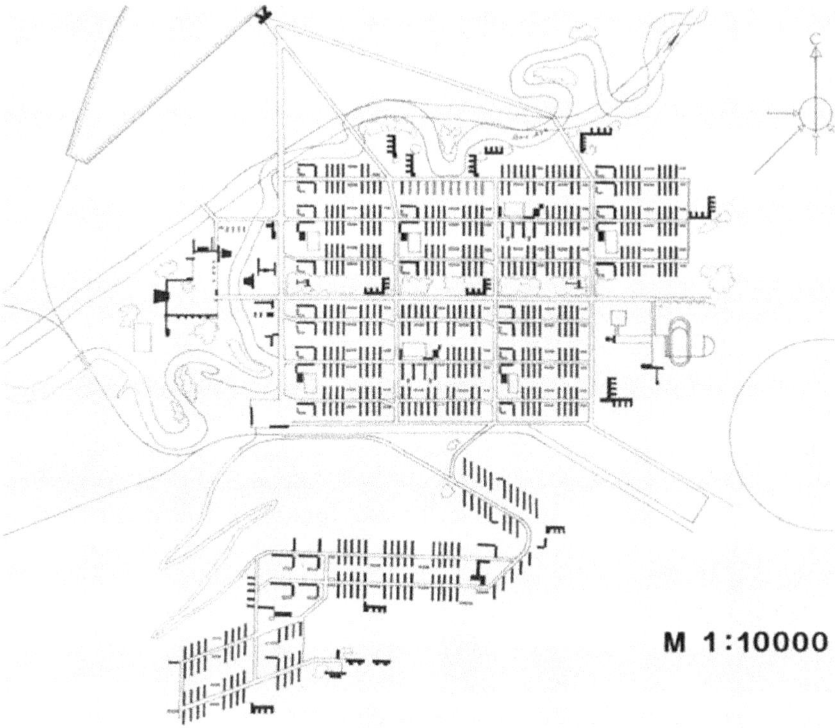

Abb. 6-3: Kuzneck Planung May, 1930, © Evgenij Blinov, Novosibirsk

Zur Ausführung bestimmt wurde schließlich der Entwurf unter Leitung des deutschen Architekten Ernst May[7], der als Chefingenieur des Projektplanungsbüros der Cekombank bzw. später von Standartgorproekt (Standartstadtprojekt) die Planung für Novokuzneck im Februar 1931 übernahm. May kritisierte an

7 Ernst May (1886–1970), Architekt und Stadtplaner, Leiter der Schlesischen Heimstätte (1919–1925), Stadtbaurat und Protagonist des *Neuen Frankfurt* am Main (1925–1930), Leiter der Planung und des Baus neuer Städte in der UdSSR (1930–1933) [Ausführlich: Thomas Flierl, *Standardstädte. Ernst May in der Sowjetunion 1930–1933*, Berlin 2012], Emigration in Ostafrika (1934–1954), Planungschef der Wohnungsbaugesellschaft Neue Heimat in Hamburg (1954–1958).

den vorgefundenen Planungen vor allem „die imperialistische Idee“ einer mehrere Kilometer langen „Monumentalstraße“, die keine Rücksicht auf die vom Neuen Bauen geforderte Nord-Süd-Orientierung der Wohnbauten nahm und für die Bebauung ungünstige Dreiecksflächen entstehen ließ. In seinem Plan verlegte May den Bahnhof, sodass die Magistrale zum Werk die Wohnstadt nicht durchschnitt. Das Stadtzentrum sollte seiner Vorstellung nach „in Verlängerungen der die Stadt von Osten nach Westen durchziehenden Zentralgrünfläche“ gebildet werden. „Hier sollen in landschaftlich besonders begünstigter Lage die Hochschule, ein Technikum sowie das sozialistische Zentrum der Stadt mit Sowjetgebäude, Gewerkschaftshaus, Volkshaus der Kultur, Zentraltheater usw. untergebracht werden“[8]. May verzichtete auf die geplante Regulierung des Flusses Aba und legte das „sozialistische Zentrum“ an dessen Aue, die Bildungseinrichtungen (Hochschule, Technikum) schoben sich dagegen in die „Zentralgrünfläche“. Östlich der Magistrale platzierte May Kommunenhäuser, während der übergroße Anteil der in Quartieren zusammengefassten Wohnbauten Individual- und Gemeinschaftswohnungen sein sollten, denen die kommunalen Einrichtungen zugeordnet waren (Kindereinrichtungen im Quartal, Schulen und Sportanlagen im Grünen am Rande der Wohnquartale). Im Entwurf von April/Mai 1931 (vgl. Abb. 10) sind die Kommunenhäuser städtebaulich weniger prägnant in die Quartale selbst gesetzt. Sichtbar ist, dass die Bevölkerungszahlen weiter steigen sollten.

Mit der architekturpolitischen Wende Anfang 1932 verlor Ernst May den Kampf um die imperialistische Monumentalachse zwischen dem Werk und dem Bahnhof. Der Bahnhof wurde nicht verlegt, der Fluss dagegen begradigt. Die nach Mays Weggang (am Ende des Jahres 1933) von seinen früheren russischen Mitarbeitern A. S. Smolickij, L.M. Bukalova und I. S. Gurevič zwischen 1934 und 1936 entworfene Planung nahm genau diese große Achse zwischen dem Werk und dem Bahnhof auf und spiegelte sie in das schon im Wettbewerb 1930 von Gosproekt entworfene gleichseitige Dreieck, das heute vollständig den Stadtplan dominiert. Der offene Städtebau wird schamvoll hinter Straßen begleitender Wohnbebauung versteckt, die spitzwinkligen Bauflächen beugen sich nur mühsam der geometrischen Großfigur. May selbst führte das städtebauliche Denken in großen Achsen, Diagonalen und Rund- und Sternplätzen auf den Einfluss des „amerikanischen Städtebaus der zweiten Hälfte des vorangegangenen

8 Ernst May, Erläuterungsbericht zu dem Projekt der Technischen Abteilung der Zekombank für den Ausbau der sozialistischen Stadt Kusnetzk vom 8. Februar 1931, Deutsches Kunstarchiv/Germanisches Nationalmuseum (DKA), I, B-18.

Jahrhunderts" zurück, „um die dort ohne jede Rücksicht auf funktionelle Forderungen in Eile aufgeführten schematischen Schachbrettstädte nachträglich bezüglich des notwendig werdenden Diagonalverkehrs zu verbessern."[9]

Diese vier Planungsetappen neuer Industriestädte und ihre jeweiligen internationalen Referenzpunkte (englische Gartenstadt / Werkssiedlung, Le Corbusiers Stadtvision, deutsche Wohnsiedlungen der Moderne, amerikanischer Historismus) lassen sich mehr oder weniger deutlich in vielen russischen Städten beobachten.

Socgorod und neue Lebensweise (1929–1931)

Es wäre allerdings ein fatales Missverständnis, die neuen, in den beiden ersten Fünfjahrplänen geschaffenen sowjetischen Industriestädte lediglich als Varianten internationaler Strömungen von Architektur und Städtebau zu betrachten. Denn die sowjetische Stadt sollte eine „sozialistische Stadt" (Socgorod) und damit etwas völlig Neues und nirgendwo anders Verwirklichbares sein. Der Verlauf der Debatte über die Socgorod und ihre planerische Umsetzung in den Jahren 1929 bis 1931 gehören zu den spannendsten Kapiteln der sowjetischen Geschichte, denn hier fanden die verschiedenen, von Stalin gegeneinander ausgespielten Fraktionen vorübergehend zu einem gemeinsamen städtebau- und gesellschaftspolitischen Programm zusammen.

Der erneute Linksschwenk Stalins auf dem Aprilplenum 1929 ermutigte all jene, die den Sozialismus nicht nur ökonomisch und machtpolitisch begriffen, sondern als Verwirklichung einer anderen, einer „neuen" Lebensweise, eben einer gesellschaftlichen Utopie. Orientiert an den Lebensidealen einer urbanen revolutionären Intelligenz, zum großen Teil während der Emigration aus eigner Anschauung mit westlichen Reformkonzepten erfahren, fanden sich deren Befürworter sowohl im Umfeld der früheren „Linken Opposition" und der früheren Anhänger Trotzkis als auch bei den Aktivisten der weitverbreiteten Wohnungsbaugenossenschaften. Schließlich kamen die ökonomischen Strategen hinzu, die eine beschleunigte Industrialisierung nur unter der Voraussetzung der Einbeziehung der Frauen in den Arbeitsprozess für möglich ansahen. Die von Lenin angemahnte „Kulturrevolution" verband sich so mit der Frage nach der „Socgorod", der Frage, wie industrielle Produktions- und Lebensweise baulich und räumlich „sozialistisch" zu organisieren seien.

---

9 Ernst May, *Bericht über [die] städtebauliche Planung in Novosibirsk vom 9. März 1931.* DKA, I, B-12.

Die zuvor geführte Diskussion über die volkswirtschaftliche Entwicklung (zwischen „Evolutionisten“ und „Teleologen“) reproduzierte sich nun in Debatten über das Verhältnis von „Stadt“ und „Land“, der Verteilung der neuen Industriestädte und deren anzustrebende Größe, der Entwicklung der vorhandenen Großstädte („Urbanisten“ versus „Desurbanisten“) und der Siedlungsstruktur auf dem Lande.

Die große Diskussion über die Socgorod wurde 1929 mit der Publikation des bei der Staatsplanbehörde GOSPLAN tätigen Ökonomen Leonid M. Sabsovič[10] „Die Stadt der Zukunft und die Organisation der sozialistischen Lebensweise“[11] eröffnet. Auf der Basis seiner zuvor veröffentlichten propagandistischen Darstellung „Die UdSSR nach 15 Jahren“[12] und der darin vertretenen Parteilinie, dass in dieser Frist der Aufbau des Sozialismus in der UdSSR realisiert werden könne, entwickelte er die Forderung nach einer Siedlung „konsequent sozialistischen Typs“ anstelle der heute existierenden Städte und Dörfer.[13] Die vielen Milliarden von Rubel, die zukünftig in den Wohnungsbau investiert werden sollen, dürften nicht länger in die Entwicklung und Schaffung von Städten kapitalistischen Typs mit ihrer kleinbürgerlich-individualistischen Lebensweise verausgabt werden. Auf der Basis eines prognostizierten enormen Wirtschaftswachstums könne die „Übergangsperiode“ verkürzt werden und demnächst der „vollständige Aufbau des Sozialismus“ in Angriff genommen werden. Für die Entwicklung der Städte hieße dies, das Wachstum der bestehenden Städte zu begrenzen und „unverzüglich zur Errichtung neuer Städte konsequent sozialistischen Typs bei den neuen Werken und großen Sovchozen“[14] überzugehen. Im Hinblick auf die Entwicklung der ländlichen Siedlungsstrukturen ging Sabsovič davon aus, dass im Verlauf zweier Fünfjahrpläne die Landwirtschaft auf sozialistische Grundlagen gestellt werde und im Ergebnis „anstelle von 27 Millionen verstreuten kleinen Bauernwirtschaften einige zigtausend staatliche oder genossenschaftliche Unternehmen“ geschaffen werden sollten. Der „Sieg über die Entfernung“[15], d.h. der Ausbau der Verkehrs- und Kommunikationsmittel und die Angleichung von städtischen und ländlichen Siedlungsformen sollten die Kluft zwischen der

10 Leonid Moiseevič Sabsovič, Lebensdaten und Biographie unbekannt.

11 L.M. Sabsovič, *Goroda buduščego i organizacija socialističeskogo byta*, Moskva 1929.

12 L.M. Sabsovič, *SSSR čerez 15 let,* Moskva 1929.

13 Sabsovič, *Goroda buduščego,* 6.

14 Sabsovič, 9.

15 Sabsovič, 15.

Großstadt als dem Resultat der kapitalistischen Konzentration und dem „Idiotismus des Landlebens“[16] überwinden.

Der Bruch mit der kleinbürgerlich-individualistischen Lebensweise erfordere, so Sabsovič, die „Befriedigung der Alltagsbedürfnisse der Bevölkerung zu vergesellschaften“[17]. Für eine sozialistische Stadt entwickelte er folgendes Bedarfsprogramm: vergesellschaftete Zubereitung bzw. gemeinschaftliche Einnahme des Essens (in Küchen-Fabriken bzw. in Kantinen ähnlich denen in Ferienheimen oder -pensionen), kommunale Wäschereien und Bäder, zentralisierte Raumpflege usw.; Bildung und Erziehung der jungen Generation von der Kindheit bis zum altersfähigen Alter auf Staatskosten („Haus des Kindes“, „Kinder- und Schulstädtchen“); Sicherung aller Alltagsbedürfnisse der Arbeitsveteranen; Befreiung der Frau von der Sorge um die Hauswirtschaft und volle Gleichstellung mit den Männern; gesellschaftliche Gewährleistung wachsender kultureller Ansprüche, denen sich die Werktätigen mit der zeitlichen Begrenzung des Arbeitstages verstärkt widmen würden.[18] Mit der Herauslösung und Vergesellschaftung aller Funktionen der kleinbürgerlichen Familie, d.h. nach deren Aufhebung, stünde jedem Erwachsenen noch ein individueller Schlaf- und Rückzugsraum zu, während alle anderen Bedürfnisse in vielfältigen und je speziell ausgestatteten Gemeinschaftsräumen zu realisieren seien. Das Raumprogramm der Kommunenhäuser war formuliert: „Haupttyp des Wohnens werden […] riesige Häuser sein, die mit allen Annehmlichkeiten ausgestattet sein werden …“.[19]

Die utopischen Ideen von Sabsovič fanden ein breites Echo. Drei große Diskussionsveranstaltungen bei GOSPLAN und bei der Kommunistischen Akademie des ZK der VKP (b) beschäftigten sich zwischen Juli 1929 und Mai 1930 mit der Frage nach der Zukunft der Socgorod, erste städtebauliche Entwürfe für Stalingrad, Magnitogorsk, Avtostroj und die Siedlung beim Werk Tel'bes (Novokuzneck) entstanden.

---

16 „Die Bourgeoisie hat das Land der Herrschaft der Stadt unterworfen. Sie hat enorme Städte geschaffen, sie hat die Zahl der städtischen Bevölkerung gegenüber der ländlichen in hohem Grade vermehrt und so einen bedeutenden Teil der Bevölkerung dem Idiotismus des Landlebens entrissen. Wie sie das Land von der Stadt, hat sie die barbarischen und halbbarbarischen Länder von den zivilisierten, die Bauernvölker von den Bourgeoisvölkern, den Orient vom Okzident abhängig gemacht.“ (Karl Marx/ Friedrich Engels, *Kommunistisches Manifest*).

17 Sabsovič, *Goroda buduščego*, 28.

18 Sabsovič, 28ff.

19 Sabsovič, 31ff.

Auch die Veröffentlichungen des Jahrs 1930 zeugen von der Intensität und den Akteuren der damaligen Debatten: Der Band „Die Städte des Sozialismus und die sozialistische Umgestaltung der Lebensweise"[20] wurde eingeleitet von Nadezda Krupskaja (der Witwe Lenins) und von Grigorij Sinov'ev (dem früheren Repräsentanten der linken Opposition). Während Anatolij Lunačarskij[21] ein traditionalistisches Stadtverständnis vertrat (s.u.), entwickelte Michail Ochitovič[22], der mit der Vereinigung moderner Architekten (OSA) verbunden war, sein desurbanistisches Konzept „Keine Stadt, sondern ein neuer Typ von Siedlungsweise", das dem Wettbewerb für die „Grüne Stadt" in Moskau und dem Beitrag von OSA für Magnitogorsk zugrunde gelegt wurde. Zu Letzterem hatte Ivan Leonidov das Modell der linearen Stadt in die Diskussion gebracht. OSA war im Sammelband weiterhin mit den konstruktivistischen Architekten Aleksandr Pasternak und Moisej Ginzburg prägnant vertreten. Und das mit gutem Grund, hatte doch die 1925 gegründete OSA mit ihrer Zeitschrift Sovremennaja Architektura (Moderne Architektur) auf dem Gebiet des Wohnungsbaus bereits lange vorgearbeitet. So hatte OSA 1926 einen Wettbewerb für den genossenschaftlichen Wohnungsbau ausgelobt und 1927 eine erste eigene Architekturausstellung veranstaltet. In Verantwortung von Ginzburg und Ignatij Milinis war mit dem 1928 in Moskau realisierten Wohnhaus des Volkskommissariats für Finanzen (Auftraggeber war der damalige Volkskommissar Nikolaj Miljutin) ein Demonstrationsbeispiel für ein Kollektiv-Wohnhaus des Übergangstyps (sowohl mit individuellen Wohnzellen als auch mit Individualwohnungen) entstanden. Bei der Baukommission der RSFSR wurde unter maßgeblicher Mitwirkung von Ginzburg 1929 ein Baukatalog[23] herausgegeben.

Von Nikolaj Miljutin, 1930 Vorsitzender der Regierungskommission für die Planung sozialistischer Städte, 1930/31 auch Vorsitzender der Sektion

20 *Goroda Socializma i socialističeskaja rekonstrukcija byta*, Moskva 1930.

21 Anatolij V. Lunačarskij (1875–1933), Revolutionär, Publizist und Kunstwissenschaftler, erster Volkskommissar für Volksbildung (1917–1929), danach Direktor des Instituts für Literatur und Sprache der Kommunistischen Akademie. Konnte aus gesundheitlichen Gründen seine Position als Botschafter in Spanien nicht mehr antreten.

22 Michail A. Ochitovič (1896–1937), Soziologe und Stadtplaner, als Anhänger der „linken Opposition" und Trotzkis 1928 aus der Partei ausgeschlossen, 1929/30 Protagonist des „Desurbanismus", obgleich 1933 erneut der „Abweichung" beschuldigt, verteidigte er 1935 in einer Rede den Konstruktivismus und kritisierte scharf den „Kult der Hierarchie" und den „Nationalismus". 1933 verhaftet, GULAG-Haft, 1937 erneut verhaftet und bald erschossen.

23 Strojkom RSFSR [Baukommission der RSFSR], *Tipovye proekty i konstrukcii žiliščnogo stroitel'stva* [Typenprojekte und -konstruktionen des Wohnungsbaus], Moskva 1929.

Sozialistische Siedlungsweise in der Kommunistischen Akademie, war in dem Sammelband sein polemischer Artikel „Der Kampf für die neue Lebensweise und der sowjetische Urbanismus" von Oktober 1929 enthalten. Darin hatte Miljutin ganz im Sinne von OSA für eine internationale Front der modernen Architektur argumentiert: In der Bautechnik und in der architektonischen Gestaltung herrschten in der UdSSR noch immer „größte Ignoranz und kriminelle Trägheit":

„Der Ziegelstein ist immer noch das Ideal einer Mehrheit unserer Bauleute (mit ihm zu bauen erfordert kein Nachdenken). Aber wenn einige von ihnen sich an den Bau eines Gebäudes aus Eisenbeton wagen, dann tun sie es in der Regel ohne jede Rücksicht auf die Besonderheiten dieses Materials. Ein Beispiel: das Zentrale Moskauer Telegrafenamt, wo dreimal mehr Material vergeudet wurde als nötig war – bei vorsichtiger Rechnung. In der Regel sind die Musterlösungen von Corbusier, Gropius und Ginzburg unseren Architekten unbekannt.

Die leider noch wenigen sowjetischen Vertreter der modernen Architektur leben und arbeiten in einer Situation der Hetzjagd. Frühere käufliche Lakaien der Architektur genieren sich nicht zu erklären: ‚Man muss die jungen Grüppchen moderner Architekten auseinanderjagen, da sie sozialistische Häuser projektieren, die man erst in 100 Jahren braucht.' Schamlos erklärt man Kommunenhäuser zu ‚Trotzkismus', zu einer ‚konterrevolutionären' Phantasie, tritt man für Idealismus und Eklektizismus in der sowjetischen Architektur ein, erklärt sich öffentlich gegen Erfindungen in der Bautechnik usw. usf.

Diesen Leuten müssen wir entschieden in den Arm fallen. [...] wir können und müssen ausgehend vom sozialen Bedarf bauen; wir können von unserem Wohn- und Kommunalbau die unbedingte Lösung der Aufgabe der Organisation der neuen sozialistischen Lebensweise fordern; wir können neue Formen der architektonischen Gestaltung unserer Gebäude finden, die sich als logische Folge aus dem Inhalt des Gebäudes und seiner Konstruktion ergeben; wir müssen breit die modernen Resultate der erleichterten Bautechnik nutzen und nach Kräften die Erfindungen der Ingenieure und Arbeiter stimulieren, nicht verhindern; wir müssen unsere Bauindustrie auf die neuen leichten Materialien und Standards ausrichten; wir müssen eine Atmosphäre der ausschließlichen Aufmerksamkeit und Sorge um jene Architekten schaffen, die auf der Grundlage unserer sowjetischen Modernität stehen und vorwärts schauen, nicht rückwärts. [...] Wir zweifeln nicht daran, dass die reaktionären Elemente jedem Versuch, kompakt zur Lösung der Frage des Baus unserer neuen Städte als ganzheitlichem sozialen Organismus überzugehen und die althergebrachte spießbürgerliche Routine zu zerbrechen, rasenden Widerstand entgegensetzen werden. Doch wir sind genauso fest überzeugt, dass unsere modernen Architekten, unsere Jugend und unsere Freunde im Westen lebhaft auf die Herausforderung dieser grandiosen Aufgabe reagieren werden.“[24]

Abb. 6-4: Buchtitel: Bau sozialistischer Städte, Innentitel des Buches von Nikolaj Miljutin *Socgorod*, Moskau/Leningrad 1930

In seinem zweiten Buch, „Sozialistische Städte“[25], entwickelte Sabsovič seine radikalen Thesen des Vorjahres weiter. Nun konnte er bereits Entwürfe für Kommunenhäuser in Stalingrad (der Vesnin-Brüder sowie von Arkadij Mordvinov), realisierte Küchen-Fabriken und Wäschereien in Moskau präsentieren, die seinen programmatischen Vorgaben entsprachen. Exakt in diese Phase gehören auch die Entwürfe der Vesnin-Brüder für Novokuzneck (vgl. Abb. 2).

24 N. Miljutin, „Der Kampf für die neue Lebensweise und der sowjetische Urbanismus“, in: *Goroda Socializma i socialističeskaja rekonstrukcija byta*, Moskva 1930, 116–119.
25 L.M. Sabsovič, *Socialističeskie goroda*, Moskva 1930.

Die Widerstände gegen die unverzügliche und vollständige Vergesellschaftung der Lebensweise (insbesondere die Abschaffung aller individuellen Küchen und die Trennung der Eltern von ihren Kindern) formulierte vor allem der Vorsitzende des Zentralrates der Wohnungskooperative der RSFSR (Centrožilsojuz) Jurij Larin[26]. In seiner Broschüre „Der Aufbau des Sozialismus und die Kollektivierung der Lebensweise"[27] zeichnete er bereits existierende Ansätze der Kollektivierung von Arbeits- und Lebensweisen und unterschied dabei zwischen „Kollektiven" und „Kommunen". Dabei betonte er die „Freiwilligkeit und Verantwortlichkeit in den Fragen der Kollektivierung der Lebensweise". Hinsichtlich der insbesondere in Moskau heftig geführten Debatte zwischen den Anhängern obligatorisch abgesonderter Kinderstädtchen und jenen, nach denen die Kinder weiterhin bei den Eltern leben und lediglich für einen Teil des Tages in Krippen, Kindergärten, Schulen und andere Erziehungsanstalten gehen, plädierte Larin für Gelassenheit. Da weder Voraussetzungen noch Erfahrungen vorliegen, sollten für beide Lebensmodelle bauliche Voraussetzungen geschaffen werden. „Gegenwärtig Kinderstädtchen für alle vorzusehen ist nicht vorstellbar."[28] Um den Fragen der Kollektivierung der Lebensweise ein organisatorisches Zentrum zu geben, schlug Larin vor, das Volkskommissariat für Arbeit in das „Volkskommissariat für Arbeit und Lebensweise"[29] umzuwandeln.

Der „Bote der Kommunistischen Akademie"[30] berichtete schließlich über die im Mai dort von der Sektion Kooperative veranstaltete Diskussion. Interessanterweise wird am Rande vermerkt[31], dass sich auch Ernst May (damals noch als Vortragsreisender und zu Verhandlungen über seine spätere Tätigkeit in der Sowjetunion in Moskau) an den Diskussionen beteiligte. Parallel hatte dieser auch Gespräche im Volkskommissariat für die Arbeiter- und Bauerninspektion geführt, dem damals noch Sergo Ordžonikidze vorstand,

26 Jurij Larin (1882–1932), Revolutionär, Publizist, Aktivist der russischen Genossenschaftsbewegung, Exil in Deutschland und Schweden, kam über die Menschewiki-Internationalisten erst im August 1917 zu den Bolschewiki. 1917–1921 Präsidiumsmitglied des Volkswirtschaftsrates der UdSSR, 1921 einer der Schöpfer von GOSPLAN, war seit Gründung von Centrožilsojuz 1925 bis zu seinem Tode Vorsitzender von Centrožilsojuz (Zentralrat der Wohnungskooperativen der RSFSR). Seine Stieftochter Anna Larina (1914–1996) war dritte Ehefrau von Nikolaj Bucharin.

27 Jurij Larin, *Stroitel'stvo socializma i kollektivizacija byta* (1930)

28 Larin, 57ff.

29 Larin, 59.

30 „K probleme planirovki socgoroda" [Zum Problem der Planung der Socgorod], *Vestnik Kommunističeskoj Akademii*, № 42/1930, 109–147.

31 Vestnik, 138.

der ab 10. November 1930 Vorsitzender des mächtigen Volkswirtschaftsrates der UdSSR wurde. Gegenüber den überdehnten Vorstellungen gigantischer Kommunenhäuser von mehreren Tausenden Einwohnern, denen die gesamte moderne sowjetische Architektenschaft (außer Ginzburg) gefolgt war, erschien die praktische Erfahrung des Stadtbaurates von Frankfurt am Main, der standardisierte Wohnsiedlungen teilweise in Vorfertigung errichtet hatte, realistisch und vielversprechend.

Die Volkskommissare für Arbeit Anton Cichon[32] bzw. für die Arbeiter- und Bauerninspektion Ordžonikidze[33] waren es dann auch, die den ZK-Beschluss „Über die Arbeit bei der Umgestaltung der Lebensweise“ vom 16. Mai 1930 eingebracht hatten und für deren Umsetzung zuständig waren. Darin distanzierte sich das Zentralkomitee richtigerweise von den Versuchen der „sofortigen und vollständigen Vergesellschaftung aller Aspekte der Lebensweise der Werktätigen: Ernährung, Unterkunft und Erziehung der Kinder getrennt von ihren Eltern, Aufhebung aller Beziehungen zwischen den Familienmitgliedern, amtliches Verbot individueller Essenszubereitung usw. Die Durchführung dieser gefährlichen utopischen Grundsätze, die weder die materiellen Ressourcen noch den Grad der Vorbereitung in der Bevölkerung in Betracht ziehen, würde zu einer ungeheuren Vergeudung der Ressourcen und zu einer Diskreditierung der eigentlichen Idee der sozialistischen Umgestaltung unserer Lebensweise führen.“[34] Namentlich wurden „Sabsovič, Larin[35] (teilweise) und andere“ genannt.

32 Anton Cichon (1887–1939), 1928–1933 und 1933–1937 Vorsitzender der Gewerkschaft der Bauarbeiter, 1930–1933 Volkskommisar für Arbeit, 1930–1934 Kandidat des Orgbüros des ZK der VKP (b), 1937 verhaftet, 1939 erschossen.

33 Sergo Ordžonikidze (1886–1937), 1926–1930 Volkskommissar für die Arbeiter- und Bauerinspektion und Vorsitzender der Zentralen Parteikontrollkommission, 1930–1932 Vorsitzender des Volkswirtschaftsrates, 1932–1937 Volkskommissar für Schwerindustrie, 1930–1937 Mitglied des Politbüros des ZK der VKP (b), starb vermutlich durch Selbstmord.

34 *Pravda* № 146 vom 29. Mai 1929, S. 5. Zitiert nach Dmitrij Chmel’nickij (Hg.), N. Miljutin, *Socgorod*, Berlin 2008, 82.

35 Dass hier der in den Fragen der Vergesellschaftung der Lebensweise gemäßigte Larin „teilweise“ Erwähnung findet, kann nur in seiner radikalen Auffassung gegenüber dem Verhältnis zwischen „Kooperative“ und „Staat“ begründet sein. Aus Anlass des 5. Jahrestages von Centrožilsojuz 1930 erschien ein Sammelband mit dem Titel *Für das neue Wohnen*, dem programmatisch Larins Text „Die Entwicklungsperspektiven der Wohnungskooperative“ (1928) vorangestellt war. Darin wurde ein konsequent antietatistisch-gemeinwirtschaftliches Konzept entwickelt: „Der Sowjetstaat ist nur ein zeitweiliges Mittel für den Sieg über die Bourgeoisie, für die Gewährleistung der

Dennoch muss der Beschluss als eine Bestätigung der gemäßigten Position der Protagonisten der Socgorod verstanden werden. Innerhalb kurzer Zeit sollten „Bauvorschriften für Arbeitersiedlungen und einzelne Wohnungen für Arbeiter“ vorgelegt werden. Diese sollten auch „die Entfaltung der öffentlichen Dienstleistungen für das Leben der Werktätigen (Wäschereien, Bäder, Küchen-Fabriken, Kindereinrichtungen, Kantinen usw.) sowohl in neu zu errichtenden als auch in bestehenden Städten und Siedlungen“ berücksichtigen.[36] Damit war die Grundausstattung der Socgorod definiert. Darüber hinaus müsse der Bewegung zur Kollektivierung der Lebensweise alle erdenkliche Unterstützung zukommen.

Debatte und Beschluss müssen Nikolaj Miljtuin ermutigt haben, noch im Jahre 1930 sein berühmtes Buch „Socgorod. Probleme des Baus sozialistischer Städte. Grundfragen der Planung und Errichtung von Siedlungen in der UdSSR“[37] herauszubringen. Indem das Buch den Beschluss vom 16. Mai 1930 im Anhang abdruckte und sein Autor als Vorsitzender der Regierungskommission für den Neubau von Städten auftrat, beanspruchte es den Status als gültige Zusammenfassung und Abschluss der hitzigen Debatten 1929/30. Die neu gewonnene stadiale Auffassung der Entwicklung der sozialistischen Lebensweise und der daraus resultierenden Anforderungen an den Wohnungsbau hob Nikolaj Meščrjakov[38] im Vorwort hervor: „Viele Autoren, die über das moderne

---

vollständigen Entfaltung unserer Gesellschafts- und Wirtschaftsordnung. Diesen Gedanken kann man auch so ausdrücken: Die Wohnungskooperative wird auch dann existieren, wenn der Sowjetstaat nicht mehr sein wird. […] die allgemeine historische Linie in unserem Lande ist so oder so auf eine unzweifelhafte Ausdehnung und Festigung der Rolle der Wohnungskooperative im Wohnungswesen gerichtet.“ (*Za novye žilišče* [Für das neue Wohnen], Moskva 1930, 7)

36 Wie Anm. 34.

37 N.A. Miljutin, *Problema stroitel'stva socialističeskich gorodov. Osnovnye voprosy racional'noj planirovki i stroitel'stva naselennych mest SSSR*, Moskva/Leningrad 1930. Miljutin widmete sein Buch A.P. Smirnov, „dem tatkräftigsten aller Enthusiasten“. Smirnov (1877–1938) war zu dieser Zeit Mitglied und Sekretär des ZK der VKP(b), ab Herbst 1930 Präsidiumsmitglied des Volkswirtschaftsrates und 1931 bis 1933 Vorsitzender des Allunionsrates für Kommunalwirtschaft beim Exekutivkomitee der UdSSR. Er wurde 1934 aus der Partei ausgeschlossen und im Februar 1938 erschossen.

38 Nikolaj Meščrjakov (1865–1942), Literaturwissenschaftler, Kritiker, Publizist; u.a. 1918–1922 Leitungsmitglied von Centrosojuz, seit 1921 Mitglied der Kooperativsektion des Exekutivkomitees der Komintern, 1929–1931 Mitglied des Präsidiums ebendort, seit 1924 Mitglied der Bauerninternationale (Orgsekretär und 1926/27 Präsidiumsmitglied des Internationalen Bauernrates).

Bauwesen schreiben, verwechseln zwei Dinge: den Wohnungsbau von heute, in der Übergangsperiode zum Sozialismus beziehungsweise am Beginn des Sozialismus, und den Wohnungsbau von morgen, der Periode der voll entwickelten sozialistischen oder gar kommunistischen Gesellschaft.“

Das Konzept der Übergangsperiode war bestens anschlussfähig an die Bemühungen der sowjetischen Konstruktivisten von OSA, vor allem dem Wohnungsbaukonzept von Moisej Ginzburg, und an die Erfahrungen des sozialen Wohnungsbaus im Westen, dessen Aktivisten sich unter dem Label Neues Bauen im Rahmen der CIAM (Congrès Internationaux d'Architecture Moderne) 1928 zusammengefunden hatten und die 1929 ihren Kongress in Frankfurt am Main dem Thema „Die Wohnung für das Existenzminimum“ gewidmet hatten.

In Anlehnung an die „Klassiker“ Marx, Engels und Lenin sah Socgorod die Aufhebung des Unterschieds von Stadt und Land in einer gemäßigt desurbanistischen Perspektive: die bestehenden Industriestädte sollten nur maßvoll (nach Mays Konzept von Satellitenstädten) wachsen und intern dezentralisiert werden, neue Industriestädte eine bestimmte Größe nicht überschreiten, während auf dem Lande Agrostädte entstehen sollten.

Socgorod präsentierte sich als Realisation der Parteilinie des „Vermeidens von Extremen“, des „unversöhnlichen Kampfes an zwei Fronten“, sowohl des Kampfes gegen den Utopismus als auch gegen den Konservatismus. Als Vertreter des Konservatismus wurden vor allem Ivan Zoltovskij (mit seinem Haus der Sowjets in Machač-Kala und der Staatsbank in Moskau) und Ivan Rerberg (mit dem Telegrafenamt in Moskau) genannt. Aber auch vor Anatolij Lunačarskij (bis 1929 Volkskommissar für Volksbildung) macht Miljutin mit seiner Kritik nicht halt. Er zitiert Lunačarskij: „So wird sich der Gesamtcharakter der sozialistischen Stadt als eine disziplinierte Einheit von großer Vielfalt darstellen. In ihrem Zentrum werden am Hauptplatz (wir sprechen von einer typischen Stadt) alle Gebäude angeordnet sein, in denen sich das lebendige Herz (!) der ganzen Stadt befindet. Hier wird die größte Monumentalität (!) und die größte Formenvielfalt sein. Hier wird das architektonische Gravitationszentrum der Stadt sein. Von hier aus gehen in Form von Radialen (!) und Ringen (!) breite Straßen aus, die hin und wieder (!) von Gärten, Boulevards, ganzen Plätzen mit Wasseroberflächen und Fontänen usw. unterbrochen werden und an denen sich Kommune-Wohnhäuser erstrecken, auch sie monumental (!) und auf solche Weise errichtet, dass sie klar, aber (!) vielfältig ihr inneres Wesen ausdrücken, d.h. so, dass die industriellen Wohnungen um ein Teilherz (!) herum angeordnet sind, die Kulturklubs und ähnliche Gemeinschaftseinrichtungen."[39] Miljutin kommentiert, dass „selbst ein so außergewöhnlich talentierter und moderner Mensch" wie Lunačarskij „im adligen russischen Empire mit seiner Struktur aus Zentral- und Teil-‚Herzen', seiner ‚Monumentalität', seinen ‚Ringen' und ‚Radien' usw. gefangen ist."[40]

Konnte Miljutins Buch in Vielem als kluge Zusammenfassung bisheriger Diskussionen angesehen werden, hatte er mit dem Abschnitt „Planungsprinzipien" einen bemerkenswerten eigenen Ansatz eingebracht, der breite internationale Rezeption erfuhr. Er nannte sein Prinzip der Stadtplanung „Montage-Fließband-System". Miljutin verband die Konzeption der linearen Stadt (zuletzt bei Ivan Leonidov im Entwurf für Magnitogorsk) mit der Idee der Zonierung der Grundfunktionen der neuen Industriestadt. Er unterschied Produktions-, Grün- und Wohnzone, wobei das Stadtzentrum an strategischem Ort die Zonen verknüpfte. Am Beispiel von Magnitogorsk und Stalingrad entwarf er Ideallösungen. Ernst May wird sich daran orientieren.

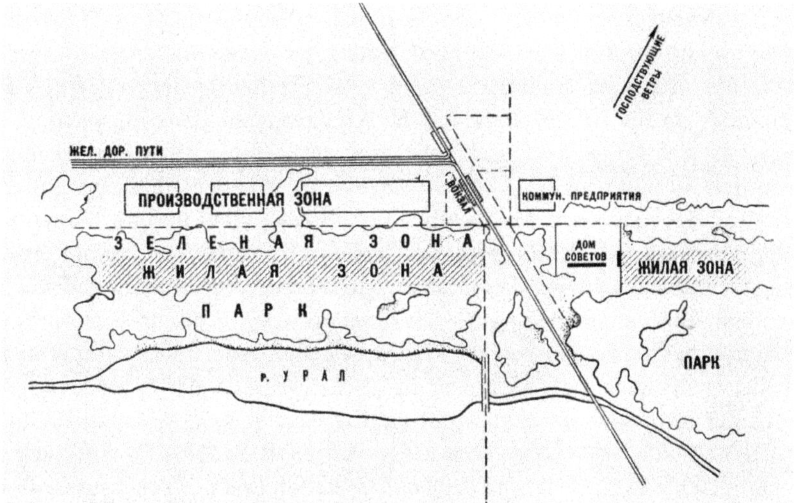

Abb. 6-5: Schema-Plan für Magnitogorsk, Miljutin, Innentitel des Buches von Nikolaj Miljutin *Socgorod*, Moskau/Leningrad 1930, 28

39 A. Lunačarskij, „Architekturnoe oformlenie socialističeskich gorodov", in: *Revoljucija i kul'tura* 1/1930, 60, hier zitiert nach Milijtuin, *Socgorod*, 10 (Ausrufezeichen von Miljutin).

40 Miljutin, *Socgorod*, 10ff.

Hinsichtlich der architektonischen Gestaltung argumentierte Miljutin zeitgemäß funktionalistisch: „Unsere Epoche – das Zeitalter der Maschinen, strengster Ökonomie, neuer Materialien, neuer gesellschaftlicher Verhältnisse und neuer Formen der Lebensweise – erforderte neue architektonische Ausdrucksformen. Man kann diese Formen nicht neu erfinden, sie ergeben sich aus dem Inhalt, den Materialien und Konstruktionsweisen neuer Bauten. Es ist Sache der Architekten, eine möglichst rationale Lösung für den Wesensinhalt des Gebäudes zu finden, und seine Form ergibt sich als logische Folge dieser Lösung. Unsere Architektur muss vor allem ehrlich sein und eine ehrliche Lösung einer korrekt gestellten und gelösten Aufgabe kann nur schön sein.“[41] Als Beispiele werden Bauten der ‚Freunde im Westen‘ gezeigt: Walter Gropius’ Bauhaus-Gebäude in Dessau, Mies van der Rohes Wolkenkratzerprojekt für Berlin, Hannes Meyers Gewerkschaftsschule bei Berlin und mehrere Interieurs, Bauten und Projekte von Le Corbusier.

Miljutins Socgorod konnte als das städtebauliche Manifest eines gesellschaftlichen Blocks gelesen werden, der die Industrialisierung als soziale Evolution begriff und insbesondere mit der Entwicklung der neuen Industriestädte gestalten wollte. Die Genossenschafts- und Gewerkschaftsbewegung, die Volkskommissariate für Arbeit sowie für die Arbeiter- und Bauerninspektion, die Kooperativ-Sektionen der Komintern und der Kommunistischen Akademie sowie der Allunionsrat für Volkswirtschaft mit seinen Planungsinstitutionen waren mit der modernen Architektur in der Sowjetunion und im Westen programmatisch eine Allianz eingegangen. Traditionell „linke“ und „rechte“ Auffassungen verbanden sich hier: Die Gestaltung der Lebensweise nach sozialistischen Prinzipien erschien als Bedingung des ökonomischen Fortschritts, sowohl was die Befreiung der Frauen von der Hausarbeit und deren Einbeziehung in den Arbeitsprozess angeht als auch was die Verbesserungen der Lebensbedingungen in der Stadt und auf dem Lande anging. Unabhängig, wie realistisch dieser Ansatz heute bewertet werden muss, war er doch keine Orientierung auf die gewaltsame Kollektivierung der Landwirtschaft und der Lebensweise in der Stadt, sondern zielte auf eine proportionale Entwicklung von Stadt und Land.

41 Miljutin, *Socgorod*, 64.

Abb. 6-6: Generalplan für Magnitogorsk, 1930, Ernst May,
© Architekturmuseum Moskau

Ernst Mays Standardstädte

Mit der Leitung des Projektierungs- und Planungsbüros der Zentralbank für Kommunalwirtschaft und Wohnungsbau übernahm Ernst May im Oktober 1930 die zentrale Position für die Stadtplanung der neuen sozialistischen Industriestädte, die er im Frühjahr 1931 als Chefingenieur des Trustes Sojuzstandartžilstroj und darin ab September 1931 des Planungsinstituts Standartgorproekt beim Allunionsrat für Volkswirtschaft fortsetzte. Bislang sind ca. 20 neue Industriestädte bekannt, für die er in dieser Zeit Planungen entwickelte. Die unter seiner Leitung[42] entstandenen Generalpläne für Magnitogorsk, Ščeglovsk, Tyrgan, Leninsk und Novokuzneck setzten die von Miljutin in seinem Buch Socgorod skizzierten Planungsprinzipien um und entwickelten sie weiter – insbesondere durch das Konzept der Kvartaly, der auf fünf- bis zehntausend Einwohner berechneten Wohnkomplexe, die mit allen erforderlichen Gemeinbedarfseinrichtungen ausgestattet sind. Die Gliederung der Stadt folgt funktionellen und

42 An den Planungen waren insbesondere Walter Schwagenscheidt und Mart Stam beteiligt.

topographischen Überlegungen, die Zentren bilden folglich keineswegs notwendig eine „Mitte“. In seinem Berliner Vortrag „Der Bau neuer Städte in der U.d.S.S.R.“[43] sprach May davon, dass für die Neubaustädte ein Schlüssel von 75% Individualwohnungen und 25% Gemeinschafts- und Kommunenhäuser gelte. Auch gab es Planungen, bei Bedarf Individualwohnungen später in kollektive Wohnformen umzubauen. In Stalingrad hatte May Umfragen durchführen lassen, welche Wohnformen die Werktätigen tatsächlich wünschten. Unter Ernst May war so das Neue Bauen ansatzweise keineswegs mehr nur ein Planen und Bauen top-down, sondern begann, sich dem Problem der sozialen Evolution zu stellen und die Nutzer in den Blick zu nehmen.

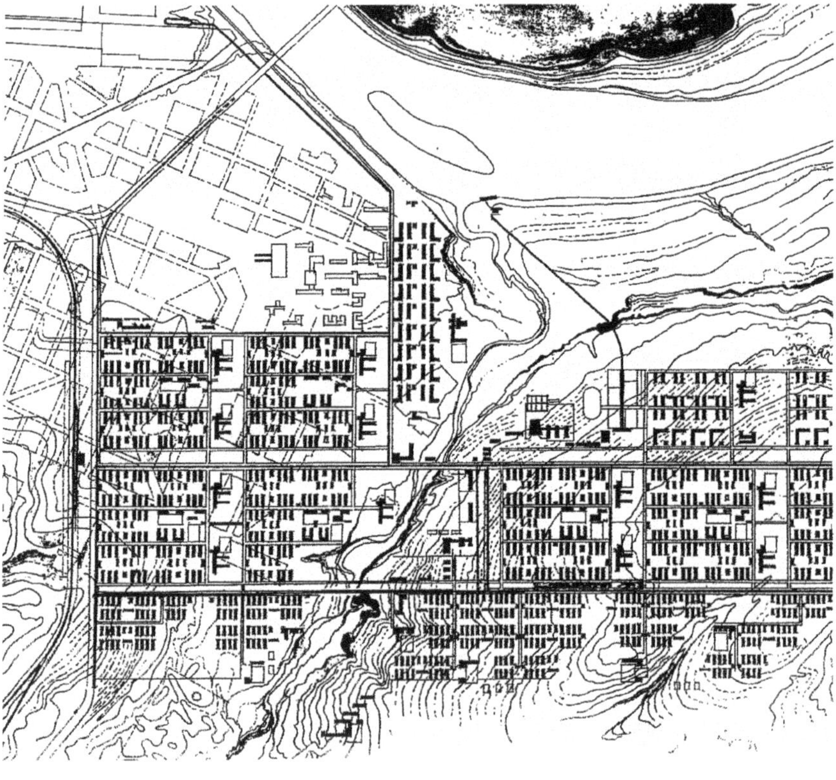

Abb. 6-7: Generalplan Ščeglovsk, Ernst May, © Evgenij Blinov, Novosibirsk

43 Vgl. in: *Das Neue Frankfurt* Heft 7/Juli 1931, 114–134, auch in: Flierl, *Standardstädte*, 268–288.

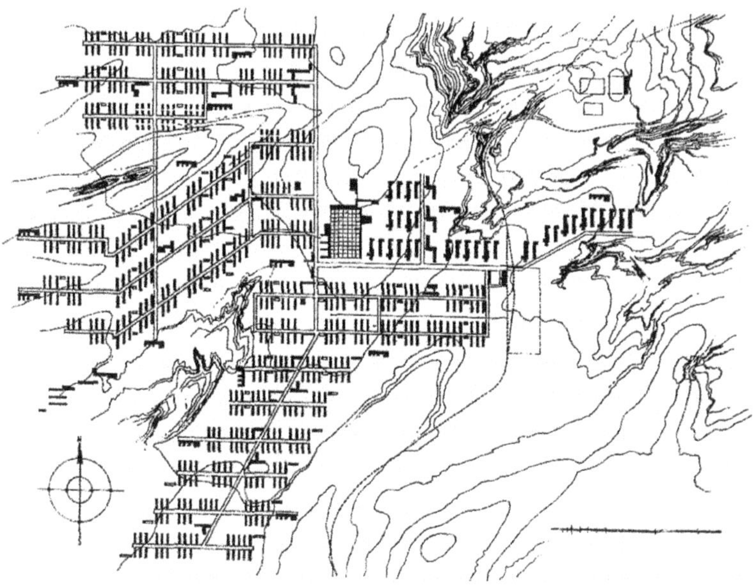

Abb. 6-8: Generalplan Tyrgan, Ernst May, © Evgenij Blinov, Novosibirsk

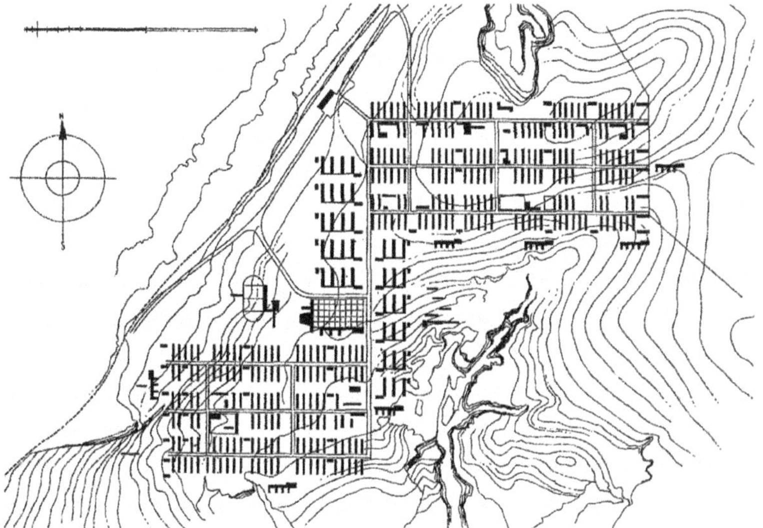

Abb. 6-9: Generalplan Leninsk, Ernst May, © Evgenij Blinov, Novosibirsk

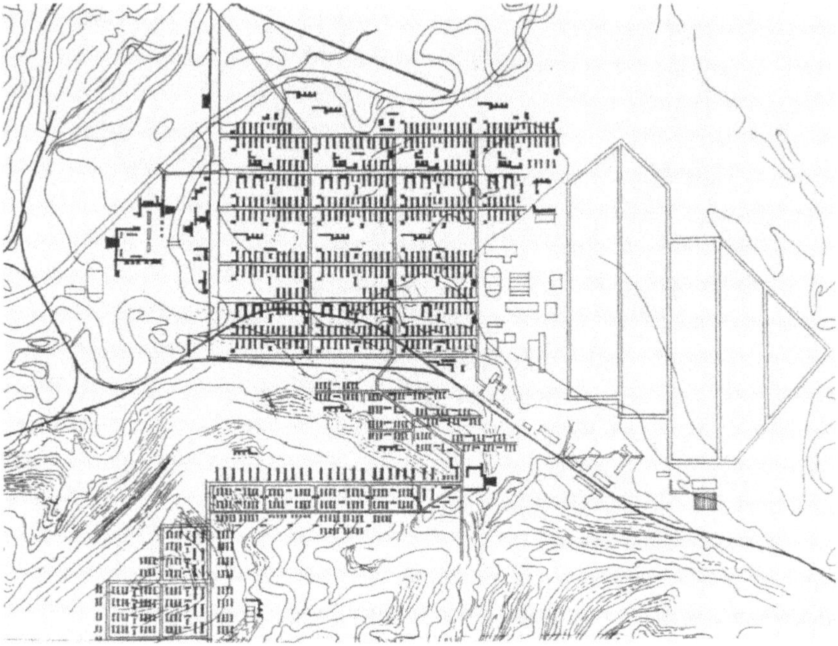

Abb. 6-10: Generalplan Novokuzneck, Ernst May, © Evgenij Blinov, Novosibirsk

Das Ende der Socgorod

Infolge der – durch die gewaltsame Zwangskollektivierung der Bauernschaft ausgelösten – massenhaften Binnenmigration Entwurzelter, die vor allem in die Großstädte und auf die Baustellen der neuen Industriegiganten drängten, konnten zwar das Problem der Rekrutierung von einfachen Arbeitskräften für die ständig nach oben korrigierten Planzahlen für die Kapazitäten der Industriegiganten, nicht aber die damit verbundenen Wohnungsprobleme gelöst werden. Die Normalform der Existenz in den Industriestädten blieb die Baracke, an die Entwicklung einer „sozialistischen Lebensweise“ in den Socgorods war kaum zu denken. Ėrenburg in seinem Roman: „Mit dem seßhaften Leben war es vorbei. Die Menschen rasten dahin, nichts konnte sie mehr halten. […] Zweihundertzwanzigtausend Menschen wirkten am Aufbau [des Metallurgischen Kombinats Novokuzneck] mit. Tag und Nacht errichteten die Arbeiter Baracken, doch der Baracken waren zu wenig. Eine ganze Familie schlief in einem Bett. Die Menschen kratzten, umarmten und vermehrten sich in drangvoller Enge. Um ihre

Nächte fremden Augen zu entziehen, verhängten sie die Betten mit Lumpen, und die Baracken glichen einem ungeheuren Zigeunerlager. Wer nicht das Glück hatte, in einer Baracke Unterschlupf zu finden, der grub sich in eine Erdhütte. [...] Die Menschen lebten wie im Krieg."[44] Nur „Wille und Verzweiflung" unterschieden sie vom Tier, der „Hunger und die Zahlensäulen der Statistiken trieben sie an."[45]

Statt als beginnender Sozialismus vollzog sich die Industrialisierung als Wiederkehr des Kriegskommunismus. Gegenüber den nach und nach fertiggestellten Industriegiganten rückten die neuen Wohnstädte in den Hintergrund, blieben lange Fragmente, wurden erst Jahre später, wegen des Zweiten Weltkrieges mitunter erst Jahrzehnte später – und dann nach veränderten Planungen – errichtet.

Auf die fundamentale ökonomische und soziale Krise am Ende des ersten Fünfjahrplans (1931/32) reagierte die nun immer mehr von Stalin und seiner Gruppe allein dominierte Parteiführung mit einem Paradigmenwechsel in der Architektur- und Städtebaupolitik. Die Aufmerksamkeit verlagerte sich von den neuen zu den bestehenden Städten und hier insbesondere auf die Gestaltung der Hauptstadt Moskau. Im Juni 1931 leitete Lazar M. Kaganovič, seit 1930 Parteichef in Moskau, mit seiner berühmten Rede auf dem ZK-Plenum diese Wende ein. Im Hinblick auf städtebauliche Fragen blieben seine Ausführungen zunächst noch relativ unbestimmt. Entscheidend war, dass er der Forderung nach dem „Bau sozialistischer Städte" die Behauptung gegenüberstellte, dass „die Städte in der UdSSR vom sozialen politischen Standpunkt aus schon sozialistische Städte sind. [...] Wer den sozialistischen Charakter unserer Städte leugnet, geht von einer vollkommen unrichtigen menschewistischen Einstellung aus, wie sie beispielsweise die Vertreter der Opposition auf dem XIV. Parteitag [1925] an den Tag legten", als sie die Meinung vertraten, „daß unsere Betriebe keinen konsequent-sozialistischen Typ darstellen, sondern staatskapitalistischen Charakter haben."[46] Kaganovič vermengte hier zwar rechte und linke Opposition, beide fragten aber – mit unterschiedlichem Zeithorizont und Akzenten – nach dem Gesellschaftsprozess, dem Werden des Sozialismus bzw. der sozialistischen Stadt. Kaganovič wies diese Frage ab, für ihn war der Sozialismus allein politisch gesetzt. Die Entwicklung der Wohn- und Lebensweise war dabei für ihn ein

44 Ėrenburg, *Der zweite Tag*, 11.

45 Ėrenburg, 7 und 36.

46 Lazar Kaganovic, *Die sozialistische Rekonstruktion Moskaus und anderer Städte der UdSSR*, Berlin/Hamburg 1932, 98ff.

gegenüber der „sozialistischen Rekonstruktion“ der bestehenden Städte nachgeordnetes Problem. Mit dieser Distanzierung vom (umkämpften) Terrain der Lebensweise gewann Kaganovič zugleich den infrastrukturellen Zugriff auf die Stadt. Während die Neubaustädte gerade von der Zonierung der Funktionen von Arbeiten, Wohnen, Erholung und der Verortung von Kultur und Politik her gedacht und geplant wurden, von der Kopplung von System- und Lebenswelt, wurde die „Rekonstruktion“ bestehender Städte vor allem aus der Perspektive der Kommunalwirtschaft gedacht.

Es war nun kein Zufall, dass Kaganovič ausgerechnet die VOPRA, die Allunionsvereinigung proletarischer Architekten, erwähnte, die „neue Wege für unsere Sowjetarchitektur und die Ausgestaltung der Städte“[47] suchte. Die „proletarischen Architekten“ waren damals nicht weniger „modern“ als andere Architekten, jedoch Parteimitglieder und auf das Engste mit der Hauptverwaltung für Kommunalwirtschaft des Volkskommissariats für innere Angelegenheiten (NKVD) der RSFSR und deren Planungstrust, dem GIPROGOR, verbunden und standen in erbitterter Konkurrenz zu Sojuzstandartžilstroj. Kaganovič kritisierte zwar die reduktionistische Charakterisierung der verschiedenen Gestaltungssysteme der Stadt durch die VOPRA (das Radialsystem sei feudal, das Schachbrett kapitalistisch, die Linearstruktur kleinbürgerlich), gab aber zu erkennen, dass deren deklariertes Anliegen der Schaffung einer „klassischen proletarischen Architektur“ mit dem radial-konzentrischen System am besten zu verbinden sei. Dabei hatte er Moskau im Blick.

Die Abkehr vom Konzept der Socgorods und die Hinwendung zur Ausarbeitung des Generalplans für Moskau war zugleich eine Absage an die vermeintliche „Gleichmacherei“ und „implizierte auch die Anerkennung ungleicher Wohnverhältnisse und ein Konzept von sozialistischer Stadt, das diese Verhältnisse auch widerspiegelt.“[48] Sichtbarstes Zeichen und diskursives Medium des neuen Kurses war die Abgrenzung von der egalitären Ästhetik der Moderne, die insbesondere in den Neubaustädten prägend geworden war. Die Rückbesinnung auf die Tradition war vor allem an die neue (städtische) Elite adressiert, die ihren sozialen Aufstieg in herkömmlichen Mustern des Reichtums, vor allem im Wohnpalast in zentraler Lage, vor Augen hatte. Entsprechend verschob sich im Wohnungsbau die Aufmerksamkeit vom Standardwohnen der Werktätigen zu „gehobenen“ Wohnprojekten neuer privilegierter Gruppen.

---

47 Kaganovic, 105.

48 Harald Bodenschatz/Christiane Post, *Städtebau im Schatten Stalins. Die internationale Suche nach der sozialistischen Stadt in der Sowjetunion 1929–1935*, Berlin 2003, 374.

Der neue Triumphalismus sollte die große gesellschaftliche Krise 1931/1932, in die die Sowjetunion geraten war, bannen und zugleich Ausdruck ihrer Überwindung werden. Der Wettbewerb für den Palast der Sowjets (1931–1933), die „Reorganisation“ der Künstlerorganisationen 1932, d.h. die Schaffung einheitlicher sowjetischer Künstlerverbände, sowie die Generalplanung für Moskau (Beschluss von 1935) waren dabei die Etappen eines weitreichenden kulturellen Hegemoniewechsels, der bis in die Jahre des „Großen Terrors“ (1936–1939) reichte. In ihm kamen viele Enthusiasten der Socgorod ums Leben.

Eine aufmerksame Archäologie der Socgorods wird bizarre Metamorphosen finden. Obgleich die neuen Städte in Vielem noch unfertig waren, wurden bereits errichtete Bauten dekorativ überformt und ihres konstruktivistischen Charakters beraubt. Die Bilder des Kinos „Kommunar“ (Metalist) in Novokuzneck belegen einen kulturellen Wandel, der allen neuen Industriestädten in jenen Jahren eingeschrieben ist. Hätte ein evolutionärer Weg der industriellen Modernisierung zu einer anderen sozial-ästhetischen und funktionalen Möglichkeit der sozialistischen Stadt führen können, anstatt im teleologischen Retrotopia zu verenden? Die Frage dürfte für eine neue Diskussion um Utopia nicht unwichtig sein.

Abb. 6-11: Kino „Kommunar“ (Metalist), Ursprung, © Evgenij Blinov, Novosibirsk

Abb. 6-12: Kino „Kommunar“ (Metalist), erste Überformung, © Regionalmuseum Novokuzneck

Abb. 6-13: Kino „Kommunar“ (Metalist), zweite Überformung, © Regionalmuseum Novokuzneck

Abb. 6-14: Kino „Kommunar“ (Metalist), letzte Überformung, © Regionalmuseum Novokuzneck

Ilja Ėrenburg interpretierte in seinem Roman, der erst 1935 und nach vielen Umarbeitungen in der Sowjetunion erscheinen durfte, die Industrialisierung als einen archaischen Schöpfungsprozess des zweiten Tages: Stalin hatte Lenin als Gott abgelöst. War es eine verdeckte Anspielung Ėrenburgs, dass doch in der Bibel Gott für seine Werke sechs Tage benötigte und selbst der Mensch erst am vierten Tag erschien?

7 Die Reflexion: Atomium und Weltmaschine

Atomium in Brüssel und Weltmaschine in Kaag

Brüssel, Anfang November 2016: Mit der Rolltreppe beginnt der Aufstieg in die aus neun Kugeln mit je 18 Metern Durchmesser bestehende und durch Röhren verbundene, 102 Meter hohe Konstruktion. Sie war das Wahrzeichen der EXPO im Jahr 1958. Heute beherbergt sie vor allem ein Restaurant in der oberen Kugel sowie eine Ausstellung zum Bau des Atomiums in einem der unteren Hohlräume. (http://atomium.be/?lang=de) Die erste Station des Aufstiegs aber ist ein mit einer Videoinstallation ausgestatteter Raum etwa in der Mitte des Objektes, in einer der Ausstellungsebenen, die für temporäre Expositionen, vor allem für [Innovative Display-]Installationen genutzt werden (http://www.atomium.be/id2016.aspx). Diese Installation zeigt auf mehreren Bildschirmen einen älteren, schmächtigen Mann, der eine hinter ihm stehende, verwirrende Maschinerie offenbar erklärt – der Ton ist ausgeschaltet und textliche Erläuterungen dieser Installation fehlen. Auskünfte sind nicht zu erhalten. Der Unkundige nimmt diese Filmsequenzen beiläufig wahr. Wer jedoch die Maschinerie und die Person im Film schon einmal gesehen hat, dem erschließt sich ein größerer Zusammenhang: Es handelt sich um die „Weltmaschine“ und um Franz Gsellmann. Nun ist er also an den Ort zurückgekehrt, den er 1958 besucht hat, um, inspiriert von diesem Atomium sein Lebenswerk zu beginnen, das später als „Weltmaschine“ bekannt wurde und noch heute in Kaag bei Feldbach, nahe Graz in Österreich besichtigt werden kann. Beide Konstruktionen manifestieren auf ihre Art einen naiven Glauben an eine lichte Zukunft, die keine Utopie bleiben soll, sondern – mittels der Technik – auch realisierbar sein sollte.

Abb. 7-1: Atomium in Brüssel

Faszinierendes und Kritisches

Gegensätzlicher können die Orte nicht sein und doch haben sie viel Gemeinsames – mit Blick auf gesellschaftliche Utopien. Der eine in Brüssel fungierte als imposante Lichtgestalt eines neuen Zeitalters, das die Lösung aller Probleme versprach – das „Atomium", das symbolisch das Motto dieser Weltausstellung ausdrücken sollte: „... die großen Perspektiven für die Zukunft identifizieren." (Kretschmer 1999, 230) Der andere befindet sich im Hinterland der Stadt Graz: die „Weltmaschine", gerade 6x3x2 Meter groß. Sie ist nicht zu verwechseln mit der namensgleichen Technologie, die das CERN bzw. LHC bezeichnen, also jene gigantischen Teilchenbeschleuniger, die den letzten Geheimnissen der Physik auf der Spur sind. (https://www.weltmaschine.de/) Der Bau der „kleinen" Weltmaschine fällt in das Jahr 1958, die Vollendung aber vollzog der Schöpfer erst 1981, mit einer Bauzeit von 23 Jahren also (https://steiermark.orf.at/tv/stories/2922818/).

Abb. 7-2: Weltmaschine in Kaag bei Graz

Die Weltmaschine entstand auf Anregung des Atomiums und sollte, so deren Konstrukteur, eine Maschine werden, die von selbst Produkte hervorbringt – eine naiv-rührende Geschichte über das Perpetuum mobile könnte man meinen, würde sich dahinter nicht mehr verbergen (Ferentschik 2008, 7, 154). Es handelt sich bei den beiden Orten um komplementäre und zugleich nicht kompatible Abziehbilder einer Utopie, die seit dem Beginn der industriellen Revolution verfolgt wird: die Entwicklung einer Produktivkraft, eines technologischen Neutrums, das die Probleme der Menschheit löst. Eine Art Ersatzutopia, das überall verfügbar wäre und alle Bedürfnisse für alle befriedigen könnte. Die Lösung der Energiefrage und die Lösung der Produktfrage rückten ins Zentrum aller Überlegungen: unendliche Verfügbarkeit von kostenloser Energie (das Atom liefert diese zum Nulltarif) und die Herstellung aller denkbaren Güter von selbst – das ist das Paradies auf Erden. In der Selbstdarstellung der Betreiber des Atomiums heute heißt es: „Dieses Totem im Brüsseler Himmel, das weder ein Turm noch eine Pyramide ist, etwas kubisch, etwas sphärisch, auf halbem Weg zwischen Skulptur und Architektur, Überbleibsel der Vergangenheit mit resolut futurischem Aussehen, Museum und Ausstellungshaus – das Atomium ist zugleich ein Gegenstand, ein Raum, eine Utopie und ein einzigartiges Emblem, das jeder Klassifizierung entbehrt. ... Das Atomium symbolisierte den demokratischen Willen, den Frieden zwischen allen Nationen zu pflegen, den Glauben in den sowohl technischen als auch wissenschaftlichen Fortschritt und schließlich eine optimistische Vision der Zukunft einer neuen, modernen und hyper-technologischen Welt, die es den Menschen ermöglichen sollte, besser zu leben." (http://atomium.be/History.aspx), was heute immer noch eine Faszination ausstrahlt, aber auch zum Lächeln Anlass gibt angesichts unbändiger Fortschrittsvorstellungen, die – unabhängig von den gesellschaftspolitischen Systemen – als übergreifende Maximen formuliert worden waren (vgl. Kretschmer 1999, 218–19). Bei aller kritischen Distanz, die eine heutige Wahrnahme seinerzeitiger Vorstellungen auslöst, verkörpern beide Orte gebaute Symbol-Maschinen jener Technik-Utopie, die jedoch nie verebbt ist. Technik sollte die Menschheit einen – darin steckt ein utopisches Maß, eben jene Distanz zwischen den seinerzeitigen Verhältnissen und jenen, die erträumt wurden, wobei sie für wirklich umsetzbar galten. Einzig, ihnen fehlte die kritische Reflexion. Heute zeugen sie durchaus von einem möglichen kritischen Reflex auf eine die bedingungslose Wachstumspolitik durchziehende Vorstellung, mittels immer neuer Techniken gesellschaftliche Zukunftsfragen lösen zu können. Und dies, obwohl die Grenzen der Machbarkeit längst erwiesen sind – sein müssten –, wie die atomaren Unfälle von Tschernobyl oder Fukushima belegen. Dem Atomium der Weltausstellung haftete aber von Anbeginn ein Schatten an, der des zurückliegenden 2. Weltkrieges und den beiden neuralgischen, auf besonderen Technologien beruhenden Vernichtungsvorgängen: den Vernichtungslagern der Nationalsozialisten mit ihrer industriellen Tötungsmaschine sowie den Atombombenabwürfen über Japan durch die USA. Das Atomium kann geradezu als eine „Trotzreaktion" angesehen werden, dem technischen Fortschritt eine gesellschaftsoptimistische Dimension abzugewinnen, ja diesen neu zu kodieren (Kretschmer 1999, 230). Der Optimismus obsiegte. Doch dafür steht das Atomium als utopischer Ort nicht allein.

Beiden gewählten Orten kommt eine – von den Schöpfern jeweils nicht intendierte – Bedeutung als Reflexionsmedien der Technik-Utopie zu und macht sie so zu Utopien der reflexiven Moderne heute. Sie sind nutzlose Objekte – das eine in Brüssel steht leer und fungiert vor allem als Aussichtsplattform; das andere hat nie einen praktischen Nutzen erlangt, sondern blieb ein Kuriosum, dem viel Bedeutung innewohnt: Sie sind Un-Orte in einem transzendenten Sinne.

Sie stellen gerade dadurch unbedingte Wegbegleiter im Umgang mit dem Utopia-Paradoxon dar. Doch zunächst sollen die Orte und ihre jeweilige Geschichte erkundet werden.

Das Atomium erhielt seine eigentliche Bestimmung erst im Laufe der EXPO-Vorbereitungen. Ursprünglich war es ein Objekt, das der Metallindustrie, also einer Technologie des 19. Jahrhunderts, Reputation verschaffen sollte – der belgische Ingenieur Waterkeyn entwarf ein 150-milliardenfach vergrößertes Eisenatom, das auf die Spitze gestellt wurde als Eingangsbauwerk für die EXPO (Kretschmer 1999, 221). Erst im Laufe der inhaltlichen Präzisierung des Ausstellungsmottos gewann das Atomium paradigmatischen Charakter als Symbol jenes neuen Zeitalters, das nunmehr angebrochen sei, das Zeitalter des Atoms (gepaart mit Raumfahrt). Es bestand eine große Übereinkunft darin, dass die sog. friedliche Nutzung der Atomkraft per se segensreich sein wird und alle Negativbilder, die der Abwurf der Atombombe gezeitigt hatte, in ein positives Zukunftsbild verwandeln würde (vgl. Kretschmann 1999, 220). Erst durch diese Umcodierung gewannen das Bauwerk und die EXPO selbst eine neue Bedeutung, erst so konnte sich diese Ingenieurarchitektur von dem Eiffelturm als Symbol des 19. Jahrhunderts absetzen und eine neue Zukunft versprechen. Folgerichtig befand sich dort, wo heute Leere herrscht bzw. Wechselausstellungen gezeigt werden, eine euphemistische Präsentation zum Thema Atomkraftnutzung. Diese ist inzwischen z. B. jener Installation zur „Weltmaschine" gewichen. Atomkraft ist entzaubert worden; das Monument ihrer Verherrlichung hat überdauert. Damit ist die Atomkraftnutzung längst nicht verschwunden, sie ist eine bleibende, wahrscheinlich ewige Gefahr – ob friedlich oder militärisch. Ihre kulturelle Strahlkraft schwindet jedoch, die physikalische bleibt uns erhalten. Dafür steht das nun auch noch restaurierte Gebilde im Norden Brüssels – weithin sichtbar. Es scheint als ein Fluchtpunkt der einstigen Utopie und zu einem Fluchtort für ein neues Utopia zu werden – das einer nuklearnutzungsfreien Welt.

Abb. 7-3: Weltmaschine: Konstruktionsdetail

Das Anagramm

Kaag, Steiermark, Juli 2003: Besichtigung der Weltmaschine mit einer Delegation von europäischen Projektpartnern für nachhaltige Regionalentwicklung am Rande einer Tagung im Zusammenhang mit der Kulturhauptstadt Europas (Graz). Anfahrt über eine schmale Straße zu einem einzeln stehenden, schlichten Bauernhaus, das sich kaum von denen der Umgebung abhob. Lediglich davor parkende große Busse kündeten von einer Attraktion. Das war sie nun, die „Weltmaschine". Ein surreal anmutendes Monstrum, faszinierend zusammenwirkend, wenn die 25 Elektromotoren eine Vielzahl von Treibriemen – mehr als 52 – und Zahnrädern in Bewegung setzten, 200 Lichter erglühten, 64 Vogelpfeifen ertönten, 25 Hula-Hoop-Reifen sich drehten und sich eine unübersehbare Anzahl an Figuren, Schriftzügen, Gegenständen aller Art drehten, zusammengehalten von 242 Silberschrauben oder dekoriert mit 400 Goldbuchstaben usw. usf. (Roth 1996, 39–42). Mittendrin ein Miniatur-Atomium. Die Vorführung setzte alle in teils erschrockenes, teils belustigtes Erstaunen. Nachdenklichkeit machte sich auch breit und Staunen über die sich hinter der zwecklosen Maschine verbergenden möglichen Transzendenz. Diese Geschichte rückt das dadaistisch anmutende Kunst-Werk, wäre es als solches konzipiert worden, nicht nur in die Nähe übergreifender Diskurse von Nachhaltigkeit, Rohstoffnutzung, Wachstumsdenken, Laienexpertise oder ungewöhnlicher und zugleich nachhaltiger Wege zur Regionalentwicklung – so die ersten Ansichten der Teilnehmenden an der Exkursion, sondern auch auf die Ebene zeitgenössischer Kunst, wie Ferentschik behauptet (https://steiermark.orf.at/tv/stories/2922818/). Darüber mag man streiten, Anlass zur Reflexion grundlegender Fragen gibt dieses Werk in jedem Falle. Jedenfalls liest sich die „Weltmaschine" wie ein rückwärts geschriebener Text, ein Anagramm, als historisches Projekt, das den Traum der unendlichen, kostenlosen Energie, das Perpetuum des 20. Jahrhunderts, zum absurden Gegenstand werden lässt, d. h. die Geschichte umkehrt (vgl. Butler 2012, 67ff).

Absurdes und Utopisches

Die Geschichte klingt phänomenal: Franz Gsellmann sah im Sommer 1958 in einer Regionalzeitung ein Bild des Atomiums der EXPO 58. Dies faszinierte ihn, der seine innere Bestimmung darin sah, eine besondere Maschine zu bauen und nicht ein Leben lang als Landwirt tätig zu sein. Er, Jahrgang 1910, besaß einen einfachen Schulabschluss und begann auf dem Hof seiner Frau in Kaag die Tätigkeit als Kleinbauer. Mit dem Zeitungsbeitrag über die Weltausstellung änderte sich sein Leben grundlegend. Er entschloss sich, nach Brüssel zu fahren, um das Atomium zu sehen, was er vom 5. bis 10. Oktober auch realisierte. Am 7. Oktober erblickte er das gigantische Objekt, besichtigte es ausführlich und fuhr noch in der Nacht zurück, um erst am 9. Oktober in Kaag anzukommen. Am darauffolgenden Tag legte er bereits den „Grundstein" für seine Maschine – zunächst ein nachgebautes Mini-Atomium. Dann änderte er sein Konzept und begann eine Maschine zu bauen, die, so seine Idee, irgendwann vollkommen von selbst Produkte hervorbringen sollte. Er glaubte daran – er war ein tiefgläubiger Mensch. In den folgenden 23 Jahren arbeitete er fast vollkommen autonom, nahm nur gelegentliche Hilfe örtlicher Handwerker in Anspruch bei technischen Details. Er hatte keinen Plan ausgearbeitet, sondern baute Stück für Stück mit Materialien, die er in der weiteren Umgebung fand – sein Motto dabei: „Ich muss immer weit ins Land hineinhorchen für meine Teile." (Roth 1996, 27). und fügte sie zu einem sehr auf das Erscheinungsbild bedachten Formation von miteinander korrespondierenden Elementen zusammen. So entstand ein kurios anmutendes „Gesamtkunstwerk" – im Laufe von fast einem Vierteljahrhundert (Ferentschik 2008, insbes. 156–157). Dieses baute er, ohne geringste technisch-physikalische Kenntnisse zu haben – rein intuitiv fügte er Teil an Teil und vermochte es dabei, deren Interaktion nicht nur funktional herzustellen, sondern auch mit einem ästhetischen Anspruch auszustatten. Darin wob er Botschaften ein, die z. T. religiöser Art waren, aber auch übergreifende Ansichten vermitteln sollten – oft kaum lesbar wegen der vereinfachten Rechtschreibung: „DER KLOBUS DURCH FRIEDE UND VERSTÄNDIGUNG LAUTET DAS MOTTO DER NEWIORKER WELTAUSSTELLUNG G. 1964–65. F." (Roth 1986, 73, Foto: Killmeyer). Der Name „Weltmaschine" stammte nicht von Gsellmann – er gab ihr später das Kürzel „GWM" (Gsellmanns Welt Maschine), sondern kam von einem Regierungsrat aus Kärnten oder Tirol (hier gibt es unterschiedliche Darstellungen), der das Werk bei einer Durchreise besichtigte und dem der Satz nachgesagt wird: „Diese Maschine ist eine Weltmaschine, denn es gibt auf der ganzen Welt keine zweite in dieser Art." (Ferentschik 2008, 116 sowie 118).

Wie lässt sich dieses Werk bewerten und welche Bedeutung hätte es für die Diskussion um ein Utopia? Zunächst zur Bewertung der „Weltmaschine": „Gesellmann baute eine viel komplexere Maschine, als es den Anschein hat, er baute eine Maschine, die schöpferisches Denken und den schöpferischen Prozess in einem darstellt. Das Kunstwerk an sich war der Entstehungsprozess, das Suchen, das Finden, Verwerfen, Korrigieren, Zusammensetzen. Gsellmann baute keine logische Maschine, sondern eine intuitive – mit Hilfe der Logik. [...] Natürlich träumte er vom perpetuum mobile, stattdessen gelang ihm eine Karikatur darauf: die Maschine per se, die alle übrigen enthält und ad absurdum führt. Gleichzeitig ist sie eine Persiflage auf das Denken. [...] Insofern handelt es sich tatsächlich um eine Weltmaschine, weil sie vom Nutzdenken nicht pervertiert ist. Und doch ist die Maschine ein Paradoxon im Paradoxon." (Roth 1996, 12 und 18).

Angesichts der „Weltmaschine" des CERN (https://home.cern/about/who-we-are/our-mission sowie https://www.weltmaschine.de/cern_und_lhc/cern/), das weltgrößte Großlaboratorium für Kernforschung (bei Genf in der Schweiz gelegen), gegründet 1954, also etwa zeitgleich mit dem Atomium, birgt die gsellmannsche Weltmaschine die Idee der Abkopplung von der Vorstellung einer vollkommenen Ergründbarkeit und damit letztlich Gestaltbarkeit der Erde durch den Menschen, ohne, dass Gsellmann derartige Gedanken gehabt hatte – es kann nur noch aufgelesen werden, was übrig geblieben ist vom Menschheitstraum einer alle zufriedenstellenden Gesellschaft, erreicht durch eine grandiose Technologie. Mag die Weltmaschine in Kaag 12 auch ein wenig Melancholie, Endzeitstimmung verbreiten, sie ist trotzdem ein herausragendes Symbol für das Neudenken von Utopia: Hier endet die Vorstellung von einer nach rationalen Grundsätzen zu organisierenden Gesellschaft angesichts der bereits eingetretenen Resultate eben dieser (verkürzten) Rationalität – wie wir sie im Atomium zeichenhaft sehen. Es ist die Aufforderung nach einer neuen Rationalität, die aus den Fesseln ihrer Zweckbindung für kurzfristige Interessen – ob profitabler oder ideologischer Art – befreit werden müsse und kann.

In Gsellmanns Weltmaschine hebt sich die Differenz zwischen Erfahrungs- und Erwartungsraum auf – für den Schöpfer war es wohl eine göttliche Fügung, obwohl er nie über das Werk Auskunft gab – doch in der Interpretation kann dies so angenommen werden. Sie verkörpert zugleich jenes Utopia-Paradoxon, da sie Kritik an den Verhältnissen (vom Konstrukteur zudem absichtslos eingebaut) mit einem idealisierten Ausblick verbindet, dessen Realisierung jedoch selbst zum kritikwürdigen Fall werden würde. Das Atomium ist beredter Ausdruck dieses Versuchs – der Leerstand desselben (und die zeitweilig darin gezeigte Videoinstallation über Gsellmann) aber vermittelt das gleiche Paradoxon und gibt eine Chance zu radikalem Neudenken einstiger (simpler) Utopien, gleich, ob sie technologischer, politischer oder eng ökologischer Natur sein mögen. „Nur noch Utopien sind realistisch", wie Negt 2012 formulierte; er „verweist damit auf die Absurdität der Gegenwart und die Aussichtslosigkeit ihrer Fortführung." (Dallmeier 2018, 259). Wie aber lässt sich diese Radikalität realistisch transformieren in nicht selbst zur Absurdität werdende Versuche einer Neugestaltung der Verhältnisse?

8 Das Utopia heute: Lambaréné, Auroville und Bauhaus

Die Reisen an drei Orte, die Utopia sein könnten, führt uns auf drei Kontinente: Afrika, Asien und Europa. Die gebauten Resultate dieser denkbaren Utopien existieren bis heute und verkörpern je – modellhaft – drei Akzentuierungen von Utopia, eine ethische, eine ökologische und eine ästhetische, jeweils mit sozialen Orientierungen. Alle drei Orte sind lebendig als Experimental- und Forschungsstätte (Bauhaus), als Krankenstation im westafrikanischen Gabun und als werdende Stadt im südindischen Teil von Tamil Nadu in Indien. Alle verfügen über Ausstellungen zu ihrer Geschichte und sind touristische Destination mit besonderer Prominenz: Das Bauhaus steht seit 1996 auf der Liste des UNESCO-Welterbes, Auroville wird von der UNESCO gefördert und Albert Schweitzer, der Gründer von Lambaréné, erhielt für sein Wirken den Friedensnobelpreis – letztlich alles europäische Wertschätzungen.

Die Plätze am Ogowe-Fluss im afrikanischen Urwald, im südindischen Buschland unweit des Ozeans oder, weniger exotisch, am Westausgang des Dessauer Bahnhofs vermitteln dem vorwissenden Besucher jenen Hauch einer Aura und Ideenwelt, die mit der Gründung vor einem bzw. einem halben Jahrhundert in ihnen angelegt worden war. Sie lassen die Frage aufkommen, ob sie je lediglich eine Ausnahme waren und heute ein Bild eines Retro-Utopia vermitteln könnten. Ihre Ideen sind um die Welt gegangen, ihr Echo hallt nach, manchmal leiser werdend, aber vernehmbar (vgl. für Lambaréné dazu u.a. Kegler 2011, 86; das Bauhaus feiert 2019 weltweit das Gründungsjubiläum und Auroville findet, weniger beachtet, dennoch einige Aufmerksamkeit). In ihnen steckt eine Ahnung von dem, was seit 1516 in der Welt ist.

Abb. 8-1: Lambaréné: Utopia als Dorf

Abb. 8-2: Auroville: Planidee der Stadt

Abb. 8-3: Bauhaus Dessau: Gebautes Utopia

Wenn nun der (Un-)Ort Utopia in einer künftigen und besseren Welt liegen soll, so die eine Annahme, kann man auch überlegen, ob dieses „Nirgendwo" wirklich noch zutrifft oder ob man in der heutigen, allzu oft von Unrecht, Ausbeutung, Not, Gewalt, Krieg und Terror betroffenen Erde nicht doch Orte findet, in denen dieses Utopia entlang der vier Kriterien Wirklichkeit zu werden begann. Lenken wir einmal unseren Blick auf das von Albert Schweitzer 1913 gegründete, gestaltete und ein halbes Jahrhundert geleitete Hospital in Lambaréné zwischen Wasser und Urwald im äquatorialafrikanischen Staat Gabun. Was dort ausgehend von jener „Utopie" des christlichen „Du aber folge mir nach!" gedacht und vorzuleben versucht wurde, gibt ein modellartiges Bild dessen, was seit Morus jenes Utopia-Paradoxon beinhaltet. Ein Vergleich mit der 1968 gegründeten Noch-nicht-Stadt Auroville, auch nahe am Äquator gelegen, drängt sich auf, wenn es um Motive, Hintergründe und Ziele dieser beiden utopischen Gründungsorte des 20. Jahrhunderts geht. Das Bauhaus hingegen steht (zunächst) als Alternative zur zerstörerischen Maschinerie der westlichen Zivilisation im Herzen eines der Länder, die jene Zerstörung durch den 1. Weltkrieg symbolisierte, in Deutschland. Als Bildungsinstitut verpflichtete es sich, eine neue Welt ästhetisch zu denken und durch Experimente in allen Sphären der Kunst – bis zum Städtebau – und im Alltag der Bildungsstätte real werden zu lassen.

Wie an kaum einem anderen Ort als dem am Ogowe gelegenen Hospital-Dorf können die Strukturen des Denkens zu Utopia dekomponiert werden. Lambaréné – wie auch Auroville – dienen als Methode, sowohl für uns bei der Suche nach Möglichkeiten, als auch bei der Analyse des „Utopischen". Beide Orte führen uns zugleich und erneut zu Morus und den hinter seinem Ansatz für Utopia liegenden Strukturen zurück. Es geht um die Projektion einer zukünftigen Lebenswelt des Menschen und deren reale Erreichbarkeit – das alte Thema des Utopia-Paradoxons.

Lambaréné und Auroville trennen ein halbes Jahrhundert bei ihrer Gründung; beide entstanden als Dörfer und wurden Stadt; Ersteres ist inzwischen als Hospital Teil der mittelgroßen Stadt Lambaréné; Auroville hat inzwischen 2500 Einwohner, ist aber eher eine Siedlung denn eine Stadt, die sie aber werden soll. Beide wurden nach Ideen angelegt, die die entscheidenden Motive für deren Entwicklung bis heute sind – in Afrika die „Ehrfurcht vor dem Leben" (Schweitzer 1915, zit. nach Schorlemmer 2009, 120), in Indien die „lebendige Verkörperung einer wahren menschlichen Einheit" (Alfassa 1968, 1). Hinter den Versuchen, diese lebendig werden zu lassen durch den Bau und den Betrieb eines Stadt-Dorfes, also eines Hybrids aus urbaner Kultur und räumlicher Form westlicher Herkunft mit lokaler Bezugnahme, aber auch ihr Unvollendetsein, macht beide

Modelle einzigartig für eine Utopiediskussion. Die kurze Existenz des Bauhauses in Dessau in den 1920er Jahren ließ eine Vollendung nur in Ansätzen zu; es war ein Aufriss einer Utopie für eine neue, humane Gesellschaft, die in den Widersprüchen der Zeitverhältnisse Deutschlands Anfang der 1930er Jahre verendete.

Alle drei sind „Grenzorte" von Kulturen, Denkmustern und transkontinentaler Geschichte sowie räumlich-soziale Übergangsformen zwischen Ideal und Wirklichkeit, die sich in einem „Schwebezustand" befinden. Sie verkörpern das Ansinnen, eine ideale Welt - dereinst - zu kreieren, mindestens aber zu befördern, was redlich ist, aber auch Zweifel weckt: Eine Vollendung von Utopia kann Räume ermöglichen für eine „bessere Welt"; es kann aber auch zu einem, zugespitzt gesagt, „Zwangslager für die Beglückung" oder gar zur Auslöschung nicht für die „Beglückung" Auserwählter führen. Insofern ist eine verordnete Vorstellung von Glück nicht identisch mit der Suche nach Utopia – Morus' dystopisch anmutende Übertreibungen vom glücklichen Leben in Utopia sind beredter Ausdruck dessen.

Lambaréné: ein ethisches Utopia

Um die Orte und deren Bedeutung für Utopia deuten zu können, ist ein Blick auf den Wandel eben dieser Glücksvorstellungen, des Paradieses, notwendig, welche sich auch bei Morus widerspiegelt: der Wandel der Eschatologie (Schorlemmer 2009, 97ff). Nach der griechischen Antike und bis zum Beginn der Renaissance kann – grob gesagt – von einer geteilten christlichen Vorstellung der Welt in „Gut" und „Böse" ausgegangen werden, Bezug nehmend auf Augustinus. Die existierende Welt ist demnach die „böse", die unvollkommene und wird erst im „Guten" der Erlösung im Jenseits erreichbar werden: „Der Mensch lebt im ‚Schon' der Gnade und im ‚Noch-Nicht' der Erfüllung" (Schorlemmer 2009, 98). Diese Dualität von Gut-Böse, von Hier/Jetzt und Dort/Irgendwann findet sich letztlich auch in der Struktur des Buches von Morus wieder. Der erste Teil beschreibt das „Jetzt" mit all den Unvollkommenheiten, wohingegen der zweite Teil das „Kommende" umreißt. Doch widerspiegelt sich bei Morus bereits der eschatologische Wandel, vielleicht leitet er diesen sogar wesentlich mit ein, schließlich gehört Erasmus von Rotterdam, mit dem Morus in engem Austausch stand, zu den Wegbereitern eines lebensbejahenden christlichen Glaubens, dem auch Morus mit seinem Buch einen Impuls verlieh und, wie sein Freund, half, das Mittelalter zu überwinden, obwohl er kein praktizierender Revolutionär wie etwa Thomas Müntzer war (Schorlemmer 2009, 98–99). Morus bleibt, wie Erasmus, beim Wort, bei der Schrift. Aber erst im Wechselverhältnis von Schrift / Wort und tätigem Experiment (nichts anderes war der Versuch von Müntzer, das „Himmelreich“ bereits auf Erden real zu errichten) kann die Dimension von Veränderungsbedarf und Veränderungsmöglichkeit ermessen werden. Es geht nun darum zu fragen, welche Gestalt das Experiment annehmen soll. Bauhaus, Auroville und Lambaréné setzen Maßstäbe und verdeutlichen zugleich Grenzen gesellschaftlicher Experimente: Sie verkörpern als Heterotope herausgehobene Versuche jenseits etablierter Standards, bleiben aber unvollkommen, widersprüchlich und sind gerade deswegen utopisch, weil „Noch-Nicht“.

Der Übergang von der Trennung zwischen verkündeter Verheißung und erlebtem irdischem Alltag, der mit Buße und Demut bewältigt werden müsse, zu einer Verknüpfung von Traum und Wirklichkeit bis hin zu einem aktiven Gestalten der Wirklichkeit, das einem Traum folgt, benötigte mehr als 300 Jahre bis zur Aufklärung. Um 1900 begann jedoch eine neue Ära. Jetzt hatte das Gestalten-Können im Zuge neuer technologischer Möglichkeiten wahrnehmbar überhand gewonnen; der Traum verblasste und ethische Gehalte verblassten. Genau da setzten Schweitzer, das frühe Bauhaus und dann später die Gründer von Auroville an. Das technische Fortschrittsdenken hatte das Moralische überformt – ja sich von diesem in großen Teilen entkoppelt.

Die Rückbindung des Fortschritts auf seine moralischen Grundlagen war ein Anliegen von Schweitzer, und zwar durch das praktische Beispiel. Er spricht von einem „Fortschritt der Geistigkeit“ als dem eigentlichen Fortschritt (Schweitzer 1962, 38). Damit reiht sich Schweitzer in die Reihe der Vollender jener ein, die seit 1500 nicht nur das Paradies verkündeten, sondern die daran mitwirken wollten, es zu verwirklichen. Die „Lücke“ zwischen irdischem Paradies oder Jerusalem des Himmels auf Erden und dem Experiment Lambaréné besteht darin, dass Letzteres als ein Modell zu sehen ist auf dem Weg praktischer Annäherung an eine Utopie, symbolisiert vor allem durch die Idee von der „Ehrfurcht vor dem Leben“, also einer restriktiven, reflektierten und zurückhaltende Idee von Fortschritt und keine Verkündung einer zauberhaften Welt der Zukunft; „theologisch würde man sagen, es hat eschatologischen Rang.“ (Neuenschwander 2002, 113).

Lambaréné wurde so zu einem Selbstversuch, ein „Ernstfall dieses ethischen Denkens“ (Girat 2010, 138), getragen von christlich-humanistischer Ethik des Handelns, denn es komme auf den Einzelnen an, die ethischen Grundlagen der Gesellschaft zu erneuern. In diesem „Ernstfall“ wollte er zugleich zwei utopische Dimensionen vereinen: „Die Einheit von Wollen und Tun“ sollte mit der Errichtung des Dorfes und dem medizinischen Wirken erreichbar werden – was auch gelang. Mit der „Entdeckung“ der universalen Formel von der „Ehrfurcht vor dem Leben“ (1915) meinte er eine „Versöhnung von evangelischer Verkündigung und (rationaler) Philosophie“ erreicht zu haben als eine „Rationalisierung des Christentums", also Wissenschaft und Glauben zu verbinden. Darin liegt die zweite Utopie des gebauten und gelebten Lambaréné (Neuenschwander 2002, 107, 110). Sein Streben bestand für Schweitzer zunächst „nur" darin, nicht mehr nur zu reden, zu predigen oder zu forschen, sondern durch einen konkreten humanistischen Beitrag etwas zur Besserung der Welt an einem bedürftigen Ort zu leisten. Mit 35 Jahren entschied er sich, zu dieser – lange geplanten und systematisch vorbereiteten – Reise praktischer Hilfe in Afrika. Sein Motiv war zunächst das der Wiedergutmachung. Er „war kein ‚Kolonialist der Nächstenliebe'. Für ihn war dieser Schritt die Abtragung von Schuld für die Ausbeutung des afrikanischen Kontinents durch europäische Staaten." (Girat 2010, 138). Das ist noch keine Utopie, das ist Kompensation von mitgefühltem Unrecht. Doch rang Schweitzer an der Suche nach einer darüber hinausgehenden Idee, die dem Abtragen von Schuld des Nordens gegenüber dem Süden, also einer stellvertretenden Buße, eine überwölbende und damit verallgemeinerbare Größe verlieh.

Aber: Es war keine Utopie von Afrika. Die steht noch aus und muss in Afrika selbst entwickelt werden, wenn dieser europäische Begriff von Zukunft für andere Kontinente überhaupt geeignet erscheint: „Die Herausforderung besteht also darin, ein Denken zu artikulieren, das das Schicksal des afrikanischen Kontinents zum Gegenstand hat und [...] gleichzeitig aber jene Orte bestimmt, an denen sich neue Praktiken, neue Diskurse ankündigen, an denen das kommende Afrika Gestalt annimmt." (Sarr 2019, 15). Lambaréné wäre also nur ein Ort auf dem Wege zur wirklichen Emanzipation Afrikas, aber ein wichtiger Baustein dorthin, eingedenk aller gegenwärtigen Widersprüche Afrikas und der europäischen „Entwicklungshilfe".

Die eigentliche Bedeutung für sein Wirken und letztlich auch die des utopischen Projektes fand Schweitzer in seiner Darstellung während der legendär gewordenen Fahrt auf dem Ogowe im September 1915: „Am Abend des dritten Tages, als wir bei Sonnenuntergang gerade durch eine Herde Nilpferde hindurchfuhren, stand urplötzlich, von mir nicht geahnt und nicht gesucht, das Wort ‚Ehrfurcht vor dem Leben' vor mir. Das eiserne Tor hatte nachgegeben; der Pfad im Dickicht war sichtbar geworden. Nun war ich zu der Idee vorgedrungen, in der Welt- und Lebensbejahung und Ethik miteinander enthalten sind!" (zit. nach Girat 2010, 136). Damit erlangte das praktische Tun eine Zukunftsperspektive, die nicht „baubar" war, die, bestenfalls, stete Annäherung an zu Findendes bedeutete. So manifestierte sich dieser sichtbare und zugleich „unsichtbare Ursprung" der Idee von der Ehrfurcht vor dem Leben (Schüz 2015, 22–23, vgl. auch Schweitzer 1931). Es war ein Utopia des Geistes, das sich zugleich mit dem Gebauten des Hospitals in Verbindung bringen ließ, ohne einfaches Abbild dieser Utopie zu sein und dennoch diese spürbar werden ließ.

Abb. 8-4: Lambaréné: Programmatische Treppe am Ogowe: Ehrfurcht vor dem Leben

Einer solch tätigen Utopie stand Morus eher abseits gegenüber; jedenfalls ist sein Utopia von 1516 keine Aufforderung zum Handeln. Doch enthält sie einen ganzen Kanon ethischer Ansprüche und Maßgaben, die es einzulösen, oder Widersprüche, mit denen es sich auseinanderzusetzen gelte, so die naheliegende Suggestion seiner Schilderungen. Sein Traktat war nicht dazu angetan, unmittelbare Taten folgen zu lassen, wie sie sich aus den ein Jahr später von Luther veröffentlichten Thesen ableiten ließen. Morus beabsichtigte mit seinen mehrdeutigen Beschreibungen fiktiver Ereignisse den Diskurs zu befördern, wie es Erasmus ebenso tat und sich durchaus eine „Tragik" manifestierte, denn die ausbleibende Tat kann ebenso tragisch sein wie die vorschnelle (Zweig 2016, 180). Diese Botschaft schwingt auch bei Lambaréné mit, doch erst die bedachtsamen Real-Versuche lassen dies erkennbar werden.

Die Idee zum Ort kam Schweitzer also erst, als er – zusammen mit seiner Frau Helene – bereits zwei Jahre den Aufbau seines Hospitals betrieben hatte. Er war also nicht als „Utopist" angetreten. Lambaréné gewann aber erst durch das Ringen um eine „erweiterte Sicht" jene Züge eines Utopia, das den Charakter als Ort einer für die Menschheit insgesamt bedeutsamen Institution hervorbrachte. Sonst wäre es wohl ein wichtiges, lobenswertes Hospital eines „Entwicklungshelfers" gewesen. Aber Entwicklungshilfe wollte Schweitzer gerade nicht leisten. Eine universale Idee sollte sich konkretisieren auf jeweils individuelle Weise durch das Tun jedes Menschen an beliebigen Orten – in „Ehrfurcht vor dem Leben". Das ist geradezu ein Gegen-Utopia. Das Urwaldhospital ist nicht der ideale Ort für ein Leben in Zukunft, sondern ein Ort der Suche im praktischen, humanistischen Tun. Dieses Zeichen wollte Schweitzer setzen; dafür wurde gleich mehrmals Anlauf genommen, um den Versuch Wirklichkeit werden zu lassen (Lambaréné heißt in der Sprache der Ortsansässigen „Lasst es uns versuchen"): Das Hospital-Dorf wurde in drei Phasen errichtet. Die erste, improvisierte Krankenbehandlungsstätte auf dem Gelände der Mission in Abende wurde von 1913 bis 1917 betrieben. Sie musste, bedingt durch den 1. Weltkrieg, aufgegeben werden. Ein zweiter Versuch startete 1924 am gleichen Ort und währte bis 1927. Schließlich zog Schweitzer stromaufwärts und errichtete – mit zahlreichen Helfern – den dritten, endgültigen Standort (Munz 2013, 121–126).

Der Bau des Hospitaldorfes folgte sehr rationalen Prinzipien, die auch mit den Bautraditionen der Dörfer der Umgebung korrespondierten. Es handelt sich um den Typ eines Straßendorfes, in der Nähe des Flusses gelegen, dessen „Zentrum" ein Glockenturm bildete. Der Landungssteg war die Schnittstelle zur Außenwelt. Die Architektur der Hospitalbauten war von Schweitzer erfunden worden, um eine zweckmäßige Typologie für die einzelnen Bauaufgaben zu entwickeln und zugleich sparsam zu agieren. Eine angepasste Bauweise war notwendig, die vor Regen schützt, die Durchlüftung optimal ermöglicht, flexible Nutzungen ermöglicht und mit einfachen Mitteln sowie meist lokalen Materialien errichtet werden kann (Woytt-Secretan 1952, 32ff sowie Munz 2013, 124). Dies ist alles andere als utopisch.

Doch gerade diese Bauten, die städtebauliche Anlage des Dorf-Hospitals, verdeutlichen auf ideale Weise die Idee, die dieses Stadt-Dorf zu einem Utopia werden lassen kann. Es ist eine „Stadt" als geistige Quelle, die das Entstehen von Lambaréné ermöglichte: die europäischen, urbanen Wurzeln des Ehepaars Schweitzer. Die Theologie, die Philosophie, die Musik und schließlich die Medizin – alles war in der bikulturellen, europäischen Stadt Straßburg vereint, die als Schule des geistig-wissenschaftlichen Lebens für Schweitzer fungierte (Schorlemmer 2009, 38–74). Diese Kultur brachte er mit nach Afrika und lernte dort den fünften Beruf, den des Baumeisters – im Selbstversuch.

Er hob die Bedeutung des Dorfes nicht nur für das Hospital hervor, sondern für die Zukunft der Menschheit generell, denn, es sollte kein „Mekka der Wissensgesellschaft" werden, sondern das Gegenteil: „… ein radikaler Bruch mit der Hybris einer Wissensgesellschaft, die Moral dereguliert und meint, ethisches Denken und Handeln an Kommissionen, Organisationen oder ‚Experten' delegieren zu können. … Mit Idealen an die Wirklichkeit heranzutreten und durch sie etwas ausrichten zu wollen, gelte als eine Torheit." (Girat 2010, 141). Es ist der von Schweitzer verspürte Zerfall der Kultur der westlichen Fortschrittsidee und deren Vollzug – bis zur Vernichtung im Weltkrieg, der diese Bedeutung des Hospital-Dorfes besonders auch für Europa ausmacht, also den Gegenentwurf für den entfremdeten Fortschrittsgedanken darstellt (Schütz 2017, 59). Insofern ist Lambaréné ein Utopia, ein „Nicht-Ort", ein Gegen-Ort einer sich womöglich selbst auslöschenden Zivilisation. Dem setzt er keinen Idealzustand entgegen, sondern gibt Anlass zum Nachdenken über Grundsatzfragen existenzieller Natur und zeigt die Labilität eines utopischen Versuchs, der stets zum Scheitern führen kann. Das Engagement Schweitzers gegen die Atomwaffen in den 1950er Jahren bringt dieses Spannungsfeld am deutlichsten zutage (Schweitzer 1962, 63–65). Das Hospital, so wichtig und nützlich es in jedem konkreten Fall ist, dient besonders als ethisches Zeichen von globaler Bedeutung. Lambaréné gehört damit zu einem kulturellen Erbe der Menschheit.

Auroville: ein sozial-ökologisches Reallabor

Abb. 8-5: Auroville: Neue Energie für das ökologische Utopia

Vor 50 Jahren, also in jenem Jahr 1968, das später als Name und Symbol für eine Bewegung gerann, fanden sich vor allem junge Menschen aus vielen Ländern der Welt im südindischen Pondicherry am Indischen Ozean, ca. 160 km südlich der Metropole Chennai (Madras) ein, um auf einem nahe gelegenen Areal einen Versuch zu starten, ein Utopia aufzubauen. Ihre Ideen waren keineswegs konform oder einheitlich, nur der Wunsch einte sie, sich zu emanzipieren und einen radikalen Versuch für ein neues Leben zu wagen. Als Bewegung standen die Akteure – oft – in der Tradition sozialer Utopien, suchten aber mehr eine Befreiung von Fremdbestimmung. „Sie artikuliert Themen und individualistische Werte, die heute als ‚post-materialistisch' bezeichnet werden, und stellt gleichsam einen Übergang von den ‚alten' zu den ‚neuen sozialen Bewegungen' dar." (Gilcher-Holty 2017, 16)

Während Lambaréné zuerst als Versuch einer tätigen Utopie gegründet wurde, in welcher dann die Idee dazu reifte, stand bei Auroville die Idee am Beginn, die seitdem langsam, aber nicht mechanisch umgesetzt wurde und immer noch wird. Baulich finden diese Unterschiede in den jeweiligen Architekturen ihren Ausdruck: in Lambaréné stehen die Krankengebäude im Mittelpunkt, der Glockenturm kam später hinzu als Symbol für Ehrfurcht vor dem Leben. Das Mantrimandir („Tempel der Mutter") von Auroville, das gewaltige, golden strahlende kugelförmige Bauwerk im Zentrum der spiralförmig angelegten „Stadt", verkörpert die Idee einer Weltgemeinschaft friedlich kooperierender Menschen aller Religionen, Rassen, Geschlechter und politischen Auffassungen. Auroville ist die erste „Global City" – als Gedanke und sozial-kulturelles Realexperiment.

Am 28. Februar 1968 verfasste die bereits 90-jährige französische Philosophin Mirra Alfassa eine Charta von Auroville. Sie war die Lebensgefährtin des indischen Philosophen Yogis Siri Aurobindo, der auch Namensgeber dieser Stadtidee wurde und in Pondicherry seinen Bhavan, sein Institut hatte, woraus sich die Lage von Auroville in Indien erklärt (Eisenschenk 2016, 19–24). Aus ihr wurde das Konzept der Stadtutopie abgeleitet, also jener Spiralgrundriss, der den universellen Gestus dieser Stadtgründung zum Ausdruck bringen sollte. Die Charta von Auroville beinhaltet keine festen oder rigiden Regeln, keinen vorgezeichneten Umsetzungsplan, die von den einzelnen am Aufbau Mitwirkenden befolgt werden sollen, sondern umreißt eher eine Richtung, in die die von Mira ausgelöste Bewegung weitergehen sollte, deren letztes Ziel die Entwicklung selbst ist. Die in der Charta definierten Hauptmerkmale der werdenden Stadt sind: Auroville soll ein Ort des Forschens und der Erkenntnisse sein. Bewegung, Veränderung und Entwicklung – jenseits von Besitzstreben und Leistungsdruck – im Sinne des Göttlichen, ohne eine bestimmte Religion zu meinen, sind die Merkmale, die die Entwicklung dieses vielfältigen und doch zusammenwirkenden Gemeinwesens leiten mögen. Dem achtvollen Umgang von Mensch zu Mensch gehört die eigentliche Aufmerksamkeit in Auroville als Voraussetzung für das Leben generell. Hierin können auch Bezüge zur Idee von Schweitzer gefunden werden. Letztlich steht aber eine Gemeinschaftsbildung im Zentrum, symbolisiert durch die goldene Kugel, die lediglich einen Innen-Raum bildet, ohne weitere Zeichen und ritualleitende Gegenstände. Es ist der Raum der Gemeinschaft und ihrer Individuen, die hier ihre Quelle für das Ganze finden – ohne Vorgabe, wie dies zu erreichen sei.

Ein Erlebnisbericht von 2017 fasst die Charakteristika von Auroville passend zusammen: „Die Stadt, die in Form einer Galaxie gebaut werden soll und in vier Zonen gegliedert ist, entsteht um das Monument, dem eine futuristische Atmosphäre im Stil der 1970er Jahre anhaftet. Aus diesem Modell ist eine klare, räumliche Funktionstrennung zu erkennen, in der zwischen Wohnen, Arbeiten, Kultur und Forschung unterschieden wird. In der mit 167 Hektar größten Zone sollen Wohnstrukturen unter dem Aspekt des alternativen Bauens entstehen. In der Internationalen Zone soll kulturelle Vielfalt, Austausch und Vernetzung durch Pavillons unterschiedlicher Nationen hergestellt werden. In der kulturellen Zone soll Raum entstehen, der Austausch auf künstlerischer, wissenschaftlicher, spiritueller und physischer Ebene bietet. Die Verwaltungs- und Wirtschaftszweige sollen in einer Gewerbezone zu florierendem Erfolg sowie nachhaltiger und sozialer Wirtschaftlichkeit verhelfen, denn auch in Auroville ist ein Leben ohne Geld oder vergleichbare Zahlungsmittel nicht möglich. Mit Hilfe eines eigenen Finanzsystems wird versucht, Geld in einem internen liquiden Kreislauf zu halten. Dennoch ist spürbar, dass auch externe Einnahmequellen wie zum Beispiel durch Tourismus gerne angenommen werden und für die Bewohner eine wichtige Rolle spielen. Eine der ersten Tätigkeiten der damaligen Pioniere bestand vor allem darin, einen Grüngürtel um die geplante Stadt zu errichten, der mit einheimischer Vegetation bepflanzt wurde. Diese Einstellung, wie die Menschen der Vegetation, ja der Natur als Ganzes gegenübertraten, ist noch heute eines der prägendsten Merkmale der Stadt. Obwohl zuweilen schmerzhaft festzustellen ist, dass die lockere Bauweise zu langen Wegen führt, so werden viele ungenutzte Flächen bepflanzt, aufgeforstet oder zwischengenutzt. Motorräder und Autos sind auch hier keine Seltenheit, jedoch ist ein sehr gut ausgebautes Fahrradwegenetz vorzufinden, das durch kleine Waldareale und Wiesen führt. Es ist spürbar, dass nach Alternativen im Umgang mit Flächen, ökologischen sowie gesellschaftlichen Prozessen und Kulturgütern gesucht wird. Aus diesem Grund muss ein Kompromiss zwischen der Vision Mirra Alfassas und Sri Aurobindos und der jetzigen Situation gefunden werden. Das Grundgerüst, die Charta von Auroville, wird jedoch stets mit ehrwürdigem Respekt berücksichtigt." (Jacobs 2017, 1–2).

Auroville ist in mehrfacher Hinsicht ein Utopia, das zwar existiert, aber dennoch „nicht von dieser Welt“ zu sein scheint. Es gilt als „Aussteiger-Stadt“, als Lebensort der „68er“, die außerhalb der „normalen“ Wachstums-Konsum-Welt leben und nicht dazugehören wollen (Eisenschenk 2016, 25). Treffen in Auroville lediglich zwei „Glaubensrichtungen“ aufeinander, die des (esoterischen) Verzichts und die des (materiellen) Wohlstands? Das wäre zu einfach. Auroville ist Teil der realen Welt und auch von ihr abhängig. Die Stadt hat mit irdischen Stadtentwicklungsproblemen des Wachstums und der sozialen Konflikte zu tun und sie ist ein Ort ständigen Suchens und Lernens im Umgang miteinander mit dem Wunsch, die Fehler der Welt, die die Suchenden verlassen haben, nicht zu wiederholen.

Die jetzt etwa 2.500 Einwohner*innen aus derzeit 47 Nationen (die meisten sind Inder, gefolgt von Europäern) folgen im Grundsatz immer noch der Vision der Gründungsstifterin (Eisenschenk 2016, 262–263). Bis zu den seinerzeit avisierten 50.000 Einwohnern ist es noch ein weiter Weg, doch der ist viel wichtiger als die Größe der Stadt. Nun wächst nach einem halben Jahrhundert allmählich eine zweite Generation heran, die sich neu einrichten muss. Die Gesellschaft altert, differenziert sich aus und muss Neuankommende integrieren. Sie wird eine „normale“ Stadt und ist dennoch keine wie die allermeisten auf dem Globus. Durch ihre geregelte Offenheit und dem ihr zugrunde liegenden Entwicklungscharakter kann sie nur sehr bedingt als Blaupause für eine Nachahmung fungieren. Sie trägt also eher den Charakter eines Langzeitexperimentalortes, welcher Lebenspraxis, Verwaltung und Planung, leitende Idee und wissenschaftliche Erforschung vereint – alles Charakteristika eines „Reallabors“, angesiedelt an den Grenzen zwischen Nonkonformität, Lebenspraxis, ideengeleitetem Experiment und wissenschaftlicher oder auch spiritueller Reflexion mit transformatorischer Absicht (Schneidewind 2013, 126–127).

Auroville ist als ein solches gegründet worden, als „Laboratory of Evolution“ (Eisenschenk 2017, 41). Die Experimentalstruktur, die Methode des Entwickelns und die Gestaltung alltäglicher Lebensvorgänge in der Stadt sowie der nun beginnende Prozess der Entwicklung durch die zweite Generation geben der Stadt den Charakter eines einzigartigen Gesellschaftslaboratoriums, eines fortwährenden Heterotops und eines „Noch-nicht-Seins“. Damit wird der Denkraum von Morus weitergeführt: Nicht die Übertragung der Idee von Utopia in die Wirklichkeit oder die Annäherung an eine verkündete heile Welt stehen im Vordergrund, sondern die fortgesetzte, tätige Suche nach einem sinnerfüllten Leben in Gemeinschaft ohne Besitzdenken – etwas ganz Einfaches also. Gerade der Versuch, ein Miteinander gänzlich unterschiedlicher Menschengruppen zu erproben, birgt rezipierbare Erkenntnisse für anstehende Transformationen globaler Natur.

Bauhaus: ein sozial-ästhetisches Utopia-Laboratorium

„Ohne Revolution und Republikgründung kein Bauhaus", so das Postulat des künstlerischen Leiters des Kunstfestes Weimar zur Entstehung einer der bedeutendsten Kunstschulen der Welt vor 100 Jahren (Holtzhauer 2018, 13). Gilt auch die Umkehrung dieser Kontextualisierung? Die einschneidende Zäsur mit Kriegsende, Novemberrevolution und Gründung der Weimarer Republik eröffnete auch die Möglichkeit zu einem radikalen Umbruch in der Gesellschaft und auch in der Kunstbildung. Mit der Gründung des Bauhauses in Weimar am 1. April 1919 vollzog sich ein symbolträchtiger Aufbruch zu einer „völlig neuen Art des Kunststudiums" (Ré Soupault 2009, 7) mit dem Anspruch, letztlich die Gesellschaft neu zu denken, also die „künstlerische Vision als soziale Utopie" (Hüter 1976, 85) wirksam werden zu lassen. Mit dem von Bruno Adler 1921 herausgegebenen Werk, das den fulminanten Titel „UTOPIA. DOKUMENTE DER WIRKLICHKEIT" trug, führt sich die Ideen- und Anspruchswelt des frühen Weimarer Bauhauses treffend zusammen (Adler 1921). Diese Collage von Texten und bildkünstlerischen Arbeiten, erstellt von den bestimmenden Meistern der Frühphase des Bauhauses Johannes Itten und Oskar Schlemmer sowie von Magrit Téry-Adler und zu einer bibliophilen Kostbarkeit geformt durch den Herausgeber, spiegelt das Suchen nach einem „Bau der Zukunft" wider, dabei dadaistische und andere zeitgenössische Einflüsse aufnehmend – zugleich ein Sendungsbewusstsein manifestierend.

Das frühe Bauhaus revolutionierte tatsächlich die Lehre zunächst im Rückgriff auf eine vorindustrielle Verknüpfung von Kunst und Handwerk, was mit dem Konzeptwechsel von 1923 und dann vor allem mit der Übersiedlung nach Dessau 1926 überwunden wurde, wie Oskar Schlemmer pathetisch zusammenfasste: „Die Triumphe von Industrie und Technik vor dem Krieg riefen jene leidenschaftliche Romantik wach, die flammender Protest war gegen Materialismus und Mechanisierung von Kunst und Leben (...). Die Umkehr der Werte, Wechsel von Standpunkt, Name und Begriff ergibt das Gegenbild (...). Amerikanismus auf Europa übertragen (...), Eisen, Beton, Glas, Elektrizität, Geschwindigkeit des Starren (...) Entmaterialisierung der Materie." (zit. nach Hilpert 1999, 37). Mit dem aus Weimar erzwungenen Weggang des Bauhauses und dessen Ansiedlung in Dessau in der aufstrebenden mitteldeutschen Industrieregion ergab sich nun eine weitere Möglichkeit: Der Bau eines Lehr- und Lebensmodells, streng fordistisch und aktuelle wissenschaftliche Methoden der Psychoanalyse ebenso aufnehmend wie Vorstellungen von industrieller Kultur, die sich bis zum Habitus von Bauhaus-Meistern äußerte: Moholy trug einen Overall. Waren in Weimar die konzeptionellen Grundlagen gelegt worden, so konnte mit dem Neubau der

Kunstschule eine Skulptur geschaffen werden, die zugleich Ausdruck eines neuartigen Lehr- und Lebensraumes sowie ein Raumsymbol der Moderne war.

Abb. 8-6: Bauhaus Dessau als sozial-ästhetischer Raum

Das Bauwerk

„Ich näherte mich dem ‚Bauhaus' an einem der ersten Frühlingstage. Zarter Dunst stieg auf aus dem Dickicht der Fabrikschlote, am Himmel schwirrten vergnügt Junkersflugzeuge, die Luft duftete nach März, Rauch und Kalk. Als ich schließlich das ‚Bauhaus' erblickte, das ganz aus einem Stück gegossen zu sein scheint wie ein beharrlicher Gedanke, und seine Glaswände, die einen durchsichtigen Winkel bilden, mit der Luft fließend und doch von ihr getrennt durch einen exakten Willen – da blieb ich unwillkürlich stehen. Da war kein Staunen angesichts einer sinnreichen Erfindung, nein, es war einfach Bewunderung. Zum ersten Mal sieht hier die Erde einen Kult der nackten Vernunft, jenes lichten und nüchternen Prinzips, das so ergreifend auf uns wirkt. Nicht am Platze waren hier das dunkle Element der Gefühle, dunkle Seelenwinkel, sich türmende Träume. Jeder Winkel, jede Linie, jedes kleine Detail wiederholt hier eindringlich die Schlussworte seit der Schulzeit vergessener Theoreme: ‚Was zu beweisen war!' " (Ėrenburg 1927, zit. nach Baumann 2007, 19).

Das Bauhaus-Gebäude lag in den 1920er Jahren auf freiem Feld, einem Kloster gleichend, außerhalb und westlich der Stadt. Das Bauwerk vereinte alle Funktionen, die für den Lehr- und Lebensbetrieb dieser Kunstschule notwendig erschienen. Diese Funktionseinheiten wurden als Baukörpermodule miteinander verschränkt und ergaben ein virtuoses Ensemble unterschiedlicher Körper. Der Werkstatttrakt, der scheinbar schwebende Glaskörper, stellt den Hauptkörper dar – mit dem legendären Schriftzug „BAUHAUS" an der Südfassade. Den Schwerpunkt des Gebäudekomplexes bildet das Treppenhaus mit der durchgängigen Glasfront an der Südseite. Von dort werden die Bühne und die Mensa erreicht, aber auch die Brücke mit Verwaltung und Büros erschlossen. Den nördlichen Abschluss bildet ein Schulbau mit Klassenräumen, der nicht zur Institution Bauhaus, Hochschule für Gestaltung, gehörte, sondern eine kommunale Gewerbeschule beherbergte, jedoch gestalterisch integriert war. Den Hochkörper – zwei Etagen höher als der Werkstatttrakt – im Osten bildete das Wohnheim mit 28 Wohnateliers für Studierende. Die einzelnen Gebäudeteile sind L-förmig verzahnt und nach dem „Goldenen Schnitt" komponiert (Hilpert 1999, 19). Die Durchdringung der Kuben in diesem Ensemble ist vor allem durch die Transparenz der Fassaden erlebbar – gerade dies verleiht dem Bauwerk eine besondere Anmutung und Ausstrahlung als futuristisches Objekt. Die dazu eingesetzten Materialien, Beton, Glas und Stahl, unterstreichen den Modernitätsanspruch.

Die Gesamtkomposition verbindet also traditionelle Harmonie, wie z. B. im „Goldenen Schnitt" nachweisbar, mit einer Brechung traditioneller Bauformen, die zugleich ein gebautes Lehrprogramm manifestieren. Den Studierenden bot sich ein Gebäude, das für sie eine ganzheitliche Lebens- und Arbeitswelt darstellte. Wohnen und Arbeit, Freizeit und Kontemplation gingen ineinander über, waren verknüpft und befruchteten sich wechselseitig. Die Industrie bot also neue Möglichkeiten für einen Lebensraum jenseits bisheriger Separierungen, verbunden mit einem ästhetischen Neuformierungsanspruch. So kann das Bauhaus-Gebäude als ein Utopia gesehen werden, eine Insel außerhalb der existierenden Welt, das selbst den Anspruch manifestierte, die Welt nach diesem Modell neu zu formen. „Eine logenartige Künstlergemeinschaft hatte sich hier auf eigenem Territorium angesiedelt, gestaltete sich selbst, selbsttätig lernend und lebend, indem sie für die anderen, die Leute hinter diesem Gelände, Modell eines richtigeren Lebens ausarbeitete." (Wünsche 1989, 44–45). In diesem Bauwerk manifestiert sich eine ästhetische Utopie, die mehr ist als eine industrie-funktionalistische: Das Bauhaus manifestiert eine soziale Skulptur. Es verstand sich als ein Laboratorium für „die imaginierte Gesellschaft der modernen Lebenswelt" (Wünsche 1989, 45). Diese Lebenswelt wird nicht nur durch die industriellen Produkte geprägt, sondern durch ein Raumgefüge, das im Bauwerk den ersten Ausdruck fand, aber für die Stadt-Landschaft insgesamt gedacht war. Die Produktion der Stadt nach industriellen Vorstellungen wurde selbst zum Gegenstand der Lehre. Das Bauhaus hatte sich der „doppelten Weltherstellung" verpflichtet, also der Bildung des Individuums und der Bildung einer neuen Welt insgesamt. Den Bauhäuslern kann ein deduzierendes Sendungsbewusstsein kaum abgesprochen werden, das auch Züge von elitärem Gebaren beinhaltete (Wünsche 1989, 118).

Der Ort

Das Gelände in Dessau westlich der Bahnanlagen war kein unberührtes Land. Es ist durchzogen von einer Allee aus dem 18. Jahrhundert, die die Stadt mit dem nördlich gelegenen Park Georgium verband. Dieses Gebiet war bereits seit den 1890er Jahren für eine Stadterweiterung im gründerzeitlichen Stil vorgesehen und mehrfach überplant worden (Kegler 1993, 22–24). Im Zentrum dieser Planungen war ein größerer Platz mit einer Kirche vorgesehen gewesen. Nach dem Ersten Weltkrieg wurden diese Planungen durch die Stadt Dessau grundlegend verändert. Die Kirche spielte nicht mehr eine so dominante Rolle, lediglich der Platz im Zentrum blieb. Ansonsten wurde die Fläche für eine Einfamilienhausbebauung aufgeteilt. Weiter westlich entstand eine Gartenstadt. Das Gelände zwischen Bahn und dieser Gartenstadt blieb noch weitgehend unbebaut, bis auf einige wenige vorhandene Bauten aus dem 19. Jahrhundert. Der Platz im Zentrum des Gebietes war prädestiniert für einen repräsentativen Bau. An diese Stelle sollte dann das Bauhaus gelegt werden, dorthin also, wo vormals eine Kirche stehen sollte.

Nachdem sich 1924 in Weimar die Schließung des Bauhauses abzeichnete, begann der Oberbürgermeister Dessaus eine aktive Anwerbung dieser Lehrinstitution für Dessau zu betreiben (Hesse 1990, 195ff). Die ehemalige Residenzstadt gehörte zu den wenigen, die noch über keine höhere Lehranstalt verfügte. Auf seine Initiative hin wurde schließlich durch den Gemeinderat Dessaus ein Beschluss zur Ansiedlung des Bauhauses, Hochschule für Gestaltung, am

23. März 1925 zur „Angliederung des Weimarer Bauhauses an die städtische Kunst- und Handwerkerschule" gefasst. (Stadtarchiv Dessau). Das klingt keinesfalls nach Utopia, doch es war ein kommunalpolitischer Schachzug des Oberbürgermeisters, um die finanzielle Sicherung des Vorhabens bewerkstelligen zu können. So konnte die Planung für den Neubau beginnen. Nach einer Idee von Gropius, Plänen von Fieger und unter Leitung von Neufert wurde das Gebäude genau an dem Platz errichtet, der einst für eine Kirche vorgesehen war, direkt an der historischen Allee und gegenüber einem zentralen Platz. Das Bauhaus war also als ein zentrales Bauwerk in einem sich später entwickelnden neuen Stadtteil gedacht. Es ist also kein Solitär in der Landschaft, sondern sollte Höhepunkt einer neuen Stadt werden. Damit sollte es auch ein Impulsgeber für den Umbau der alten Residenzstadt zur modernen Industrie- und Verkehrsstadt sein, sowohl als Bauwerk als auch als Institution, wie der Gemeinderat in seinem Beschluss formulierte. Das Bauhaus solle „für die künftige Entwicklung unseres Bauwesens bahnbrechend wirken, (wobei) dessen hohe Bedeutung für die bauliche und kulturelle Entwicklung unserer Stadt nicht gut bestritten werden kann." (Stadtarchiv Dessau). Dem neuen Bauhaus wurde also per Beschluss ein Bau-Utopia in die Wiege gelegt. Erst mit den Berufungen von Hilberseimer und Meyer nahm diese Komponente der Bauhaus-Lehre konkrete Züge an. Die Studienarbeiten zu Dessau umfassten

a) Pläne für den radikalen Umbau der Altstadt von Hilberseimer 1930 und Fieger 1928,
b) Planungen für eine grundlegende Neugestaltung der Stadt als Siedlungsband zwischen den Industriezentren Mitteldeutschlands von Hilberseimer 1932 und Ebert 1931 oder
c) Ideen für eine Stadt mit einem neuen gesellschaftlichen Anspruch, für eine sozialistische Stadt von Rossig, 1931. (Kegler 1993, 27-29).

Diese Entwürfe manifestierten – im Zusammenhang mit den anderen künstlerischen Arbeiten am Bauhaus – insbesondere den Anspruch auf die Neugestaltung der räumlichen Daseinsweise der Gesellschaft im Industriezeitalter mit grundlegendem sozialen und einem radikalen ästhetischen Anspruch. Diese gestalterische Radikalität, verbunden mit einer grundlegenden Kritik an der existierenden Industriestadt und dem Entwurf einer neuen Welt zeichnet das Bauhaus als eine Institution mit Utopieanspruch aus. Es war ein Ort, der selbst diesen Anspruch in der Lehre wie im Alltag lebte und im Bauwerk zum Ausdruck brachte.

Die Industrie

Noch einmal Ehrenburg in seinem konstruktivistischen Manifest von 1922, das den Zeitgeist einer Ästhetik des Industrialismus beschwor: „Ich gebe bekannt: Die Industrie hat einen neuen Stil geschaffen. Niemand bestreitet heute mehr, dass es eine Ästhetik gibt, die von der modernen Industrie ausgeht. Immer mehr Anlagen und Maschinen, die unter Wahrung der Proportionen und der Entsprechung von Gewicht und Material geschaffen werden, verwandeln sich in wirkliche Kunstwerke, denn in ihnen kommt ein Plan zum Ausdruck. Jedoch die Auserwählten, die die Welt der Industrie organisieren und von kühnem Geist durchdrungen wirklich schöne Gegenstände schaffen, sind der Meinung, weit entfernt von der schöpferischen Ästhetik zu sein. Sie irren sich, denn gerade sind sie die aktivsten Schöpfer der modernen Ästhetik. Weder die Künstler noch die Industriearbeiter begreifen das. IN DER ALLGEMEINEN PRODUKTION und nicht in gewissen ornamentalen Ergänzungen wird der Stil der Epoche geschaffen!" (Ėrenburg 1922 o. A.).

Er deklamiert eine universal angelegte Utopie der kulturellen Wirkung industrieller Produktion – letztlich industrieller Arbeit. Die Industriegesellschaft schien zum ersten Mal die Möglichkeit zu eröffnen, den utopisch anmutenden Unbedingtheitsanspruch der gestaltenden Kräfte für eine vollständig neue Kultur und Umwelt des Menschen weltweit zu realisieren. Die künstlerische Avantgarde sah am Beginn des 20. Jahrhunderts – nach dem Ersten Weltkrieg – in der Industrie die tragende Kraft neuer Gestaltungsmöglichkeiten. Der ‚neue Stil' erhielt mit dem Bauhaus Dessau ein gestalterisches und programmatisches Referenzobjekt. Ziel war die Schaffung einer neuen Welt auf der Basis der Industrie.

Rückblickend fasste Karl Ganser die pathetische Bewunderung und die Utopiegehalte des Industrialismus in folgenden Punkten zusammen:

- „die politischen Utopien der Linken von einer besseren, gerechteren Gesellschaft ohne Privatbesitz an Produktionsmitteln, orientiert am Solidarprinzip,
- die politischen Utopien der Rechten von Volksgemeinschaft und starkem Staat, wo die Einzelnen in größeren, nahezu mystischen Gemeinschaften aufgehen,
- die Utopien des Marktes, die auf dem Privatbesitz und auf dem Konkurrenzprinzip beruhen, und eine Gesellschaft der Freiheit und des Überflusses versprachen,
- die technischen Utopien, durch neue Erfindungen, höhere Produktivität und materiellen Reichtum Not und Mangel endgültig zu beseitigen,

– schließlich die Utopie, die Natur vollkommen zu beherrschen, sie zu besiegen, bis hin zu der Vorstellung, eine Natur zu schaffen, die den Anforderungen der technischen Welt entspricht." (Ganser 1999, 11).

Erst am Ende des 20. Jahrhunderts liegen fundamentale Kritik, spätestens seit dem Atomreaktorunglück von Tschernobyl 1986, und euphorische Hoffnung angesichts neuer industrieller Möglichkeiten, die eine ‚elektronische oder biotechnologische Revolution' mit sich bringen kann, wieder dicht beieinander. Das gesellschaftliche Verständnis von Industrie ist erneut gespalten, so wie es am Ende des Ersten Weltkrieges war und das frühe Bauhaus zu seinem Antiindustrialismus geführt hatte.

Die Kraft der an den Industrialismus gebundenen Utopien hat sich in der Gestaltung der industriellen Räume aller Städte und Regionen niedergeschlagen. So stellt das Bauhaus nur einen – wenngleich radikalen – Ausschnitt aus dem Repertoire an Leitvorstellungen dar. Oft stehen Resultate dieser Utopien schroff und unvermittelt nebeneinander, so auch am Ort des Bauhauses in Dessau.

Die mitteldeutsche Chemieregion insgesamt versprach zur Quelle des Wohlstandes zu werden. Doch die Stadt Dessau beherbergte sowohl das Bauhaus, jene euphorisch beschriebene Ikone der Industriemoderne als auch die Produktionsstätten des Giftgases Zyklon B für die nationalsozialistischen Vernichtungslager in Auschwitz (Breymayer 1998, 403).

Einsicht und kritische Reflexion dürfen jedoch nicht vergessen lassen, dass die Industrie ein kulturelles Versprechen war – und in vielem noch heute ist. Diesem Versprechen folgte und folgt die Menschheit – ob passiv verführt oder aktiv handelnd. Ein kolossales Werk wie die Industrialisierung kann nicht ausgeblendet werden, will man Strategien entwickeln, die am Wendepunkt dieser neuen Schöpfung Industrie nach dem praktischen Umgang mit Traum und Trauma eines ‚neuen Stiles' fragen.

Das Bauhaus der zwanziger Jahre lieferte einen maßstabsetzenden Beitrag zur Kultur der Stadt im Hoch-Industriezeitalter (Hilpert 1992, 31). Es stützte sowohl mit seinem Gebäude selbst wie auch als Schule jene Intentionen, nach denen die schöpferischen Orte für das neue Zeitalter in der industriellen Produktion zu suchen seien. Das Gebäude, das aus dem Formen- und Materialrepertoire der Industrie gestaltet wurde und als gebautes Lehrprogramm fungierte, verfügt über ein kulturelles Surplus in der Anmutung und im gestalterischen Gestus, der es heraushebt als Symbol eines Zeitalters.

Der Raum

In den bildenden und darstellenden Künsten gewann die Kategorie „Raum" zunehmend an Bedeutung. Hier spielten die Neuen Medien (Film, Fotografie), aber auch das Theater eine besonders inspirierende Rolle, was sich besonders am Bauhaus niederschlug (Bossmann 1993, 78–93). Sowohl im Bauwerk des Bauhauses selbst als auch in den Kunstwerken schlugen sich die veränderten Raumauffassungen nieder und gewannen programmatische Bedeutung. Darin kann ein wesentliches Moment der Bauhaus-Utopie gesehen werden. Als eines der markantesten Beispiele dafür stehen der „Licht-Raum-Modulator" von Moholy-Nagy oder die „Raum-Bewegungskunst" der Theaterkonzepte von Schlemmer am Bauhaus. Bossmann definiert den Licht-Raum-Modulator als eine „Lernmaschine des ‚Neuen Sehens' und zugleich (als) ein(en) Teil der neuen, urbanen optischen Kultur." (Bossmann 1993, 84). Gerade die Installation von Moholy-Nagy verkörperte die wesentlichen Merkmale der Raumauffassung: „Die dynamischen Elemente des metallenen Körpers umschreiben einen abstrakten Raum im Raum, der sich durch die wechselnden Licht-Schatten-Relationen für den Betrachter unentwegt neu konstituiert. Er definiert – im Kleinen – was die Moderne im architektonischen Raum avisierte. Diese Abstraktion des konkreten Raumes, der sich aus materiellen und immateriellen Größen speiste und erst im Kopf der Rezipienten zu einem je verschieden wahrnehmbaren Konstrukt reift, gehört sicher zu den wichtigsten kulturellen Beiträgen der Moderne. Dies fand auch, zumindest indirekt, seinen Niederschlag in den raumplanerischen Modellen des wohl radikalsten städtebaulich-landesplanerischen Denkers der klassischen Moderne, Ludwig Hilberseimer (Professor für Stadtplanung am Bauhaus Dessau). Diese Vorstellungen kamen jedoch nicht über das Versuchsstadium in der Lehre am Bauhaus oder in gelegentlichen Publikationen hinaus. Sie wurden erst nach dem 2. Weltkrieg umfassender rezipiert (z. B. „The Nature of Cities", Chicago, 1955 oder „Entfaltung einer Planungsidee", Frankfurt/M., 1963)." (Kegler 2015, 119–120).

Die Bauhaus-Modernisten gingen bei ihrer Konstitution der Raumidee von unendlich verfügbaren Ressourcen aus, was dem verbreiteten Zeitgeist der Modernisierung – ob von konservativer oder von modernistischer Position aus – entsprach. „Der umfassende Entzug der Flächen aus privater Verfügbarkeit scheint auf den ersten Blick verführerisch fortschrittlich, war aber wohl doch eher als eine Entgrenzung gemeint. Und zum Zweiten bildete die billige und ebenfalls unendlich verfügbare Energie die Grundlage für die Neukonstruktion des Raumes. Die ewige Beleuchtung (das Licht-Schatten-Spiel mit künstlichem Licht – ob in Architektur, Theater oder Plastik) war Synonym für dieses

Unendlichkeitsdenken. Es befreite das Denken in tradierten Raumauffassungen nur zum Teil. Es verstellte zugleich den Blick auf die schon damals gravierende Ressourcenknappheit. [...] Kennzeichnend für beide (Modernisierungslager) ist der Versuch, die Auffassung eines begrenzenden „Container-Raumes“ zu überwinden.“ (Kegler 2015, 120). Insofern handelt es sich um eine raumgestaltende Gratwanderung zwischen utopischem Noch-nicht-Ort und identitäts- und geschichtslosem „Nicht-Ort“ im Sinne von Augé. Denn, die „modernen Formen (können) nahezu jedem Zweck und jeder Funktion dienen“ (Nerdinger 2009, 22), was nicht nur für die Musterstadt der Moderne, die fordistische Stadt der Bata-Werke in Zlin zutrifft.

Die Reflexion

Das Laboratorium, die künstlerische Experimentalfabrik für die Kultur der Industrieepoche, wurde von den Protagonisten des Bauhauses als neuer Mittelpunkt der Industriestadt gesetzt. Andererseits hat das Bauhaus nicht unwesentlich selbst dazu beigetragen, dass die Utopie zu einem Marketingprodukt wurde, und, besonders nach der erzwungenen Auflösung 1933 durch die Nationalsozialisten, durch die Ausbreitung in den USA nicht nur die Idee der Moderne und das sozial-ästhetische Versprechen einer besseren Welt befeuert, sondern auch dessen marktträchtiger Rezeption und eine Umsetzung von vorgefertigten Wohnanlagen mit all den sozialkulturellen Problemen befördert. Die kritische Reflexion brachte Tom Wolfe mit „Utopia mbH“ polemisch auf den Begriff (Wolfe 2007, 33). Andererseits hat Hilberseimer 1963 selbstkritisch die Weiterentwicklung der Bauhaus-Utopie in Form der Hochhausstadt resümiert: „[...] sie war lediglich ein Versuch, die technische Lösung des Verkehrsproblems zu finden. Dieses Ziel wurde erreicht, aber um welchen Preis! Als Ganzes gesehen, war das Konzept der Hochhausstadt bereits als Gedanke falsch. Das Resultat war mehr eine Nekropolis als eine Metropole, eine sterile Landschaft von Asphalt und Zement, unmenschlich in jeder Hinsicht.“ (Hilberseimer 1963, 22).

Die Stadtvorstellungen des Bauhauses beruhten auf den Prinzipien der „fordistischen“ Industrie. Sie übersetzten diese in Raumstrukturen. Ähnliche Vorstellungen haben zur gleichen Zeit z. B. auch die russischen Konstruktivisten entwickelt (Goldzamt 1974, 46). Die Stadt durch eine als Maschine organisierte Großstruktur zu ersetzen, wie es Ludwig Hilberseimer 1932 für Dessau vorschlug, ruft heute kritisches Staunen hervor (Bodenschatz 1992, 66). Diese Stadtidee des Bauhauses ist utopisch und dystopisch zugleich. Dennoch birgt die Radikalität des Vorschlages auch eine Herausforderung an die heutige Aneignung des Bauhaus-Erbes. Nicht der konkrete Vorschlag, wohl aber seine Denk-Radikalität,

d. h. Grundsätzlichkeit, ist heute gefragt, um auf die Aufgaben der Gegenwart zu reagieren und einen neuen Willen zur Gestaltung von Stadt und Region abzuleiten (Helbrecht 1992, 23) – als Einstieg in das Zeitalter einer „Revolution der Nachhaltigkeit" (Meadows 1992, 265). Dabei ist jedoch die den radikalen Entwürfen eines Hilberseimer innewohnende Vereindeutigung umzukehren – die fast teleologische Endgültigkeitsvorstellung, die Hilberseimer auslotete, birgt die Gefahr einer totalitären Lösung in sich; die Ambiguitätsintoleranz verendet. Damit erstirbt das utopische Moment des (frühen) Bauhauses. Nerdinger resümiert: „Eine Gestaltung rein nach funktionalen Gesichtspunkten ohne Bezug zum Ort, zu Geschichte und Tradition wurde als stummes, kaltes Design abgelehnt. Nun rächte es sich, dass das Bauhaus, an dem historische Bezüge immer radikal abgelehnt worden waren, nur noch als Exponent funktionaler, letztlich aber nach ökonomischen Gesichtspunkten determinierter Gestaltung vereinnahmt worden war." (Nerdinger 2019, 125).

Industrielles Gartenreich – ein Zwischenschritt

Diesem Thema begann sich das 1987 noch zu DDR-Zeiten neu gegründete Bauhaus in Dessau mit der Wende von 1989 zu widmen – unter dem Leitbegriff „Industrielles Gartenreich". (Bauhaus Dessau 1996): Die erste Beschreibung des „Industriellen Gartenreichs" von 1990 entwirft ein mögliches Bild dessen, was eine nachhaltig gestaltete Lebensumwelt sein könnte – als Anregung, denn „Planung heißt nicht: Planen für einen Endzustand" (Stein 1990, 43). Auf der Basis konkreter, regionalspezifischer, aber zugleich übertragbarer Ansätze definierte sich das „Industrielle Gartenreich" als ein reflexives Handlungsprogramm zur Gestaltung der Stadt-Landschaft nach dem Ende der klassischen (fordistisch-kapitalistischen oder -planwirtschaftlichen) Industrie. Damit konnte ein utopischer Ansatz umrissen werden, der den Raum als historisch-kulturelles Produkt neu betrachtet, die Begrenztheit der Ressourcen zur Gestaltungsgrundlage erhebt und eine neue soziale Perspektive der Region in den Blick nimmt, jenseits von Verwertungsinteressen und mit einem ästhetischen Anspruch ausstattet, der dieser Transformation ein „Gesicht" gibt. Der Ort „Ferropolis – Die Stadt aus Eisen" verknüpft all diese Faktoren exemplarisch (https://www.ferropolis.de/ sowie Kegler 2005).

Das „Industrielle Gartenreich" gehört zu den wenigen Ost-West-Vorhaben, die 1989/90 vor der ‚Wende' in der DDR begannen und sich bis heute entfalten (Stein 1996, 11–12). In diesem Sinne kann das Projekt „Industrielles Gartenreich" eine kulturelle Brücke im Prozess der Transformation und ein Mittler auf dem Wege zu einem neuen Utopia angesehen werden. Dieser Ansatz gewann in den 1990er Jahren allmählich an gestaltender Kraft und bildete eine Entwicklungs- und Gestaltungsgrundlage – nicht zuletzt aufgrund der Anerkennung als Korrespondenzregion der EXPO 2000 – mit sichtbaren Projekten wie Ferropolis. Diese Anerkennung als Teil der EXPO 2000 in Hannover ist aber auch Ausdruck der Ambivalenz von industrieller Moderne mit ihren postindustriellen Möglichkeiten, aber auch dem Umgang mit ihren Hinterlassenschaften.

Abb. 8-7: Ferropolis: Stadt aus Eisen in der Bergbaufolgelandschaft

Eine Herausforderung für ein neues Utopia dürfte es sein, diese Ambivalenz in Bezug auf das Bauhaus in neuer Weise zu verarbeiten. Ein Hinweis auf die damit verbundenen Widersprüche liefert das 100-Jahres-Jubiläum dieser Institution 2019. Es war keinesfalls eine sozial-kulturell homogene Lehranstalt und die Rezeption des Bauhauses nach dem Zweiten Weltkrieg war eher Abbild einer ideologischen Auseinandersetzung und Hagiografie der Meisterwerke, denn eine Reflexion mit Blick auf utopische Ansprüche gesellschaftlicher Natur. So kann z. B. die Ausstellung in Stuttgart, gewidmet dem 50. Jahrestag der 50-Jahrfeier der Bauhausgründung „50 Jahre nach 50 Jahre Bauhaus 1968", als ein Ausdruck des neuen Reflexionsverständnisses gewertet werden, bei welchem die verdrängten Abschnitte der Bauhaus-Entwicklung ebenso thematisiert werden wie die Verbindungen von Bauhäuslern mit dem NS-Regime (https://www.wkv-stuttgart.de/programm/2018/ausstellungen/50-jahre-nach-50-jahre-bauhaus-1968/). Mit der Gründung von gleich drei neuen Bauhaus-Museen an den historischen Wirkungsstätten dieser 1996 zum Weltkulturerbe erhobenen Institution verbirgt sich nicht nur eine Wertschätzung des kulturellen Beitrags zur Moderne im 20. Jahrhundert. Es besteht auch die Gefahr einer Musealisierung des utopischen Gehalts des Bauhauses. Es kann aber auch eine Konservierung vermutet werden, die, entkonserviert, als neuer Impulsgeber für utopische Versuche im Zeitalter des Klimawandels herangezogen werden kann und insofern als Archiv des Fortschritts mit neuer Reflexion fungiert. Letztlich schöpfte das Bauhaus seine prägende Kraft aus einem „Überangebot von Ideen" der Zeit, die sich, gestaltwerdend im Bauhaus, vor allem dann in der Dessauer Phase, manifestierten (Hüter 1976, 93). „Ohne die wachsende Fülle der Antizipationen der noch abstrakten Pläne und Programme, [...] wäre auch der letzte Sozialtraum nicht gekommen." (Bloch 1985,18)

Das Bauhaus wurde real und barg doch immer wieder „noch-nicht-gewordenes", vielleicht sogar „nie-werdendes" utopisches Potenzial. Insofern wäre es – insbesondere in Dessau – ein „Ort, an dem angesichts gesellschaftlicher Transformation über eine lebenswerte, gerechte Zukunft nachgedacht" (Borries 2018, 28) werden könnte, was zunächst ein minimal erscheinender Ansatz für die Zukunft wäre, weil es nicht nur beim „Nicht-Ort" bleiben kann.

9 Ein Utopia morgen – Brevier für die Raumplanung?

(Tatjana Fischer, Wien)

Kehren wir an den Ausgangspunkt der „Reise nach Utopia“ zurück und fragen, was ein raumplanerischer Blick auf Utopia leisten kann im Sinne einer Suche nach Möglichkeiten, mit dem Utopia-Paradoxon umgehen zu können, ohne bei der Reflexion stehen bleiben zu müssen. Zugleich stellen die gemachten Erfahrungen bei eben solchen Versuchen ein erhebliches „Chancen- und Gefahrengut“ für die Konzipierung zukünftiger Entwicklungspfade dar, die als stete Aufforderung wie Mahnung raumplanerische Versuche begleiten. Es ist ein Wagnis, Utopia zu operationalisieren. Den Zugang liefert Morus selbst, den wir am Beginn nochmals in Erinnerung rufen: Thomas Morus' „Utopia“ aus dem Jahr 1516 beschreibt, wie eingangs dargestellt, einen gleichnamigen Inselstaat, den es nie gegeben hat. Die Ausführungen basieren auf einem Morus' zugetragenen fiktiven Reisebericht eines einst auf Utopia Gestrandeten, der im Zuge seines fünf Jahre umfassenden Aufenthalts auf der Insel zur Überzeugung gelangte, hier den idealen Staat vorgefunden zu haben. Der einzige Grund, warum dieser die Insel nach fünf Jahren wieder verließ, war sein Bestreben, Utopias Staatsverfassung in die Welt zu tragen. Mit dieser Welt ist das England des 16. Jahrhunderts gemeint, welches durch große soziale Ungleichheiten in jedweder Hinsicht geprägt war.

Als Reaktion auf das Zustandsbild Englands vor 500 Jahren formulierte Morus für Utopia eine Staatsverfassung voller Extreme, die er im sog. „Ersten Buch“ idealisiert, am Ende des sog. „Zweiten Buches“ hingegen vor allem in Bezug auf deren Menschlichkeit kritisch reflektiert. Dabei fasziniert, wie inhaltlich dicht und vielschichtig Morus das (Alltags-)Leben beschreibt und wie planerisch durchdacht und vielschichtig Morus' ersonnene Raumstrukturen sind. Gleichzeitig erschrecken die Restriktion und Brutalität, mit der Raumpolitik auf und von Utopia betrieben wird – eine sicher bewusste Mahnung von Morus. Aus eben diesen Gründen wurde der Versuch unternommen, sich mit Utopia aus raumplanerischer Sicht konkret auseinanderzusetzen und die Frage aufzugreifen, ob und inwiefern Utopia gar als Handlungsanleitung für eine (neue) nachhaltige Raumplanung dienen kann.

Zum Umgang mit Morus' Ausführungen

Morus' inhaltlich dichte und detaillierte Schilderung des (Alltags-)Lebens auf Utopia verführt dazu, sich Utopia nicht nur als Nicht-Ort (u-topus = kein Ort), sondern als real existierenden Staat vorzustellen, in dem alles für jeden gut geregelt ist. Lässt man dies zu, durchsucht Morus' Text mehrmals auf Informationen und Hinweise zu raumbezogenen Aspekten wie beispielsweise Raum- und Siedlungsstrukturen und Bevölkerungsentwicklung, fasst – sofern möglich – die Informationen in Kennzahlen, bündelt die Ausführungen thematisch und verknüpft diese mit den Ausführungen zur Genese des Staates, so zeigt und erklärt sich infolge:

1. eine raumordnerische Perfektion, die hinsichtlich der Planungsethik und Planungslogik zugleich fasziniert und erschreckt,
2. warum Lebensqualität und raumordnerische Perfektion in Abhängigkeit von dem zugrunde liegenden Menschenbild entkoppelt sein können.

Setzt man Morus' Ausführungen in den Kontext nachhaltiger Raumplanung und Raumentwicklung, so fasziniert und erschreckt auch hier die Art und Weise, mit der der Inselstaat Utopia seine Werthaltungen und seinen Lebensstil dem Rest der Welt aufdrängt – so jedenfalls die mögliche Interpretation.

Aufbau und Inhalt des Kapitels

Ob und inwiefern es unter Zugrundelegung des Verständnisses von Zukunftsfähigkeit und Nachhaltigkeit in der Raumplanung gerechtfertigt ist, Morus' Utopia als „Handreichung" nutzen zu können – eine gewagte Hypothese – ist das Kapitel wie folgt aufgebaut:

Es leitet ein mit der Entstehungsgeschichte der Insel und dem Versuch einer geographischen Verortung des Nicht-Ortes Utopia. Der Nicht-Insel wurde basierend auf Morus' Ausführungen und eigenen Berechnungen eine räumliche Gestalt gegeben und eine räumliche Dimension zugewiesen.

Darauf folgt eine Beschreibung des Siedlungssystems und der auf Utopia identifizierten Raumtypen sowie der ihnen zugewiesenen Funktionen im (Alltags-)Leben der Inselbevölkerung.

Daran schließt die Darstellung des Alltagslebens und der Freizeitgestaltung auf Utopia an. In diesem Zusammenhang wird auf die Bedeutung der Raumtypen bei der Erledigung der Daseinsgrundfunktionen (Lienau 1995) ebenso eingegangen wie auf die identifizierbaren funktionalen Verflechtungen zwischen den Raumtypen.

Daraus wiederum erklären sich die Einwohner*innen-Kennzahlen sowie die Bevölkerungsverteilung nach Raumtypen, die ebenso wie die Flächenbilanz im nachfolgenden Kapitel vorgestellt werden.

Auf die Darstellung des Ist-Zustandes der Raumstrukturen und des Raumverhaltens auf Utopia folgt die raumplanerische Diskussion der zugrunde liegenden Raumordnung: Im ersten Abschnitt wird auf Basis der Analyse der Staatsverfassung (einschl. Gesellschaftsordnung), der Eigenschaften der Inselbevölkerung sowie der Relevanz von und des Umgangs mit raumwirksamen externen Einflussfaktoren erklärt, warum Utopia wahrlich ein Nicht-Ort ist. Der zweite Abschnitt interpretiert die raumordnerischen Prinzipien auf Utopia aus zwei entgegengesetzten Blickwinkeln. Im dritten Abschnitt wird der Frage nachgegangen, ob sich aus „perfekter" Raumordnung allein auf Lebensqualität und Wohlbefinden schließen lässt. Der vierte Abschnitt legt dar, ob und inwiefern das gesellschafts- und raumpolitische System von Utopia zukunftsfähig und nachhaltig ist.

Den Abschluss des Kapitels bilden einige Überlegungen dazu, ob und inwiefern „Utopia" gar als Handlungsanleitung für die reale Praxis dienen kann bzw. soll sowie Anregungen zur weiterführenden, vertiefenden Auseinandersetzung von Morus' Utopia.

Geographische Eckdaten Utopias

Utopia ist eine Insel, die in einem nicht näher bezeichneten Meer liegt. Sie entstand im Jahr 244 v. Chr.[49] durch die bewusste, mechanisch herbeigeführte Abspaltung vom Festland. Davor hieß der Landstrich Abraxa und war von einem Volksstamm bewohnt[50], in welchem es religiöse Zwistigkeiten und Unfrieden gab.[51] Da sich „griechische Sprachspuren" (102)[52] in der Bezeichnung der Städte und Behörden finden, geht der Erzähler davon aus, dass die Utopier griechischer Abstammung sind – eine Referenz an die von Morus verehrte geistige Kultur Platons (und eine versteckte Kritik an dem Rom-Bezug mit dem Latein der Kirche).

49 Die Festlegung des Gründungsjahres resultiert aus der folgenden Überlegung: Morus' im Jahr 1516 erschienenes Werk enthält den Hinweis auf die 1760 Jahre umfassende Geschichte Utopias, die mit der Eroberung durch Utopus beginnt und in Annalen aufgezeichnet ist, d. h., der Differenz zwischen 1516 und 1760 Jahren.

50 Das Zusammenleben der UreinwohnerInnen war von Missgunst und Neid geprägt.

51 Es scheint so, als habe Utopus diese Konflikte für sich ausgenützt und durch die Etablierung einer gewissen religiösen Toleranz den sozialen Frieden erstmals hergestellt (vgl. 129).

52 Die folgenden Ausführungen basieren auf Morus' Text, der im Jahr 2003 in ergänzter Ausgabe im Reclam-Verlag als Band Nr. 513 erschienen ist (Morus 2003). An dieser Stelle wird angemerkt, dass sich alle in diesem Kapitel in Klammer gesetzte und nicht näher bezeichnete Seitenangaben auf diese Quelle beziehen.

Die Idee der Staatsgründung stammte von einem nicht näher beschriebenen Eroberer namens Utopus, die unter Aufbietung aller (militärischen) Kräfte und mit der Unterstützung der Ureinwohner*innen zur „Bewunderung und Bestürzung“ (59) der Nachbarstaaten erfolgte. Dahinter stand die Idee, ein Land von regierbarer Größe zu schaffen. Als Vorbild dazu diente ihm das bereits erwähnte Land der Achorier (vgl. 43ff).

Utopia umfasst eine Fläche von rund 238.200 km² – dies entspricht in etwa der Fläche des Vereinigten Königreichs von rund 243.600 km² (vgl. WKO Wien 2019) – und beschreibt in ihrer geometrischen Form einen aufgehenden Mond. Die beiden Enden des Mondes sind zu einer 11 Meilen breiten Öffnung zusammengeführt, die gleichsam die Einfahrt zum Haupthafen der Insel bilden.

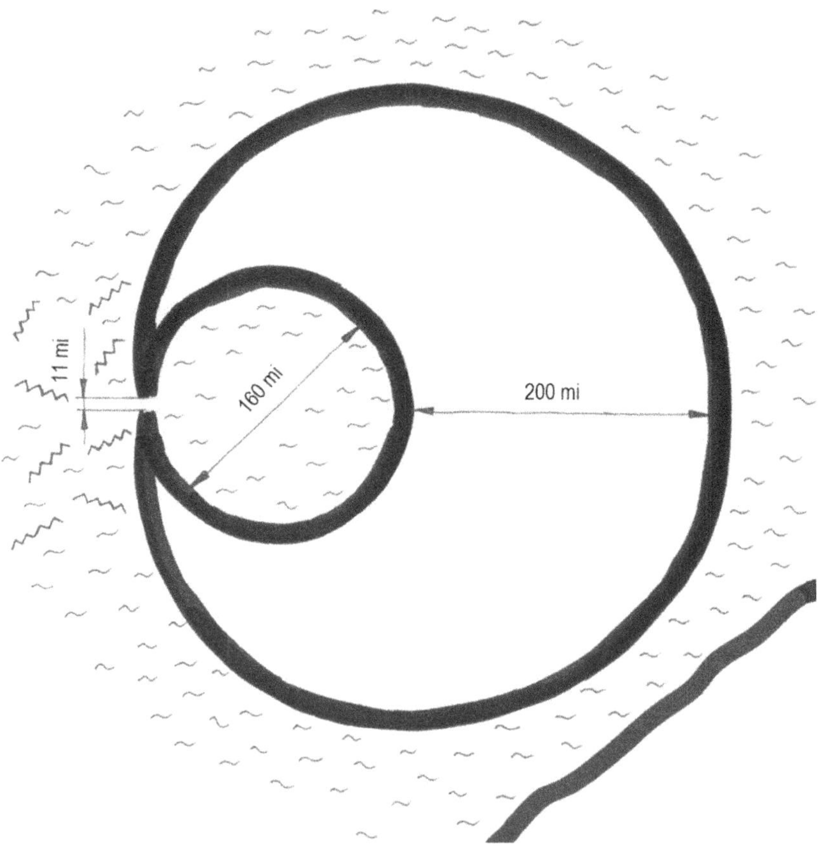

Abb. 9-1: Lageplan-Schema der Insel Utopia

Sowohl die topographischen Charakteristika wie auch die gesetzten Maßnahmen der Abschottung machen Utopia zu einer uneinnehmbaren Festung: Der Zugang zur Insel ist zwar über mehrere Häfen möglich, diese sind allerdings aufgrund ihrer Topographie vor feindlicher Übernahme gut geschützt. In der Mitte des Haupthafens befindet sich ein sichtbares Felsenriff. Auf einer der beiden Hafenseiten gibt es Untiefen, auf der anderen Seite Felsenklippen. Morus beschreibt, dass die unsichtbaren Klippen die eigentliche Gefährlichkeit der Einfahrt darstellen, sodass es eines Ortskundigen – Morus verwendet die Bezeichnung „Lotsen" (58) – bedarf, der Ausländern (ebd.) den Weg weist und zugleich einen Überfall verhindert.

Interpretiert man Morus' Ausführungen zu diesem idealen Staat als Gegenreaktion auf das Zustandsbild Englands im 16. Jahrhundert, so kann Utopia im Atlantik liegen. Aus dem Hinweis auf ein im Südosten von Utopia gelegenes Land der Achorier hingegen lässt sich keine geographische Verortung ableiten. Utopia kann aber auch vor einer der europäischen Küsten bzw. vor Kleinasien entlang einer der ehemaligen Bernsteinstraßen liegen, wie uns die Information zu Bernstein als von den Utopiern genutztes Baumaterial gibt.[53] Darüber hinaus ist es möglich, dass Utopia am Äquator liegt, wenn man die Bezeichnung der Urbevölkerung Utopias für die auf ihrer Insel Landenden bzw. Gestrandeten[54] als Hinweis deutet.

Eine konkrete geographische Verortung und eine detaillierte topographische Beschreibung des Inselinneren fehlen. Morus verweist lediglich auf eine starke Exposition in Bezug auf Wind und Wetter, andererseits auf eine differenzierte Topographie und Bewaldung der Insel und fügt hinzu, dass die Insel von einem Fluss namens Anydrus durchzogen wird, an welchem auch die Hauptstadt der Insel, Amautorum, liegt. Die Insel ist reich an Bodenschätzen und fruchtbarem Ackerland. Einzig (Edel-)Metalle müssen importiert werden – Utopia ist kein von der Außenwelt abgeschottetes Land.

Siedlungssystem und Raumtypen

Auf Utopia gibt es 54 Städte. Diese sind in Abhängigkeit von den topographischen Gegebenheiten etwa gleichmäßig über die Insel verteilt. Jeder Stadt ist ein Landbezirk zugeordnet. Dieser umgibt die Stadt von allen Seiten, wobei auf jeder

---

53 Um den Lichtdurchlass der Fenster zu maximieren, werden diese aus Glas oder dünnen in Öl- oder Bernsteinmasse getauchte Leinwände gefertigt.

54 Als „Ultraäquinoktiale" (56) bezeichneten die Utopier die im Jahr 316 n.Chr. auf die Insel kommenden Römer und Ägypter.

Seite mindestens 12 Meilen planmäßig zugeteiltes Ackerland („Anbaufläche", 60) anschließen. Daraus wiederum lässt sich folgern, dass die Stadt und ihr landwirtschaftlich genutztes Umland in funktionaler Beziehung zueinander stehen und gleichsam eine Stadtregion bilden. Unter der Annahme, dass die gesamte Fläche von Utopia von etwa gleichgroßen 54 Stadtregionen bedeckt ist, lässt sich ableiten, dass eine Stadtregion, d. h. eine Stadt und das sie umgebende ländliche Umland, rund 4.411 km^2 groß ist und idealtypisch die Form eines Hexagons hat (vgl. Abb. 2).

Utopia hat somit ein polyzentrisches Städtesystem, welches ausschließlich aufgrund seiner politischen Bedeutung zwei hierarchische Ebenen kennt: 1. die 53 einfachen Städte gleicher Größe und Bedeutung und 2. die Hauptstadt Amaurotum.[55]

Auch die Entfernung zwischen den Städten hat Utopus festgelegt: Sie beträgt – bezogen auf die Stadtränder – mindestens 24 Meilen, aber höchstens einen Tagesmarsch zu Fuß (vgl. Abb. 2).[56] Das entspricht ungefähr 38,6 km, die man in acht bis zehn Stunden zu Fuß bewältigen kann. Konstruiert man nun ein das gesamte Territorium der Insel umspannendes hexagonales Siedlungssystem und definiert jedes regelmäßige Sechseck als „Stadtregion", in deren Mitte eine rechteckige (hexagonale – siehe Grundriss von Amaurotum) Stadt in der Größe von drei Quadratmeilen oder 7,79 km^2 liegt, so beträgt die kürzeste Entfernung zwischen zwei Städten 67,3 km. Das ist das etwa 1,7-Fache des von Morus angegebenen Wertes.[57]

55 Die Wahl Amaurotums zur Hauptstadt begründete sich alleinig aus deren im Vergleich zu allen anderen Städten günstigen räumlichen Lage, Amautorums Bedeutung als erste Stadt ausschließlich aufgrund der hier befindlichen Residenz des Senats. In der Hauptstadt wird auch einmal im Jahr ein aus drei älteren erfahrenen Männern bestehender Weisenrat einberufen, der über die gemeinsamen Anliegen der Insel berät.

56 Diese Maximalentfernung ist – wie noch gezeigt werden wird – durch die enge funktionale Verflechtung von Stadt und Land begründet.

57 Der von Morus angegebene Mindestabstand von 24 Meilen zwischen den Städten ergibt sich aus der Festlegung von mindestens 12 Meilen rund um jede Stadt angrenzenden „Ackerlands". Das bedeutet, dass unter Berücksichtigung einer differenzierten Topographie der Insel und der daraus resultierenden Struktur des Dauersiedlungsraums die Städte durchaus weiter voneinander entfernt sein können, woraus sich die Differenz der Entfernungsangaben ergeben könnte oder einfach nur Umrechnungsdifferenzen darstellen.

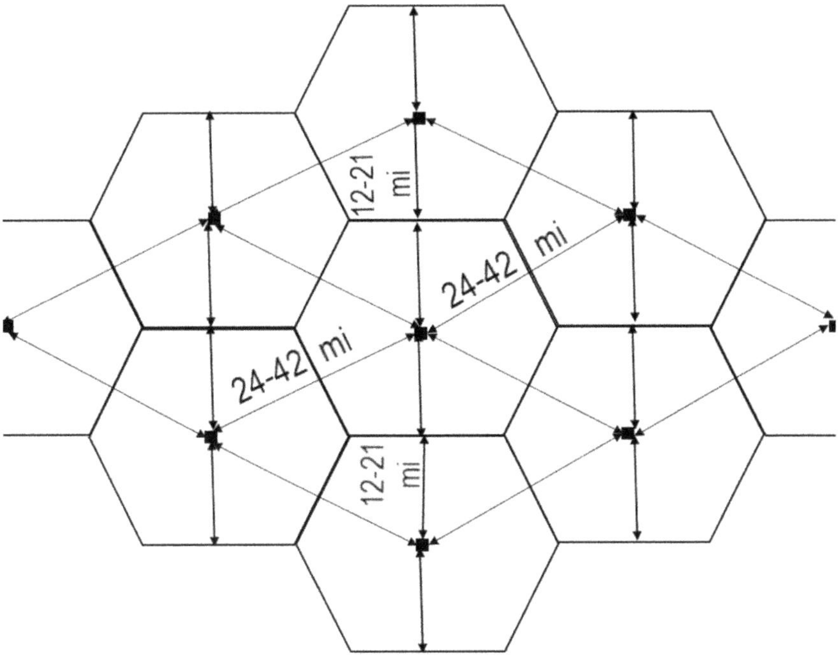

Abb. 9-2: Schematische Darstellung des Siedlungssystems. Bei den Zahlenangaben handelt es sich um Mindestdistanzen in Meilen

Die Städte auf Utopia sind hinsichtlich ihrer Größe, Einrichtungen, Sitten und Gesetze gleich angelegt[58] und nicht erweiterbar. Sie alle sind von einer Stadtmauer umgeben, geräumig – dies ist als Hinweis auf die hohe Einwohner*innendichte zu deuten – und prächtig – hier drückt sich der ästhetische Anspruch Utopus' aus – „die Gebäude sind nicht unansehnlich" (64) – und stimmen in ihrem Aussehen – sofern es die topographischen Verhältnisse erlauben – überein. Diese Uniformität drückt Morus mit folgenden Worten aus: „Wer eine Stadt kennt, kennt sie alle" (64).

Eine Stadt besteht aus vier gleich großen Quadraten zu je 1 Meile x 0,75 Meilen. In der Mitte befindet sich ein Markt für Waren aller Art. Im Markt gibt es

58 Die Ausschmückung und den weiteren Ausbau überlässt Utopus seinen Nachkommen, „da sich voraussehen ließ, dass ein Menschenalter dazu nicht ausreichen würde" (64). Utopus legt somit das für ihn Wesentliche fest und gesteht der Bevölkerung (auch in der Zukunft) einen gewissen gestalterischen Handlungsspielraum zu.

Magazine für Erzeugnisse, Warenspeicher nach Warengattungen getrennt (vgl. 74). Mit diesen Märkten sind Lebensmittelmärkte verbunden, wo die Utopier einkaufen.

Großen Wert legte Utopus auf das Funktionieren und den Schutz der technischen Infrastrukturen vor Naturgefahren. In diesem Zusammenhang erwähnt er namentlich den Trinkwasserschutz, die Regenwasserzisternen und die Befestigung der Städte.

Weiters verwandelte er die Wohnbaracken der Ureinwohner*innen Utopias zu wetterfesten dreistöckigen Häusern mit Flachdächern aus nicht brennbarem Material. Für Gesandte und Ausländer*innen, die nur vereinzelt und selten nach Utopia kommen, werden bestimmte, komplett ausgestattete Wohnungen bereitgestellt.

Den Mobilitätserfordernissen der Utopier wird in den Städten durch ein adäquates Straßennetz Rechnung getragen: An der Vorderfront zwischen den in Form von Reihen- bzw. Zeilenbebauung angeordneten Wohnhäusern mit straßenseitigen Eingängen befindet sich ein 20 Fuß breiter Fahrdamm.

Auf Utopia gibt es demnach zwei Raumtypen: Stadt und Land. Diese Dichotomie ist bedingt durch die Zuweisung konkreter raum- bzw. standortbezogener Funktionen. Sowohl die Städte wie auch der sie jeweils umgebende Landbezirk sind Wohn-, Ausbildungs-, Arbeits- und Freizeitorte sowie Orte der Nahrungsmittelproduktion. Die beiden Raumtypen Stadt und Land unterscheiden sich im Arbeitsplatzangebot – auf Utopia gibt es sechs verschiedene Handwerke und Gewerbe[59] – und hinsichtlich der Menge der produzierten Nahrungsmittel. In den Städten werden von Morus nicht näher bezeichnete Nahrungsmittel in den Wohngebäuden angeschlossenen üppigen (Zier-)Gärten, die mit großer Hingabe gepflegt werden[60], produziert.

In den Städten wird darauf geachtet, dass alle für die Bewohner*innen gesundheitsgefährdenden oder von diesen als unangenehm oder mitleiderregenden und schmutzigen Arbeiten bzw. Dienstleistungen an die Stadtränder bzw. außerhalb der Stadtmauern gesetzt sind und somit nicht nur aus dem Stadtbild selbst,

---

59 In den Städten arbeiten die Männer als Köhler, Tagelöhner, Fuhrleute oder Schmiede, die Frauen vornehmlich als Wolle- und Leinenspinnerinnen (vgl. 66f). Frauen wie Männer haben darüber hinaus das Gewerbe des Ackerbaus erlernt (vgl. 66).

60 Utopus verwandte offenbar die größten Anstrengungen auf die gestalterische Ausfertigung der Gärten, was ihn als großen Ästheten erstrahlen lässt. Darüber hinaus soll es sogar einen regelrechten „Wettstreit der Straßenzüge untereinander in der Pflege der einzelnen Gärten“ (64) geben.

sondern aus dem Blickfeld verschwinden. Morus führt in diesem Zusammenhang zwei Beispiele an: die Fleisch- und Fischverarbeitung (Schlachthäuser) und die Krankenversorgung (Spitäler) (vgl. 75). Bezogen auf die Spitäler, in denen eine „zarte und gewissenhafte Pflege" (76) praktiziert wird, führt er aus, dass es in jeder Stadt 16 Spitäler – eines pro Stadtbezirk – gibt. Weiter beschreibt er sie als anmutend wie „kleine Städte" (76), sehr gut ausgestattet mit Heilmitteln und Arbeitsort der erfahrensten Ärzte. Das Land hingegen wird von Morus als ein von ausschließlich in der Landwirtschaft tätigen bzw. hierin in Ausbildung befindlichen Personen bewohntes Territorium beschrieben.

Alltag, Freizeit und Stadt-Land-Beziehungen

Der Alltag ist zumindest in den Städten durchorganisiert und für jeden Utopier in Abhängigkeit von der Stellung im Lebenszyklus gleich: Auf das Frühstück, das zu Hause eingenommen wird, folgen drei Stunden produktive Arbeit[61] – in der Stadt in einem der sechs Gewerbe, auf dem Land in der Landwirtschaft. Danach wird das Mittagessen in öffentlichen Speisehallen eingenommen, wobei je Halle 15 Familien unter Einhaltung einer vorgegebenen Tischordnung und unter Aufsicht der Vorstände der Familienverbände miteinander essen. Es folgen zwei Stunden Nachmittagsruhe und darauf wiederum drei Stunden produktive Arbeit.[62] Das darauffolgende ebenfalls in den öffentlichen Speisehallen eingenommene Abendessen ist begleitet von Musik. Für eine angenehme Atmosphäre sollen „Räucherkerzen, duftendes Essen, Erheiterung der Tischgesellschaft und fröhliche Stimmung" (79) sorgen.

Allen Utopiern steht es frei, die Mahlzeiten bei sich zu Hause einzunehmen. Allein der Grund, weshalb sie dies dem Essen in Gemeinschaft vorziehen sollten, erschließt sich den in den Städten lebenden Utopiern nicht. Gibt es hier doch die bestzubereiteten Speisen. Anders verhält es sich auf dem Land. Hier leben die Menschen weiter auseinander, sodass jeder für sich zu Hause isst. Darüber hinaus „fehlt es ja keinem Familienverband an den nötigen Lebensmitteln, da von ihnen alles das herstammt, wovon die Städter leben" (79).

Ein fester Bestandteil der in Gemeinschaft genossenen Mahlzeiten ist das Vorlesen. Dies spiegelt den hohen Stellenwert der geistigen Beschäftigung im Alltag

61 Auf Utopia arbeitet jeder, jedoch nur so viel wie erforderlich. Nicht erwerbstätig ist eine überschaubare Anzahl an alten und kranken Menschen.

62 Eine Abweichung von diesem Rhythmus gibt es, wenn es weniger Bedarf an produktiver Arbeit gibt.

wider. Es ist üblich, dass in den Frühstunden öffentliche Vorlesungen gehalten werden. Hier besteht die Verpflichtung zur Teilnahme aber nur für jene, die „namentlich für die wissenschaftliche Berufsarbeit ausgewählt sind“ (68). Dennoch räumt Raphael ein, dass es viele interessierte Hörer*innen gäbe. „Will aber einer lieber auch diese Zeit seiner Berufsarbeit widmen, was viele vorziehen, deren Geist sich nicht zu den Höhen der wissenschaftlichen Kontemplation versteigt, so steht nichts im Wege, ja, es gilt sogar als löblich, weil es dem Staate nützlich ist.“ (68). Wichtig ist dem Staat dabei vor allem, dass die Utopier weder in Trägheit noch in Üppigkeit verfallen (vgl. 68). Diese Sorge scheint unbegründet zu sein, besteht doch in den Utopiern ein „unermüdliches Verlangen“ nach körperlicher oder geistiger Beschäftigung (102).

Große Bedeutung kommt der Fürsorge für Andere im Leben all jener Utopier zu, die sehr gläubig und nicht an geistiger Beschäftigung interessiert sind. Morus schreibt dazu: „Doch es gibt auch solche Gläubige, und gar nicht wenige, die aus religiösen Gründen alle geistige Arbeit vernachlässigen, sich nicht im geringsten um die Erkenntnis des Zusammenhanges der Dinge bemühen und sich überhaupt keinerlei Muße gönnen; nur durch praktische Tätigkeit und Pflichterfüllung gegen die Mitmenschen in guten Werken, behaupten sie, könne man in ein seliges Leben nach dem Tod übergehen. Daher pflegen die einen Kranke, die anderen bessern Wege aus, reinigen Kanäle, stellen Brücken wieder her, stechen Rasen aus, schaufeln Sand und graben Steine aus, zerspalten und zersägen Bäume, karren Holz, Getreide und anderes in die Städte, kurzum, sie benehmen sich wie Diener, ja dienstbarer als die Sklaven, nicht bloß zu gemeinnützigen Zwecken, sondern ebenso gegenüber Privatleuten.“ (133ff).

Es scheint gar so, als sei man auf Utopia froh, dass es auch solche Personen gibt, da sie all die Aufgaben übernehmen, vor denen den anderen ekelt, und diese sogar „freiwillig und heiteren Sinnes gänzlich auf sich nehmen“ (134).

Nichtsdestotrotz wird alles Tun beaufsichtigt, „müßiges Herumsitzen“ (67) gibt es ebenso wenig wie das „heimliche Zusammenhocken“ (80), das bedeutet: „überall sieht einem die Öffentlichkeit zu“ (80).[63] Dies macht die folgende Zusammenstellung der Orte, an denen die Alltags- und Freizeitaktivitäten stattfinden, besonders deutlich. Vor allem in den Städten ist die Bedeutung von öffentlichen Einrichtungen bzw. Institutionen offensichtlich.

63 Das Spannungsfeld zwischen Öffentlichkeit und Privatheit löst Morus nicht auf.

Alltags- und Freizeitaktivität	**Ort, an dem die Aktivität ausgeführt wird**	
	in den Städten Wohnende	auf dem Land Wohnende
Wohnen	in dreistöckigen Häusern	auf Höfen inmitten des Ackerlandes
Arbeiten – in einem der sechs Gewerbe – in der Wissenschaft	in Werkstätten ?	in der Landwirtschaft: auf dem Feld
Erholen – schlafen – geistige Beschäftigung – Gartenpflege – Austausch mit Anderen	zu Hause öffentliche Vorlesungen oder zu Hause in den Gärten in den öffentlichen Hallen/ in den Gärten	zu Hause ?
Aus- und Weiterbilden – landwirtschaftliche Grundausbildung – schulische Grundausbildung – militärische Ausbildung – freiwillige Weiterbildung	auf dem Land in den städtischen Schulen ? öffentliche Vorlesungen oder zu Hause	auf dem Hof in den städtischen Schulen ? ?
Ernähren – Frühstücken – Mittagessen – Abendessen	zu Hause v. a. in öffentlichen (Speise-) Hallen	Zuhause
Versorgen – mit Lebensmitteln – mit Dienstleistungen – Fürsorge für Andere	in Markthallen in spezialisierten Einrichtungen ?	am Hof ? ?
Entsorgen	über entsprechende Infrastrukturen	?
Kommunizieren – Ehepartner*innen untereinander – mit Anderen	zu Hause in öffentlichen Hallen in den Gärten	zu Hause / auf dem Hof
Verkehren – Arbeitsmigration – „private" (Tages-) Reisen	Aktionsradius: gesamte Insel (Stadt/Land) vornehmlich innerhalb der Stadtregion	keine ?

Abb. 9-3: Orte des Alltags und der Freizeit

Morus konzentriert sich in seinen Ausführungen auf den Alltag der in den Städten lebenden Erwachsenen. Über den Alltag der Kinder und Jugendlichen in Stadt und Land erfährt man wenig – abgesehen davon, dass die Kinder und Jugendlichen in den Städten in öffentlichen Schulen von Priester*innen[64],[65] unterrichtet werden und danach eine militärische Grundausbildung erhalten.

Zu den Ausbildungsverläufen bzw. zur Wahl des Handwerks bzw. Gewerbes merkt Morus folgende Gesetzmäßigkeit an: Die jungen Menschen entscheiden sich wie selbstverständlich für das vom Vater ausgeübte Gewerbe (vgl. 67). Sollte jemand andere Präferenzen bzw. Neigungen haben, so muss er seine Herkunftsfamilie verlassen und wird von einer entsprechenden, in welcher das gewünschte Gewerbe ausgeübt wird, adoptiert. Ergänzend fügt Morus hinzu, dass die Behörden und der Vater des betroffenen Jugendlichen dafür sorgen, dass er bzw. sie „einem würdigen und ehrenhaften Familienvater übergeben wird“ (67).

Aus der komplementären Aufgabenzuteilung zwischen Stadt und Land leitet Morus zwar keine raumtypenbezogenen Identifikationsoberflächen ab, sondern berichtet von einem intensiven Zusammengehörigkeitsgefühl der Utopier. Dies begründet er mit den intensiven Austauschprozessen bzw. funktionalen Verflechtungen zwischen Stadt und Land: Zum einen ist jedem in einer Stadt lebenden Utopier bewusst, dass die auf dem Land produzierten landwirtschaftlichen Erzeugnisse seine Ernährung sichern, zum anderen wird jeder Utopier im Ackerbau unterwiesen – „den Ackerbau versteht jedermann“ (66) –, damit es „keinen Mangel an Sachkundigen gibt“ (60).[66] Bereits die Kinder kommen mit der Landwirtschaft in Berührung, sei es in der Schule, im Rahmen von Ausflügen oder Mitarbeit zur körperlichen Ertüchtigung. Die Heranführung an die Landwirtschaft kann als erklärter Bildungsauftrag und damit Beitrag zur sozialen und damit territorialen Kohäsion gedeutet werden.

Zur Festigung der Beziehung zwischen Stadt und Land trägt auch der regelmäßige Besuch der auf dem Land lebenden Utopier in den Städten bei. Grund dafür sind die von den Städten ausgerichteten (spirituellen) Feste.

Eine bezogen auf die räumliche Fixierung des Lebensmittelpunktes basierende Unterscheidung in Stadt- und Landbevölkerung ist in dem von Utopus erdachten System nicht zulässig. Dies deshalb, weil Utopus ein permanentes

---

64 Auf Utopia steht das Priesteramt Männern wie Frauen offen.

65 Die Kinder werden in der Landessprache unterrichtet. Dabei wird auf den Erwerb eines einheitlichen Wortschatzes geachtet (87).

66 Die Städte stellen der Landbevölkerung das zum Ackerbau erforderliche Gerät gratis zur Verfügung.

Leben auf dem Land nicht vorgesehen hatte. Vielmehr muss sich jeder in der Stadt lebende Utopier zwecks Erlernens des Ackerbaus auf das Land begeben.

Diese Binnenwanderungsströme sind streng geregelt. „Aus jedem Haushalt wandern jährlich 20 Personen in die Stadt zurück, nämlich die, welche zwei Jahre auf dem Lande zugebracht haben; an ihre Stelle rücken ebenso viele aus der Stadt nach“ (60). Gestützt auf Morus’ Angaben und die eigenen Berechnungen zur Ermittlung der Einwohner*innen-Zahlen in den Städten und auf dem Land resultiert alle zwei Jahre ein Binnenwanderungsvolumen von 520.000 Utopiern. Das bedeutet, dass jeder zwölfte Utopier von einem temporären Wohnstandortwechsel betroffen ist.[67]

Trotz strenger Reglementierung der Wanderungsbewegungen auf der Insel ist es jedem Utopier freigestellt, seinen Lebensmittelpunkt auf dem Land – es besteht „kein Zwang zur längeren Ausübung dieses mühsamen Daseins auf dem Land“ (60) – für einen über den üblichen Zeitraum von zwei Jahren hinaus zu verlängern. Morus weist darauf hin, dass „vielen … das ländliche Leben von Natur aus Freude“ macht (60) und sie deshalb um Verlängerung des Verbleibs ansuchen. Dennoch ist man angesichts der in den Städten herrschenden Verhältnisse versucht, dies als Möglichkeit zur Flucht vor der Ver-Öffentlichung des eigenen Lebens zu interpretieren.

Die von Morus beschriebene Struktur der räumlichen Organisation der Insel Utopia erinnert an das System der Marktnetze von Lösch, das er in seinem 1940 erschienenen Werk „Die räumliche Ordnung der Wirtschaft“ umrissen hatte (Schätzl 2003, 84ff.). Der Unterschied bei Morus zu diesem Modell besteht allerdings darin, dass Morus keine territoriale Spezialisierung der einzelnen Orte vorsieht, sondern von einer Gleichartigkeit dieser im gesamten Netz ausgeht, das also relativ isoliert agiert. Das unterscheidet Utopia auch von Christallers „Zentralen Orten“, wo eine Hierarchie aller Orte im Raum ausgemacht wird (Christaller 1968/1933). Das egalitäre Modell von Morus enthält – bei aller Doppeldeutigkeit seiner Aussagen und dem statischen Charakter des Siedlungssystems – ein höheres Maß an potenzieller Anpassungsfähigkeit und zudem deutlich weitergehende Steuerungsansätze.

---

67 Auf dem Land leben rund 551.000 Menschen in insgesamt etwa 13.000 Haushalten jeweils bestehend aus 40 Frauen und Männern sowie zwei an die Scholle gebundenen Hörigen (vgl. 60). Aus jedem ländlichen Haushalt kehren 20 Personen in die Stadt zurück. Daraus ergibt sich ein Land-Stadt-gerichtetes Binnenwanderungsvolumen von 260.000 Personen. Da ebenso viele Menschen aus den Städten auf das Land wandern (müssen), beträgt das Gesamtvolumen 520.000 Personen oder rund 12 % der Gesamtbevölkerung.

Einwohner*innen-Kennzahlen und Flächenbilanz

Die Ausführungen zum Alltag und zur Freizeit und der großen Bedeutung des öffentlichen Lebens in den Städten lassen vermuten, dass hinter dem von der öffentlichen Hand vorgegebenen und durchorganisierten Tagesablauf möglicherweise auch hohe Bevölkerungsdichten stehen.

Dies bestätigt sich, wenn man Morus' Angaben zu den in den Familienverbänden bzw. ländlichen Haushalten lebenden Personen mit den Hinweisen zur Fläche von Utopia und dem Siedlungssystem in Zusammenhang bringt und daraus versucht, Kennzahlen zu berechnen.

Geht man davon aus, dass jede Stadt 6.000 Familienverbände umfasst, wobei jeder wiederum aus 13 Personen – ohne Berücksichtigung der Kinder – besteht, so leben in den 54 Städten rund 4,2 Millionen Erwachsene. Legt man aufgrund der fehlenden konkreten Angaben zur Anzahl der Kinder pro Familie einen Wert von 4 fest, so verzeichnen Utopias Städte insgesamt rund 5,5 Millionen Einwohner*innen, wobei in jeder Stadt rund 102.000 Personen leben.[68]

Die Anzahl der auf dem Land Lebenden lässt sich aufgrund der unzureichenden Angaben – Morus' erklärt in diesem Zusammenhang nur, dass ein ländlicher Haushalt aus 40 Männern und Frauen sowie zwei an die Scholle gebundenen Hörigen (vgl. 60) besteht – quantitativ nicht exakt bestimmen. Zur Abschätzung der auf dem Land lebenden Bevölkerung kann Morus' Hinweis auf die geringere Dichte des Zusammenlebens als in der Stadt genutzt werden. Nimmt man an, dass das Verhältnis zwischen Stadt- und Landbevölkerung bei 10:1 liegt, so beläuft sich die Anzahl der auf dem Land lebenden Personen auf rund 551.000, die in rund 13.000 ländlichen Haushalten zusammenleben.

Die Gesamtbevölkerung von Utopia läge dann bei rund 6 Millionen, wobei die auf die Gesamtfläche der Insel bezogene Bevölkerungsdichte rund 25 Einwohner*innen pro Quadratkilometer beträgt.

Aufbauend auf Morus' Angaben zu Amaurotums Fläche – sie besteht aus vier Großquadraten zu je 1 Meile x 0,75 Meilen bzw. 4 x 1,61 km x 1,21 km – und der Annahme, dass alle 54 Städte auf Utopia flächenmäßig gleich groß sind, lässt sich ableiten, dass jede Stadt rund 8 km^2 groß ist und alle Städte zusammen eine Fläche von rund 400 km^2 einnehmen. Somit liegt das Flächenverhältnis von Stadt und Land insgesamt bzw. pro Stadtregion bei rund 1:600 und das Verhältnis der Bevölkerungsdichten von Stadt zu Land bei 7.000:1.

68 Zum Vergleich: In Antwerpen lebten gegen Ende des 16. Jahrhunderts rund 80.000 Menschen (vgl. www.leben-im-mittelalter.net)

Flächenbilanz:

Einwohner*innen-Zahl, Bevölkerungsverteilung, Bevölkerungsdichte	
Gesamtbevölkerung	6,059.000 Personen
Gesamtfläche	238.000 km²
durchschnittliche Bevölkerungsdichte	25 EW / km²
städtische Bevölkerung insgesamt	5,508.000 Personen
ländliche Bevölkerung insgesamt	551.000 Personen
Bevölkerungsdichte in den Städten in EW / km²	13.000 EW / km²
Bevölkerungsdichte in den Städten in EW / ha	130 EW / ha
Bevölkerungsdichte im ländlichen Raum	2 EW / km²
Verhältnis der Bevölkerungsdichte Stadt: Land	7.000:1
EinwohnerInnen-Zahl pro Stadtregion	112.000 Personen
davon leben in der Stadt	102.000 Personen
davon leben im Landbezirk	10.000 Personen
Flächenbilanz	
Gesamtfläche aller Städte	400 km²
Gesamtfläche der die Städte umgebenden Landbezirke bzw. des ländlichen Raums („Ackerland“)	238.000 km²
Flächenverhältnis Stadt: Land	1:600
Fläche einer Stadtregion	4.000 km²
bewirtschaftetes „Ackerland“ pro bäuerlichem Haushalt	18 km²

Abb. 9-4: Einwohner*innen-Kennzahlen und Flächenbilanz

Anmerkung: Die dargestellten Werte sind – abgesehen von der durchschnittlichen Bevölkerungsdichte sowie dem bewirtschafteten „Ackerland“ pro bäuerlichem Haushalt – auf Tausender, Hunderter bzw. Zehner gerundet.

Mit einer Dichte von etwa 130 EW / ha ist ein historisch durchschnittlicher Wert anzunehmen, der sowohl mit den zeitgenössischen Werten als auch mit aktuellen korrespondiert: Die Städte von Utopia sind weder übermäßig dicht noch spärlich bevölkert (vgl. Kap. 4).

Des Weiteren hat Utopus bestimmt, dass in jeder Stadt zu jeder Zeit gleich viele Menschen leben und somit die Gesamtanzahl an Einwohner*innen, wie auch die jeder Stadt, konstant zu halten ist. Sollte es dennoch vorkommen, dass die Städte „über Gebühr“ (73) anwachsen[69] – als Argument wird hierbei

69 Die Familien- bzw. Kopfüberschüsse in den „überfüllten Großfamilien“ werden in weiterer Folge in „weniger kopfreiche Familien“ verteilt (73).

angeführt, dass die Kinder in ihrer Anzahl a priori nicht kalkulierbar seien – oder infolge einer Krankheit schrumpfen (sollten), werden in Reaktion darauf entweder die Menschen aus anderen Städten auf Utopia zum Zwecke des Ausgleichs in die von Bevölkerungsveränderung betroffenen Städte versetzt oder auf dem benachbarten Festland Kolonien gegründet[70] bzw. aus den Kolonien die erforderliche Anzahl von Menschen wieder zurückgeholt. Morus schreibt, dass es besser sei, eine Kolonie aufzulösen als irgendeine der Städte des Inselreichs (vgl. 74). Diese Aussage bringt das zentrale Anliegen des Staatengründers Utopus zum Ausdruck, die seiner Überzeugung nach ideale Gesellschaftsordnung dauerhaft zu erhalten. Das mag ein Nachdenken bei den Leser*innen auslösen.

Warum Utopia funktionieren kann

Die Staatsverfassung

Die Staatsverfassung ist restriktiv und bietet kaum Raum für persönliche Entfaltung.

Morus war offenbar von der Vorstellung beseelt – jedenfalls erweckt er den Eindruck, dass ein gutes Zusammenleben der Menschen nur funktioniert, wenn alles „menschliche" Handeln vorhersehbar, der individuelle Handlungsspielraum entsprechend eng gesteckt ist, und weder Geld noch privater (Grund-) Besitz Missgunst schüren können und soziale Ungleichheiten entstehen lassen. Alles Tun ist auf den Erhalt des Staates und seiner Werthaltungen hin ausgerichtet, der sich eine restriktive – und teilweise – widersprüchliche Verfassung und Gesellschaftsordnung gegeben hat.

Um den Anschein zu erwecken, dass auch andere seine Werthaltungen und Vorstellungen von einem idealen Staat teilen, erklärt Morus, dass der Staatengründer Utopus dabei Anleihen an der Staatsverfassung eines anderen Volkes – der Makarenser – nimmt, zumindest was die Beschränkung des Privateigentums der Herrschenden betrifft (vgl. 4). Morus verzichtet in weiterer Folge bei der Schilderung der Staatsverfassung und der sie bedingenden Gesellschaftsordnung auf Details zu deren Genese bzw. zur Aushandlung der Spielregeln. So

70 Morus erklärt, dass die Aussiedlung der überzähligen, in den Städten lebenden Utopier auf das nächstgelegene Festland stattfindet, wo die Eingeborenen „Überfluss an Ackerland" haben und „die Bodenkultur brach liegt" (73). „Die Eingeborenen des Landes werden hinzugezogen, wenn sie mit ihnen in Gemeinschaft leben wollen" (73), d. h. die Lebensweise und Sitten der Utopier annehmen. In diesem Fall kommt es zu einer Verschmelzung zum Wohle beider Völker (vgl. 73), im Falle des Widerstands zu einer Vertreibung der Eingeborenen (vgl. 74).

verfestigt sich der Eindruck, Utopus habe die Ureinwohner*innen (mit Gewalt) unterworfen und ihnen seine Vorstellungen von einer idealen Gesellschaft einschließlich der hierfür erforderlichen, in wenige Gesetze gegossenen Spielregeln (vgl. 112) aufgezwungen.

Trägt man die über Morus' gesamten Text verstreuten Informationen zum menschlichen Zusammenleben und zur Bedeutung des Staates zusammen, so zeigt sich eine bis ins kleinste Detail geregelte Staatsverfassung, die alle Politikbereiche – von der Familien- und Bildungspolitik bis hin zur Außenpolitik und Raumordnung – umfasst:

- Utopia hat „auf ewig" (146) die beste aller Staatsverfassungen. Diese wird unter Aufbietung aller (militärischen) Kräfte verteidigt.
- Die Staatsverfassung besteht aus einfach umsetzbaren gesetzlichen Regelungen (vgl. 112).
- Vernunft und Pflichtgefühl leiten alles Handeln (vgl. 91).[71]
- Der Staat ist offen für alles Neue, sofern es ihm nützt (vgl. 104).
- „Gerechtigkeit ist die stärkste Triebfeder des Staatsmechanismus." (113).
- Die Wahrung von Frieden und Stabilität sind oberstes Gebot (vgl. 43).
- Jeder Utopier führt ein gottgefälliges und naturgemäßes Leben (vgl. 90, 133). Der Staat toleriert eine gewisse Vielfalt an religiösen Anschauungen, wenngleich derzeit das Christentum als Staatsreligion gleichsam die Leitplanken des gesellschaftlichen Zusammenlebens definiert (vgl. 127ff).

Staat und Familie

- Der Staat setzt auf Vorsorgeorientierung, nicht auf Bestrafung (vgl. 30).
- Kontrolle bedingt Vertrauen. Staatsordnungsrelevante Anliegen sind geordnet vorzutragen und zu verhandeln. Zuwiderhandeln wird mit dem Tod bestraft (vgl. 65).
- Die politischen Entscheidungsträger werden auf Lebenszeit bestimmt (vgl. 65) und müssen umfassend ausgebildet sein (vgl. 71).
- Die Priester sind die oberste Behörde. Sie sind weisungs- und straffrei (vgl. 136).
- Für die Einhaltung der Staatsverfassung sind die auf Zeit gewählten Behörden zuständig (vgl. 112). Der Umgang zwischen Behörden und der Bevölkerung ist respektvoll (vgl. 111).
- Die Vertreter der Familienverbände werden jedes Jahr neu gewählt (vgl. 75).

71 Für das eigene Wohl zu sorgen gebietet die Vernunft, an das öffentliche Wohl zu denken, gebietet das Pflichtgefühl. (vgl. 91).

- Das gute Zusammenleben im Familienverband ist durch hierarchische Ordnungskompetenzen und Bestrafungsbeziehungen gewährleistet: Der Älteste steht über dem Familienverband, die Männer über den Frauen, die Eltern über den Kindern. Es gilt das Senioritätsprinzip (vgl. 74).

Wohlstand und öffentliche Güter

- Auf Utopia ist man reich ohne Besitz (vgl. 142).
- Alles ist im Überfluss vorhanden. Daher gibt es weder Privateigentum noch Geld (vgl. 51, 63).[72] Es gilt das Prinzip des Tauschhandel(n)s.
- Alle Utopier sind gleich. Zur äußeren Gleichheit tragen uniforme[73], den Erfordernissen des Alltags angepasste Kleiderordnungen bei (vgl. 67, 140).
- Alles ist öffentliches Gut. Ein pfleglicher Umgang damit ist geboten.
- Jeder Utopier darf sich darauf verlassen, dass der Staat unabhängig von seiner Lebenslage für ihn sorgt (vgl. 144).
- Jeder arbeitsfähige Utopier muss zum Gelingen des Staates beitragen – sei es durch produktive Arbeit oder die Übernahme von Fürsorgeaufgaben für andere (vgl. 79, 133ff).
- Sinnlose Selbstausbeutung wird abgelehnt, Selbstaufgabe für den Staat oder für die Mitmenschen wird begrüßt (vgl. 67, 134).
- Grundloser Suizid ist verwerflich. Unheilbar Kranken allerdings wird er nahegelegt (vgl. 106).

Humankapital und berufliche Gleichstellung von Mann und Frau

- Eine umfassende berufliche und wissenschaftliche Bildung ist die Basis eines stabilen Staates (vgl. 136).
- Soziale Mobilität wird ausschließlich durch den persönlichen Intellekt bestimmt.
- Jeder Utopier erhält seinen Neigungen und geistigen Fähigkeiten entsprechend die beste Ausbildung. Die Arbeitskraft wird in Abhängigkeit vom aktuellen Bedarf zum maximalen Nutzen für den Staat entsprechend eingesetzt. Dies schließt die räumliche Versetzbarkeit des Lebensmittelpunktes jedes arbeitsfähigen Utopiers mit ein (vgl. 67).[74]

---

72 Wie diese Entscheidung zustande gekommen ist – sei es durch einen wohlgesonnenen Fürsten, sei es durch die allgemeine Übereinkunft des Volkes (vgl. 91) –, verrät Morus nicht.

73 Daraus lässt sich schließen, dass äußere Gleichheit der Entstehung von Überhöhung bzw. Abwertung vorbeugen soll.

74 Hat ein Utopier zwei Berufe gelernt, so übt er den von ihm bevorzugten aus, „wenn die Stadt nicht eins von beiden nötiger hat" (67).

- Bezogen auf Ausbildung und Beruf sind Frauen und Männer weitgehend gleichgestellt (vgl. 67, 136).

Außenpolitik

- Utopia ist ein export- und im Bedarfsfall expansionsorientierter Staat. Dies bezieht sich sowohl auf den Warenverkehr wie auch auf die Verbreitung der Lebensweisen und Sitten (vgl. 53, 104ff).
- Utopia schließt keine Bündnisse mit Nachbarstaaten, sondern vertraut auf den von Natur aus bedingten Zusammenhalt der Menschen (vgl. 113ff).
- Der Staatsschatz wird gehütet. Auf ihn wird nur in begründeten Ausnahmefällen zurückgegriffen. Dies sind im Konkreten die militärische Verteidigung der Insel sowie die Unterstützung von mit Utopia befreundeten Ländern (vgl. 81, 120, 115ff).

Gemeinwohlorientierung und Raumordnung

- Der Staat übernimmt die Verantwortung für alle Utopier.
- Deshalb gilt es Raumstrukturen zu schaffen, die dem Schutz der Utopier und der Ordnung der Nutzung von Grund und Boden dienen.
- Darüber hinaus stehen die Interessen des Staates über den Einzelinteressen. Die Gemeinwohlorientierung ist daher die oberste Handlungsmaxime (vgl. 142).
- Der Staat hat die alleinige Verfügungsgewalt über Grund und Boden (vgl. 51, 69, 142). Deshalb ist Raumordnung eine staatliche Aufgabe.
- Es gibt zwei Raumtypen: Stadt und Land. Jeder Raumtypus hat unabänderliche Funktionen für die Gesellschaft zu erfüllen.
- Das Ackerland gilt es zu bebauen, die Aufwertung der landwirtschaftlich genutzten Böden auch mit künstlichen Mitteln ist zulässig (vgl. 101).
- Zur Verbesserung der Transportbedingungen und des Schaffens kürzerer Transportwege dürfen ohne Rücksicht auf die Fruchtbarkeit der Böden auch „ganze Wälder" (101) zur Schaffung von Verkehrs- bzw. Güterwegen versetzt werden.
- Ortswechsel müssen begründet sein. Reisen dürfen nur diejenigen, die abkömmlich bzw. entbehrlich sind. Ohne Erlaubnis der Behörde, des Hausvaters und der Ehepartnerin darf niemand seinen Stadtbezirk verlassen (vgl. 79ff).[75]

75 Das Recht, zu Freizeitzwecken den Stadtteil zu verlassen, gilt gleichsam für Frauen und Männer, wenngleich sich dies aus dem männlich formulierten Text nicht sofort ablesen lässt. Selbst das Verlassen des städtischen Wohnbezirks muss von den Ehepartner*innen bewilligt werden. Jede unerlaubte Ortsveränderung wird „scharf gezüchtigt" (79) und im Wiederholungsfall mit Sklaverei bestraft.

- Frauen folgen ihren Ehemännern an deren Wohnstandorte nach und ziehen in deren Häuser ein (vgl. 73).

Die Freiheit

- Jedem Utopier steht es frei, die Insel zu verlassen. Wer geht, den lässt man ziehen „mit vollen Händen“ (105).

In Utopus' Augen gelingt das menschliche Zusammenleben nur, wenn es auf einem gemeinsamen Wertekanon basiert, weder Neid noch Missgunst zwischen den Menschen herrschen und jeder Utopier weiß, was er (für den Staat) zu tun hat. Eine zentrale Voraussetzung dafür ist die Verinnerlichung der Staatsverfassung und das Hinnehmen der Limitationen, die sich durch die eigenen (geistigen) Fähigkeiten bedingen. Ein sozialer Aufstieg im Sinne des Wechsels von der Zugehörigkeit zum Arbeiter hin zur Klasse der „literarisch Gebildeten“ (70) ist möglich, sofern die Fähigkeit und Bereitschaft zu lernen, entsprechend ausgeprägt und nachweisbar sind.[76]

Utopus erkennt im Privateigentum die Wurzel allen Übels. Deshalb regelt er auch die Besitzverhältnisse auf der durch ihn künstlich geschaffenen Insel neu, indem er unter anderem dem Staat alle Verfügungsrechte über Grund und Boden zuweist. Besondere Beachtung kommt in diesem Zusammenhang dem sog. Ackerland zu. Dieses gilt es ausnahmslos bestimmungsgemäß zu nutzen, gilt doch das Brachliegen als äußerst verwerflich.

Darüber hinaus bestimmte er, die von den Utopiern geleistete Arbeit monetär nicht zu entschädigen. Stattdessen entschied er, dass der Staat für alle Utopier – unabhängig von Alter und Gesundheitszustand – in allen Belangen zu sorgen hat. Dies drückt sich in einem hohen Institutionalisierungsgrad im Bereich der Daseinsvorsorge aus. Mehr noch, der hoch entwickelte Staat lädt seine Bevölkerung förmlich dazu sein, sich in den von ihm bereitgestellten Infrastrukturen versorgen bzw. pflegen zu lassen, wie Morus am Beispiel der Versorgung alter und kranker Menschen zeigt: „Jeder Kranke zieht das Spital der häuslichen Pflege vor.“ (76)

Wert wird auf Utopia auf den pfleglichen Umgang mit jeder Art öffentlichen Gutes gelegt. Dazu dient beispielsweise das Rotationsprinzip im Bereich Wohnen. Demzufolge muss jeder in der Stadt lebende Utopier alle zehn Jahre seine Wohnung/sein Haus „nach dem Lose“ (63) wechseln. Mit dieser Praxis werden zwei Zwecke verfolgt: 1. Es gibt keinen Anlass zur wohnraumbezogenen

---

76 Wenn ein Utopier große geistige Fortschritte macht, dann ist eine Befreiung vom Handwerk und ein Aufstieg in die „Klasse der literarisch Gebildeten“ (70) möglich.

Verbesserung, die den Neid der Anderen schüren könnte. 2. Durch den behutsamen Umgang mit der Wohnung/dem Haus entsteht wenig Bedarf an in die Pflege des baulichen Bestandes aufzuwendende Arbeit.

Da Geld als Zahlungsmittel auf Utopia nicht existiert, ist für alle Inselbewohner*innen sowohl das Wohnen als auch die Inanspruchnahme von Dienstleistungen kostenfrei.

Utopia ist medizinisch und technologisch hoch entwickelt, wie sich aus Morus' Ausführungen hinsichtlich der Beherrschung der ärztlichen Kunde (vgl. 102) sowie der wissenschaftlichen Ausbildung und Begabung der Utopier für technische Erfindungen zwecks Erleichterung der praktischen Lebensführung (vgl. 104) ableiten lässt.

Utopia ist durch die Abhängigkeiten und Zahlungsverpflichtungen anderer Länder sowie Grundbesitze auf dem Festland über die Zeit reich geworden. Dies gelang durch die Listigkeit in der Kriegsführung und die Strategie, die (verfeindeten) Länder mit deren eigenen Waffen – namentlich die Ausnutzung der menschlichen Makel – zu schlagen (vgl. 117). Utopia ist ein exportorientierter Staat, der den internationalen Warenaustausch auf ein Mindestmaß reduziert. Da alle Rohstoffe außer (Edel-)Metallen (vgl. 105) auf der Mutterinsel vorhanden sind, müssen nur wenige Handelsreisende empfangen werden (vgl. 104).

Die Wesenszüge der Utopier

Die Utopier sind keine neuen Menschen, sondern systemkonforme Wesen.
Der Staatengründer Utopus hat durch die Verfassung und Gesellschaftsordnung das Leben der Utopier auf der Insel umfassend geregelt und deren Lebenswege vorbestimmt. Es scheint, als habe er die zweite Generation der Inselbevölkerung, d. h. die Nachfahrer*innen der Urbevölkerung von Abraxa nach seinem Ideal geformt und als bewege er sie fortan gleich Marionetten auf der und über die Insel.

Die Utopier führen auf ihrer Insel ein in materieller Hinsicht – für sie wird durch den Staat gesorgt – sorgloses Leben, für die sie einen – in unserem heutigen Verständnis – hohen Preis bezahlen: Sie verzichten – abgesehen von den (ohnehin) restriktiven Möglichkeiten in Hinblick auf die Partner*innen- und Berufswahl – auf Selbstbestimmung, dem neben der Gesundheit zweiten grundlegenden Bedürfnis des Menschen (vgl. McGregor, Camfield, Woodcock 2009). Ob die Utopier nicht willens oder unfähig sind, ihre Lebensqualität zu reflektieren, lässt sich aus Morus' Ausführungen nicht eindeutig ableiten. Vielmehr setzt er seine Vorstellung von Lebensqualität mit infrastruktureller Versorgung und Tätigsein zu können gleich. Lebensglück hingegen definiert Morus mit der

Fähigkeit zu denken und der Liebe zu den Anderen und zu Gott und stellt fest, dass alle Utopier glücklich und freudvoll sind. Da Morus aber an anderer Stelle darauf hinweist, dass sowohl die Denkfreude als auch der Lerneifer ungleich in der Bevölkerung verteilt sind, tut sich ein Widerspruch auf, der in der Schlussfolgerung mündet, dass nicht jeder Utopier glücklich sein kann. Warum jedoch die Unglücklichen die Insel nicht in großer Anzahl verlassen, sondern in ihrer Standorttreue und dem Rad permanenten Tätigseins verharren – obwohl es ihnen freisteht „mit vollen Händen" (105) zu gehen –, erklärt sich möglicherweise aus ihrer Angst vor dem Fremden und dem Unwissen darüber, ob irgendwo ein besserer Ort zum Leben existiert. Dieses Ziehen-Lassen kann auch als Vertreibung interpretiert werden. Allerdings stellt sich hier die Frage, wohin ein Utopier gehen soll, wenn rund um die Insel laufend neue Kolonien, d. h. Kopien der Mutterinsel entstehen, und wie es gelingen soll, diese (vermeintlich) besseren Zielorte angesichts der vorhandenen Möglichkeiten zur Raumüberwindung zu erreichen.

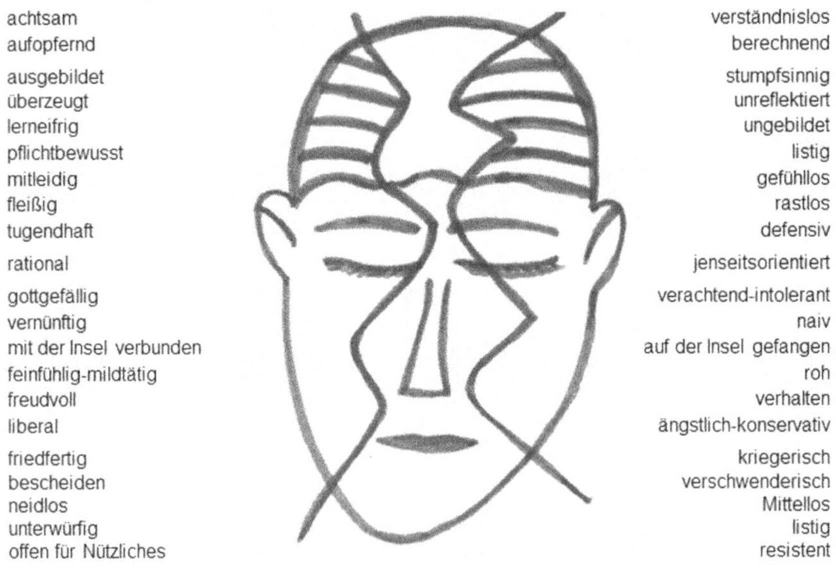

Abb. 9-5: Die Wesenszüge der Utopier

Die eben geschilderten Wesenszüge der Utopier stehen stellvertretend für eine Fülle an Widersprüchlichkeiten im Profil der Inselbevölkerung und erklären, dass die Utopier aufgrund der Verinnerlichung diametral entgegengesetzter menschlicher Eigenschaften gar nicht in der Lage sind, ihre permanente innere Zerrissenheit zu spüren und folglich ihre Lebensbedingungen zu reflektieren:

Diese Unfähigkeit zur Reflexion des eigenen Lebens bzw. die Angst vor dem System Utopia (Regime) und damit die Überzeugung von der Richtigkeit der Staatsverfassung kann möglicherweise auch durch das blinde Vertrauen auf ein besseres Leben nach dem Tod durch ein zweckdienliches Leben, in dem man Gutes tut und Trost spendet (vgl. 90), zurückgeführt werden. Dies wiederum sei gleichsam eine Tugend und begründe das wahre Vergnügen und die Fröhlichkeit (vgl. 91). Dies sei von der Natur so bestimmt.

Durch die Sozialisation in Gemeinschaft und die Erziehung durch die Priester gelingt es, aus den Köpfen der Utopier alle angeborenen, aber dem System potenziell schadende Eigenschaften zu verbannen (vgl. 84). So entstehen in ihren Merkmalen uniforme Einwohnerer*innen, die sich in Utopus' (Gesellschafts-) System unhinterfragt einfügen. Ausnahmen bilden hierbei einige wenige Utopier, die von ihren Reisen[77] nicht-Utopia-konforme Eindrücke und Ideen mitgebracht und verinnerlicht haben und in der Lage sind, das Leben auf Utopia zu ertragen.

Nichtsdestotrotz gesteht Utopus seiner Bevölkerung ein gewisses Maß an (geistiger) Mobilität zu, die allein von der individuellen Fähigkeit und Bereitschaft zu lernen, abhängt und vom Staat befördert wird.

Details über den Prozess der Entwicklung hin zu einem guten Utopier erfahren wir von Raphael nicht. Auch zu den Themen Zufriedenheit und Lebensqualität äußert er sich nicht. Stattdessen legt er offen, dass jeder Utopier danach strebt, das vom Staat vordefinierte Lebensglück – nämlich die Pflege der geistigen Bedürfnisse (vgl. 72) und das zu Gott hingewendete Leben – zu erreichen. Interpretiert man Glück angesichts der Fähigkeit zur Selbstreflexion, so kommt man zu dem Schluss, dass auf Utopia jeder glücklich ist, der sich dem System unterordnen bzw. sich ins System einfügen kann. Wendet man nun den Blick, so kann angenommen werden, dass Morus genau diese Wirkung bei den Leser*innen erzielen möchte. Die ewige, unreflektierte Hinnahme des Gegebenen widerspricht dem Geist der Renaissance, doch zugleich sät Morus Zweifel. Er hinterlässt – wissentlich – den Auftrag zur Selbstbefragung nach dem Lesen seines Buches.

77 Morus erklärt, dass es aus Sicht der Bewohner*innen keinen hinreichend wichtigen Grund dafür gibt, Utopia freiwillig zu verlassen.

Wandel gibt es nicht

Es gibt keine raum- und gesellschaftswirksamen Einflussfaktoren und Entwicklungen und daher keine Notwendigkeit für (Weiter-)Entwicklung.

Utopia ist in geographischer Hinsicht zwar eine Insel, in gesellschaftlicher und wirtschaftlicher Hinsicht hingegen ein halb offenes System, welches alles in sich aufnimmt, was ihm nützt. Das bedeutet, die Öffnung funktioniert nur von innen nach außen. Dieser Mechanismus funktioniert widerstandslos, da Utopia in allem stärker, klüger und listiger als die Nachbarstaaten ist.

Die großen raum- und gesellschaftswirksamen Entwicklungen bzw. Einflussfaktoren, mit denen wir in der Realität heute konfrontiert sind und mit deren Konsequenzen wir lernen müssen umzugehen, sind für und auf Utopia bedeutungslos. Dies trifft auf alle im Folgenden genannten Trends zu:

- den demographischen Wandel, der sich – wenn auch in globaler Hinsicht unterschiedlich – im altersstrukturellen Umbau der Bevölkerung und in der Veränderung der Bevölkerungszahlen zeigt (vgl. WDA Forum 2018),
- die Armut und soziale Ausgrenzungsgefährdung, die vor allem durch mangelnde berufliche Qualifikation oder Krankheit zum Verlust des Arbeitsplatzes führen und die Reintegration in den Arbeitsmarkt und damit in die Gesellschaft erschweren (vgl. Frazer und Marlier 2010),
- den Trend zur Höherqualifizierung und die daraus entstehenden Land-Stadt-Wanderungen (vgl. ESPON 2017),
- den verschärften Standortwettbewerb zwischen und innerhalb von Regionen (vgl. Kauffmann und Rosenfeld 2012),
- die Zunahme regionaler Disparitäten vor allem in Bezug auf die Lebensbedingungen und das wirtschaftliche Entwicklungspotenzial (Maretzke 2006),
- die wachsende Flächeninanspruchnahme und den zunehmenden Ressourcenverbrauch (vgl. Wunder, Hirschnitz-Garbers, Kaphengst 2014) sowie das steigende Verkehrsaufkommen (Europäische Kommission 2018) als Folge räumlicher Fehlentwicklungen und nicht-nachhaltiger Lebensstile, ferner
- den wachsenden Energieverbrauch (Stöglehner et al. 2016) und den Klimawandel (Adger, Kelly 1999).

Warum diese genannten Einflussfaktoren für und auf Utopia bedeutungslos sind, erklärt sich einerseits aus der Raumordnung der Insel, andererseits aus der Art und Weise, wie man auf Utopia mit unerwünschten Entwicklungen umgeht.

Entwicklung 1: Demographischer Wandel

Die Anzahl der Einwohner*innen wird auf der Insel konstant gehalten. Einen Wandel in der Altersstruktur der Bevölkerung gibt es nicht. Der Saldo aus Geburten- und Wanderungsbilanz ist stets Null.

Bezogen auf die Geburtenbilanz ist anzumerken, dass, sofern die Geburtenbilanz größer als Null ist, die „überzähligen" Einwohner*innen die Insel verlassen und (beispielsweise) in die Kolonien auf dem Festland übersiedeln müssen. Sofern die Geburtenbilanz kleiner als Null ist, werden „Festland-Utopier" auf die Insel zurückgeholt. Bezogen auf die Wanderungsbilanz ist anzumerken, dass internationale Wanderungs- bzw. Außenwanderungsströme quantitativ kaum von Bedeutung sind und sich Morus zu den Schwankungen hinsichtlich der Anzahl der Wandernden nicht äußert.

Auf der Insel Utopia kennt man somit die Konsequenzen einer generativ bedingten räumlich unterschiedlichen Bevölkerungsveränderung und -entwicklung aufgrund der restriktiven bedarfsorientierten Bevölkerungsverteilung und folglich den demographischen Wandel nicht.

Entwicklung 2: Armut und soziale Ausgrenzungsgefährdung

Auf Utopia gibt es kein Einkommen aus Erwerbsarbeit und kein Privatvermögen. Folglich gibt es in der (Erwerbs-)Bevölkerung keine materiellen Ungleichheiten, die eine potenzielle soziale Ausgrenzung begründen können.

Entwicklung 3: Trend zur Höherqualifizierung

Jeder Utopier erhält dieselbe Grundausbildung und wird vom Staat unterstützt, sich in Abhängigkeit seiner geistigen Fähigkeiten weiterzubilden. Da 1. die Zahl der Einwohner*innen pro Stadt – diese sind auch die Standorte höherer Ausbildungsstätten – konstant gehalten wird, 2. die Utopier ausschließlich aus dem bereits festgelegten Portfolio von nützlichen Berufen wählen können und bedarfsorientiert eingesetzt werden sowie 3. der Zugang zu „wissenschaftlichen" bzw. höheren Berufen ausschließlich an eine entsprechende Qualifikation gebunden sind, kennt man auf Utopia weder die Herausforderung des sog. brain drains in ländlichen Räumen noch Arbeitslosigkeit unter Akademiker*innen.

Entwicklung 4: Verschärfter Standortwettbewerb

Auf Utopia regelt eine Art territorialer Beschäftigungspakt die Ausgestaltung der stadtregionalen Arbeitsmärkte. Deshalb bestehen wirtschaftliche Disparitäten bzw. Konkurrenzbeziehungen weder zwischen Stadt und Land noch zwischen den Städten.

Entwicklung 5: Zunahme regionaler Disparitäten

Zwischen den 54 Stadtregionen gibt es weder Unterschiede hinsichtlich der Bevölkerungsentwicklung und -verteilung noch ungleichwertige Lebensbedingungen. Die Gleichwertigkeit der Lebensbedingungen ist auf Utopia deshalb gegeben, weil die Ausstattung mit Infrastruktur in jeder Stadtregion gleich und die Aufgabenverteilung zwischen Stadt und Land klar definiert ist.

(Disparate) Entwicklungen sind aufgrund der final definierten Raumstrukturen und festgelegten raumtypenspezifischen Funktionen ausgeschlossen.

Entwicklung 6: Flächeninanspruchnahme und Ressourcenverbrauch

Durch die Stabilisierung der Einwohner*innenzahlen, die restriktive Bauordnung in den Städten (funktionsgemischte Strukturen, optimale Bevölkerungsdichte) und die Unmöglichkeit von Siedlungserweiterung und Zersiedlung ist die Flächeninanspruchnahme der Utopier auf der Insel bzw. im Mutterland auf das bereits vorhandene Ausmaß limitiert. Zusätzliche Flächen bzw. Grünland („Ackerland") oder Wälder allerdings werden im begründeten Bedarfsfall – d.h. im Sinne des öffentlichen Interesses, im Konkreten für den Bau von Transportwegen – beansprucht.

Das Mutterland ist mit wenigen Ausnahmen reich an Bodenschätzen, die auch genutzt bzw. ausgebeutet werden.

Rohstoffe, die es auf Utopia selbst nicht gibt, aber für die Herstellung von als erforderlich definierten Waren notwendig sind, werden importiert.

Utopia verfolgt im Anlassfall, d. h. im Falle eines Geburtenüberschusses eine dem Kolonialismus vergleichbare expansionsorientierte Außenpolitik: Neue Kolonien werden auf dem benachbarten Festland mehr oder minder unter Aufbietung militärischer Kräfte gegründet.

Somit gehen von der Mutterinsel Utopia in Bezug auf die Flächeninanspruchnahme negative Spill-over-Effekte auf das Festland bzw. die Nachbarstaaten – mit denen die Utopier eigenen Angaben zufolge in einer vertrauensvollen Beziehung stehen – aus.

Entwicklung 7: Energieverbrauch, Verkehrsaufkommen und Klimawandel

Bedingt durch die bereits im Zusammenhang mit der Flächeninanspruchnahme und dem Ressourcenverbrauch genannten Bedingungen sowie das Fehlen einer Wachstumsorientierung im ökonomischen Sinne wird der Energieverbrauch auf der Insel Utopia konstant gehalten. Hierbei ist anzumerken, dass die Utopier aufgrund der eingeschränkten technischen Möglichkeiten – Morus' Ausführungen und Konstruktionen sind vom technologischen Entwicklungsstand Englands im frühen 16. Jahrhundert geprägt – zu einem im Vergleich zu heute einfachen Lebensstil und zum Rückgriff auf vor Ort bzw. lokal herstellbare

Nahrungsmittel und verfügbare Roh- bzw. Brennstoffe (Holz und Kohle) gezwungen sind. Dies wirkt sich vor allem auf die Güterproduktion und die Art der Alltagsmobilität bzw. des Reisens aus: Auf Utopia werden Distanzen ausschließlich mit Muskelkraft (entweder zu Fuß oder mit von Sklaven gezogenen Wagen) zurückgelegt.[78]

Zum Klimawandel ist anzumerken, dass dieser ein zu Morus' Zeiten noch unbekanntes Phänomen war, von dem die damals lebenden Menschen – und folglich die Utopier – nicht betroffen waren. Morus schrieb sein Buch am Ende des mittelalterlichen Wärmeoptimums und vor Beginn der Kleinen Eiszeit.

Somit ist auf der Insel auch kein Platz für Anderes und Andersdenkende: Man gewöhnt sich nicht an Neues, sondern muss, um offen für Neues sein zu können, davon überzeugt sein, dass dies dem Staat nützt.

Darüber hinaus gibt es auf Utopia auch keine unerwünschten externen raum- und gesellschaftswirksamen Einflussfaktoren – im Gegenteil: Durch List, Abhängigkeit und militärische Unterwerfung – Letztere wird den betroffenen Nachbarstaaten als Schutz vor äußeren Gefahren verkauft – werden die Staatsverfassung und das Wertesystem in der anderen Welt verbreitet (vgl. dazu die Gründung von Kolonien im Falle eines Geburten- bzw. Bevölkerungsüberschusses auf der Insel).

Auch darin begründen sich der gesellschaftliche Stillstand und die unabänderlichen Raumstrukturen Utopias.

Raumordnung ist eine zentrale Aufgabe des Staates

Die Raumordnung ist eine zentrale Aufgabe des Staates, wird stringent eingehalten und steuert das (räumliche) Verhalten der Utopier:

Utopus hat im Zuge der Staatsgründung die Raumordnung im Sinne eines finalen räumlichen Zielzustands in der Staatsverfassung verankert und durch eine entsprechende Raumplanung (= Summe der hierfür erforderlichen Maßnahmen), die frei von Zielkonflikten ist, Folgendes unabänderbar festgelegt:

Ordnungsprinzip 1:

Es existiert ein das gesamte Territorium umfassender, allseits akzeptierter Masterplan, der ein polyzentrisches, gleichförmiges Städtesystem vorgibt: Der rational begründete Landesraumplan legt fest, die Städte so gleichmäßig wie möglich über das Territorium zu verteilen. Dabei berücksichtigt er zwei Kriterien der Eignung: Naturgefahren und Topographie. Der Masterplan wird von

78 Männer reisen zu Fuß, Frauen mit von Sklaven gelenkten Reisewagen (vgl. 79).

allen Utopiern akzeptiert und ist unter Anweisung von Utopus gemeinsam mit den Utopiern umgesetzt worden.

Ordnungsprinzip 2:
Der Masterplan legt die beiden Raumtypen Stadt und Land hinsichtlich deren Aufgaben, Größe und funktionaler Verflechtungen fest: Es gibt 54 gleichartige Stadtregionen (= eine Stadt und der sie umgebende Landbezirk). Die Städte haben die gleiche Gestalt, und die Lebensverhältnisse in den Städten sind gleichwertig. Die Daseinsvorsorge ist öffentliche Aufgabe und in Stadt und Land – wenn auch auf unterschiedlichen infrastrukturellen Niveaus – garantiert. Die (Transport-)Wege sind kurz.

Ordnungsprinzip 3:
In der Stadtregion ist jeder Fläche in Abhängigkeit von deren Eignung und a priori festgelegter Erforderlichkeit eine bestimmte Nutzung zugewiesen: In den Städten dominiert die Baulandnutzung (Wohnen, Gewerbe), in den Landbezirken die Grünlandnutzung (landwirtschaftlich genutzte Flächen). Stadterweiterung ist keine Option. Verkehrsflächen können in Abhängigkeit von der Erforderlichkeit jederzeit neu entstehen bzw. verlegt werden.

Ordnungsprinzip 4:
Funktionsmischung ist nur in den Städten erforderlich: Hier konzentrieren sich die Bevölkerung, Ausbildungs- und Arbeitsstätten. Deshalb müssen die Städte kompakt sein und sich durch kurze (Alltags-)Wege auszeichnen. Der pflegliche Umgang mit dem baulichen Bestand minimalisiert die Sanierungsraten und macht Neubau unnötig. Der gestalterische Schwerpunkt liegt auf der Ausgestaltung des öffentlichen Raums und der Grünraumplanung. An jedes städtische Wohnhaus schließen sich ästhetisch anspruchsvolle Nutz- und Ziergärten an.

Ordnungsprinzip 5:
Die Stadtregion definiert den räumlichen Aktionsradius jedes Utopiers und bildet die Grundlage für soziale und territoriale Kohäsion: Es besteht kein Grund und kaum die Möglichkeit, den Aktionsradius auf andere Stadtregionen auszuweiten. Räumliche Mobilität ist zweckgebunden, die Verkehrsströme sind kontingentiert und überwacht. Die intensiven Austauschbeziehungen – Stadt und Land stehen über Personen- und Güterströme in stetem Austausch – zwischen der Stadt und dem ihr zugeordneten Landbezirk gewährleisten soziale und territoriale Kohäsion.

Utopia – eine Handlungsanleitung für eine zukunftsfähige Raumplanung?

Streng genommen gibt es auf Utopia keine Raumplanung, da die das räumliche Verhalten steuernden Raumstrukturen zum Zeitpunkt der Staatsgründung final festgelegt worden sind. Diese endgültig definierten Raumstrukturen widersprechen dem heutigen Verständnis von prozessorientierter Raumplanung, zumal sie es verunmöglichen, flexibel auf (externe) raumwirksame Einflussfaktoren – diese kennt Utopia nicht – und damit veränderte Anforderungen z. B. in der Daseinsvorsorge und klimatische Änderungen zu reagieren (ARL 2016). Raumplanung in der Realität adressiert Menschen, die – auch in Abhängigkeit von deren finanziellen Möglichkeiten und gesellschaftlicher Stellung – unterschiedliche Ansprüche an den Raum stellen. Diese verhalten sich (zumindest in demokratisch organisierten Gesellschaften) tendenziell den eigenen Nutzen optimierend. Dies stellt in der Realität die Raumplanung vor Herausforderungen: Einerseits hat sie sich als öffentliche Aufgabe am Gemeinwohl zu orientieren, andererseits wird es aufgrund der zunehmend ausdifferenzierten Ansprüche der Zielgruppen immer schwieriger, das öffentliche Interesse zu definieren. Darüber hinaus sind gesellschaftliche Wertesysteme wandlungsfähig. Dies wiederum wirkt sich in Abhängigkeit vom Stellenwert der Raumplanung als Fachdisziplin bzw. des Bewusstseins für die Relevanz dieser Fachdisziplin in einer Gesellschaft auf die Stringenz, mit der die Ziele und Grundsätze einer nachhaltigen Raumentwicklung im Wege der Raumplanung verfolgt werden, aber auch auf die Abänderung der Zielformulierung aus.

Deshalb lassen sich Utopias Raumordnungsprinzipien und deren Konsequenzen bzw. Steuerungspotenzial für das (Zusammen-)Leben in Abhängigkeit von der politischen Grundhaltung und dem Menschenbild, welches dem (planerischen) Denken und Handeln zugrunde liegt, aus zwei diametral entgegengesetzten Positionen interpretieren: Insofern leiten die einen aus Utopias Raumordnung (vorrangig) wünschenswerte bzw. nachahmenswerte Sachverhalte ab, während es bei den anderen auf Ablehnung stößt. Die folgende Tabelle stellt diese beiden Positionen zu den fünf Raumordnungsprinzipien Utopias einander gegenüber.

Abb. 9-6: Utopias Raumordnungsprinzipien aus zwei diametralen Blickwinkeln (Tabelle)

<table>
<tr><td colspan="2">Ordnungsprinzip 1: Es existiert ein von oben verordneter das gesamte Territorium umfassender, allseits akzeptierter und unabänderbarer Masterplan, der eine flächendeckende Einteilung in Stadtregionen vorgibt.</td></tr>
<tr><td>Wunsch/Zustimmung</td><td>Sorge/Ablehnung</td></tr>
<tr><td>Es braucht keinen Abstimmungsbedarf und keinen Rechtfertigungs- und Reflexionsbedarf gegenüber bzw. mit den Bürger*innen.
Der Masterplan gilt ausnahmslos für alle. Soweit möglich, wird die Topographie bei der Ausgestaltung des Siedlungssystems mitberücksichtigt.
Die Menschen und Infrastrukturen sind vor Naturgefahren geschützt.</td><td>Die Utopier werden vor vollendete Tatsachen gestellt und gezwungen, sich der festgelegten Raumordnung zu unterwerfen.
Alle Eingriffe in die Natur sind technisch begründet und schließen die Abwägung von ökonomischen und ökologischen Überlegungen aus.</td></tr>
<tr><td>Die Raumstrukturen sind final festgelegt. Das schafft Sicherheit.</td><td>Die Raumstrukturen lassen keine Veränderung zu. Das engt ein.</td></tr>
<tr><td colspan="2">Ordnungsprinzip 2: Der Masterplan legt die Raumtypen (Stadt, Land), deren Aufgaben, Größe und funktionale Verflechtungen fest.</td></tr>
<tr><td>Wunsch/Zustimmung</td><td>Sorge/Ablehnung</td></tr>
<tr><td>Keine Stadt ist infrastrukturell besser ausgestattet als die andere.
Die Erreichbarkeit und Auslastung von Infrastruktur sind optimiert.</td><td>Den Städten fehlt es an Individualität.</td></tr>
<tr><td>Die Dichotomie Stadt-Land begründet sich durch die klare Aufgabenzuteilung. Dies sowie konstante Einwohner*innenzahlen verhindern Konkurrenzbeziehungen zwischen Stadt und Land.</td><td>In Abhängigkeit der aus staatlicher Sicht erachteten Notwendigkeit kann eine (zumindest temporäre) Verlegung des Wohnsitzes zwangsweise angeordnet werden.</td></tr>
<tr><td></td><td>Das Land ist die Fläche zwischen den Städten. Hier leben Menschen, die vor der Dichte der Stadt bzw. der (sozialen) Kontrolle flüchten.</td></tr>
<tr><td>Die Versorgungsunterschiede sind akzeptiert und werden nicht als teilräumliche Disparitäten wahrgenommen.</td><td>Die Utopier bleiben nur deshalb auf dem Land, um sich der Kontrolle in der Stadt zu entziehen.</td></tr>
<tr><td>Allen Utopiern ist ein städtisches Leben mit infrastruktureller Vielfalt möglich.
Die hohe Einwohner*innendichte verlangt nach einer gut durchdachten Organisation des Alltags und der Freizeit durch die öffentliche Hand.</td><td>Die hohe Dichte an in den Städten lebenden Menschen rechtfertigt deren totale Überwachung nicht.</td></tr>
</table>

Abb. 9-6: Fortsetzung

Ordnungsprinzip 3: In der Stadtregion ist jeder Fläche in Abhängigkeit von deren Eignung und a priori festgelegter Erforderlichkeit eine bestimmte Nutzung zugewiesen.	
Wunsch/Zustimmung	Sorge/Ablehnung
Boden ist ausschließlich öffentliches Gut: Es gibt keine Spekulation. Leistbares Wohnen ist für jeden möglich.	Die öffentliche Hand hat die Alleinherrschaft über Grund und Boden. Dieses Besitzverhältnis allein begründet noch nicht den haushälterischen bzw. nachhaltigen Umgang mit Grund und Boden.
Ackerland wird ausschließlich als Anbaufläche genutzt – mit Ausnahme der Höfe. Auf dem Land darf nur leben, wer in der Landwirtschaft tätig ist bzw. in Ausbildung steht.	Das Land steht den Städter*innen ausschließlich für Erholungszwecke nicht zur Verfügung.[79]
Durch die den Wohnhäusern angeschlossenen Gärten sind die Städte auch Stätten der Nahrungsmittelproduktion.	Sogar in den der Erholung dienenden Gärten sollen zweckgebundene Aktivitäten wie beispielsweise die Nahrungsmittelproduktion durchgeführt werden.
Ordnungsprinzip 4: Funktionsmischung ist nur in den Städten erforderlich.	
Wunsch/Zustimmung	Sorge/Ablehnung
Konfligäre Raumnutzungen werden durch ausreichende Abstände zwischen den Wohnenden und emissionsstarken Infrastrukturen bzw. Einrichtungen mit schlechtem Image vermieden.	Alte und Kranke verschwinden aus dem öffentlichen Raum bzw. aus der Stadt und somit aus dem Blickfeld der Einwohner*innen. Dies trägt dazu bei, dass die Gesellschaft verroht.
Es gibt keine Zersiedlung. Es gibt keine zusätzliche Flächeninanspruchnahme.	Maßvolle bzw. sozial und gesundheitlich verträgliche Dichte wird nicht thematisiert.
Der pflegliche Umgang mit dem baulichen Bestand reduziert den Rohstoffeinsatz.	Es gibt keine Möglichkeit zur grundlegenden Revitalisierung bzw. Stadterneuerung.

(*fortgeführt*)

79 Morus fügt der Darstellung des Raumverhaltens der Utopier einen interessanten Aspekt hinzu: Er erklärt, dass man auf Reisen nichts mit sich führe, da man „überall wie zu Hause“ (79) sei. Inwiefern diese Anmerkung auf eine ausgeprägte, die gesamte Insel umspannende emotionale Heimatverbundenheit bzw. Willkommenskultur unter Gleichgesinnten hindeutet, kann nicht beantwortet werden – ebenso wenig die Frage, ob die Utopier fähig sind, den Raum, in dem sie leben, in seinen Qualitäten wahrzunehmen.

Abb. 9-6: Fortsetzung

Gärten dienen der Erholung und der Kontemplation. Durch sie sollen Begegnungen gefördert werden.	Die Ästhetik der Ziergärten soll über die hohe bauliche Dichte hinwegtäuschen.
Ordnungsprinzip 5: Die Stadtregion definiert den räumlichen Aktionsradius jedes Utopiers und bildet die Basis für soziale und territoriale Kohäsion.	
Wunsch/Zustimmung	Sorge/Ablehnung
Die Alltags- und Transportwege sind kurz. Der Aufwand für die Raumüberwindung ist für alle (gesunden) Menschen gleich groß.	Aus der Ortsveränderung (v. a. von einer Stadt zur nächsten) entstehen keine neuen Eindrücke, da es überall gleich aussieht.
Es gibt keine unnützen Wege. Das spart Zeit, Geld und Ressourcen und schützt vor Verkehrsbelastung bzw. -überlastung.	Räumliche Mobilität ist stets zweckgebunden. Die Ortswechsel sind koordiniert, kontingentiert und werden überwacht.[80] Spontane (individuelle) räumliche Mobilität ist nicht möglich.
Die Kohäsion entsteht aus dem Bewusstsein über die Abhängigkeit der Stadtbevölkerung vom Land (Rohstoffe/ Nahrungsmittel, Energie).	Das staatlich gelenkte wechselweise Leben in der Stadt und auf dem Land trägt weder zur Ausbildung einer räumlichen Identität noch zur Stärkung des Zusammengehörigkeitsgefühls bei.

Feststellung 1: Raumordnerische Perfektion allein schafft noch nicht Lebensqualität.

Reflektiert man Morus' idealen Staat vor dem Hintergrund eines hohen Anspruchs an (Wahl-)Freiheit und Individualität und der abnehmenden Bedeutung der Religion für die Lebenseinstellung und den Lebensstil, so zeigt sich, dass seine Logik betreffend die Zusammenhänge zwischen Versorgungssicherheit (inkl. sozialer Teilhabe) und Glück mit unserem heutigen Verständnis von subjektiver Lebensqualität wenig gemeinsam hat. Zwar befördern ausreichend vorhandene und ansprechende öffentliche Räume und Freizeitinfrastrukturen die Begegnung von Menschen und die Entstehung und Pflege von sozialen Kontakten, allerdings ist dabei Privatheit ein wichtiges Moment. Der Staat aber achtet peinlich genau darauf, dass es so wenig wie möglich Gelegenheit gibt, sich

80 So wird immer eine gewisse Anzahl von Urlaubern aus einem Ort abgeschickt, d. h. die Dauer der Absenz und der Tag der Rückkehr sind vorgeschrieben. Reisen die Männer ohne Frauen, so gehen sie zu Fuß.

privat auszutauschen. „Überall sieht die Öffentlichkeit dem einzelnen zu und zwingt ihn zu der gewohnten Arbeit und zur Ehrbarkeit beim Vergnügen" (80).

Das wahre Ausmaß der Überwachung des Einzelnen durch den Staat zeigt Morus in seiner Darstellung des Reiseverhaltens der Utopier bzw. der Bedingungen, unter denen räumliche Mobilität stattfinden darf. Die Kontrolle bzw. Limitierung des Aktionsradius gelingt in Utopia über die Festlegung der Entfernungen zwischen den Städten bzw. die Festlegung der Größe einer Stadtregion. Man könnte meinen, dass Morus die „relativ große" Mindestdistanz von 24 Meilen zwischen den Städten deshalb festgelegt hat, um die räumliche Mobilität der Utopier auf die Stadtregion bewusst zu beschränken. Wozu auch sollten die Utopier in andere Städte reisen wollen, wenn sich die Städte hinsichtlich ihres Aussehens und ihrer Funktionen nicht unterscheiden?[81] Als wünschenswerter Sachverhalt gedeutet hieße dies, dass es nicht notwendig sei, (noch) weitere räumliche Entfernungen zur adäquaten Erfüllung der Daseinsgrundfunktionen zurücklegen zu müssen.[82] Negativ gedeutet stellt sich die Stadtregion als eine Art Gefängnis dar, in dem sich die Utopier kontrolliert bewegen müssen bzw. können, zumal die nächste Stadtregion außerhalb der fußläufigen Reichweite bzw. eines Tagesmarsches liegt. Daraus lässt sich schließen, dass das Leitbild der dezentralen Konzentration (vgl. Motzkus 2002) in Hinblick auf eine flächensparende Siedlungs- und Verkehrsentwicklung nachhaltig ist, aber erst dann zur individuellen Lebensqualität beiträgt, wenn sich der Mehrwert kurzer Wege für die Alltagsorganisation erschließt, ohne bei den Menschen den Eindruck zu erwecken, dass räumliche Mobilität etwas Schlechtes sei und um jeden Preis minimiert werden müsse.

Feststellung 2: Raumordnerische Perfektion allein bedingt noch keinen nachhaltigen Lebensstil.

Die Insel wurde von Utopus vorausschauend geplant und raumstrukturell gegliedert. Dabei fokussierte er auf folgende Funktionen der Raumordnung: die Schutzfunktion – hier vor allem auf den Schutz der Bevölkerung vor Naturgefahren – und die Ordnungsfunktion im Sinne der Vermeidung von Raumnutzungskonflikten und im Sinne der Sicherstellung einer räumlich ausgewogenen infrastrukturellen Versorgung. In Bezug auf die Ordnungsfunktion erinnern Utopus' räumliche Festlegungen vor allem an zwei leitbildübergreifende

81 Vgl. dazu das Zitat „wer eine Stadt kennt, kennt sie alle" (64).

82 Soll heißen: So viele Versorgungs- und Freizeitwege innerhalb einer Stadtregion wie möglich, so wenige Wege zwischen den Stadtregionen wie nötig.

Handlungsprinzipien einer nachhaltigen Raumplanung: die Funktionsmischung und das Prinzip der kurzen Wege (vgl. Stöglehner et al. 2016).

Morus gestaltete sein Utopia aus einem ausschließlich anthropozentrischen Blickwinkel. Dabei ging es ihm vor allem um die Herstellung gleicher Lebensverhältnisse auf der gesamten Insel in Bezug auf die Chancengleichheit im Zugang zu Infrastruktur und die Versorgung mit Gütern des täglichen Bedarfs. Dass ihm die Ernährungssicherheit ein besonderes Anliegen war, zeigt die gesetzliche Verpflichtung, alles Ackerland zur Nahrungsmittelproduktion heranzuziehen. Diese Maßnahme trägt zur Erhaltung der Lebensmittelautarkie ebenso bei wie die Tatsache, dass auf der Insel ausreichend Ackerland zur Verfügung steht – das Flächenverhältnis von Stadt zu Land beträgt 1: 600 (vgl. hierzu Abb. 9–4).

Rücksicht auf die Umwelt nahmen die Utopier nicht. Ihre final definierten Raumstrukturen mit einerseits hohen Bevölkerungsdichten in den Städten und andererseits der Unmöglichkeit der Siedlungserweiterung dienten wohl eher der Gewährleistung der Kontrolle über die Inselbevölkerung denn des haushälterischen Umgangs mit Grund und Boden bzw. der Pflege eines umweltverträglichen Lebensstils.

Ökologischer Fußabdruck – ein Bewertungsmodell

Analysiert man die Aussagen bei Morus nach dem Modell des ökologischen Fußabdrucks, der mithilfe des Online-Berechnungstools des Bundesministeriums für Nachhaltigkeit und Tourismus erfolgt (vgl. BMNT o. J.), so lässt sich normativ Folgendes rekonstruieren: Die Berechnung ergibt, dass der ökologische Fußabdruck der Utopier in Bezug auf den Flächenbedarf, der aus dem Lebensstil resultiert, bei rund 3,6 globalen Hektar lag. Im Vergleich dazu liegt der ökologische Fußabdruck eines durchschnittlichen Europäers bei 4,8; der eines US-Amerikaners bei 9,6 Hektar (vgl. Plattform Footprint 2008). Der persönliche bzw. individuelle Anteil jedes Utopiers am gesamten ökologischen Fußabdruck wird mit 58 % berechnet und setzt sich zu 43 % für die Ernährung[83], 0 % für die Mobilität[84], 5 % für das Wohnen[85] und 10 % für den Konsum[86] zusammen. Gemäß verwendetem Berechnungstool liegt der allgemeine bzw. gesellschaftliche Anteil,

83 Die Utopier haben Fleisch gegessen.

84 Mobilität kam ohne den Einsatz fossiler Rohstoffe aus.

85 Es wurde angenommen, dass eine Wohnung 25m^2 groß war und im Durchschnitt von vier Personen belegt wurde.

86 (Edel-)Metalle mussten importiert werden.

d. h. der sog. graue Fußabdruck bei 42 %. Dieser Wert ist insofern schlüssig, als Utopia als große Kommune konzipiert ist und sich auch als solche versteht. Dennoch: Geht man davon aus, dass die Utopier die Bevölkerung eines real existierenden Staates sind, so bräuchte es 2,1 Planeten, um allen Menschen auf der Erde zur Sicherung dieses Lebensstils bzw. den gleichen Zugriff auf Energie und Ressourcen zu ermöglichen.

Darüber hinaus lässt sich zeigen, dass die Utopier – obwohl sie vom Klimawandel nicht betroffen sind – durch ihren Lebensstil auch aktiv zum Klimawandel beitragen. Ihr CO_2-pro-Kopf-Ausstoß wird – auf Basis vieler Annahmen, die aus Morus' Ausführungen zum Leben und Alltag auf Utopia abgeleitet werden und daher mit Fehlern behaftet sind – mittels des Online-CO_2-Rechners von KlimAktiv (KlimAktiv 2008) berechnet: Der Wert liegt bei rund 3 Tonnen CO_2 und weit unter dem aktuellen Mittelwert für Deutschland von 11,6 t (KlimAktiv 2008).

Beide Resultate zeigen, dass die Utopier zwar eine perfekte Raumordnung haben, trotzdem tendenziell einen nicht-nachhaltigen Lebensstil pflegen und somit den Handlungsspielraum woanders lebender Menschen einschränken. Zudem sorgen die Utopier durch den gewaltsamen Export ihres Lebensstils in andere Länder auf dem Festland (vgl. dazu die Gründung von Kolonien) einschließlich des dort stattfindenden Landraubs für negative globale Folgewirkungen.

Somit verhalten sich die Utopier weder in ökologischer noch in sozialer Hinsicht nachhaltig. Sie verteidigen und verbreiten ihre Werthaltungen erfolgreich mit allen ihnen zur Verfügung stehenden Mitteln. Die heile Welt, die Morus umfassend in seinem Buch schildert, ist damit nichts anderes als ein riskantes und bisweilen sogar gefährliches sozio-ökologisches Trugbild – wenn Morus dies so gemeint haben könnte. Vielleicht wollte er uns dies auch nur vor Augen führen.

Feststellung 3: Es ist nicht möglich, einzelne aus raumplanerischer Sicht positive Aspekte aus einer ganzheitlich betrachteten unerwünschten Gesellschaftsordnung herauszulösen und in das eigene System ceteris paribus zu übernehmen.

Das Bild vom idealen Staat mit einer die Bedürfnisse aller hier lebenden Menschen befriedigenden Staatsverfassung entwarf Morus offenbar aus der allgemeinen Unzufriedenheit mit den Zuständen im England des 16. Jahrhunderts und der damals erscheinenden Ausweglosigkeit. In diesem Zusammenhang erklärt er den Leser*innen, dass der Reisebericht des aus Utopia Zurückgekehrten „nicht weniges [enthielte], …das unseren Städten, Nationen, Völkern und Herrschaften als Beispiel dienen könnte, unsere eigenen Fehler zu verbessern" (20). Dazu zählen seiner Ansicht nach neben der Gewährleistung der Gleichheit in Hinblick auf die Lebensbedingungen verhältnisse, die Unveränderbarkeit der Gesellschaftsordnung sowie die Unantastbarkeit durch Andersdenkende.

Aus Sicht der Raumplanung fasziniert die Perfektion, mit der Morus die Raumordnung der Insel festgelegt hat, die in Hinblick auf die infrastrukturbezogene Versorgungssicherheit gleiche Lebensbedingungen – zumindest in den Städten – herstellt. Die Grundlage dafür ist ein Masterplan ohne raumordnerische Zielkonflikte, der das Ergebnis rationaler Planung von oben verordnet und nicht mit der Bevölkerung ausverhandelt worden ist. Hierin manifestiert sich die politische Macht bzw. Durchsetzungskraft, die weder Widerspruch noch Reflexion duldet.

Auf Utopia gibt es somit eine nicht hinterfragte, unveränderliche Raumordnung, die ohne Raumplanung im Sinne eines immerwährenden Prozesses gesellschaftlicher Ausverhandlung auskommt. Dies ist in der Realität – zumindest in demokratischen Systemen – nicht denkbar. Hier dürfen und müssen – angesichts der Relevanz (externer) raumwirksamer Einflussfaktoren – Werthaltungen auch im Sinne der Hinwendung zu einem nachhaltigen Lebensstil wandelbar bleiben. Deshalb sind final definiert Raumstrukturen – wie es sie auf Utopia gibt – kein nachahmenswertes Prinzip der realen Raumordnung. Vielmehr gilt es, bei allen Überlegungen und Maßnahmen zur Erreichung einer nachhaltigen Raumentwicklung den (baulichen) Bestand ebenso mit zu berücksichtigen wie die funktionalen Verflechtungen zwischen konkurrierenden, unterschiedlichen infrastruktur- und bevölkerungsstarken städtischen und ländlichen Raumtypen. Tabula rasa machen – nach Utopus' Vorbild – ist dabei undenkbar. Vielmehr ist danach zu streben, nachhaltige Raumentwicklung als Prozess der Überzeugung und Verinnerlichung (einschließlich der Bereitschaft zur freiwilligen Selbstbeschränkung und Veränderung des (räumlichen) Verhaltens) zu verstehen. Dabei ist darauf zu achten, dass alle Handlungsprinzipien gegeneinander abgewogen werden, um so der Individualität weiterhin genügend Raum zu geben. Ob dies aber alles auch noch reicht angesichts der sich im Zuge des Klimawandels möglicherweise vollkommen verändernden Verhältnisse, bleibt damit unbeantwortet und mag als Herausforderung zum gesellschaftlichen Diskurs über die normativen Rahmenbedingungen einer zukünftigen Lebensweise gelten.

Prospekt: „Brauchen wir eine neue Utopie und wenn ja, welche methodologischen Aspekte sind dem zugrunde zu legen?" (Bach 1989/1990, 148) Diese Worte des Ordinarius für Städtebau an der Weimarer Hochschule für Architektur und Bauwesen vom letzten Bauhaus-Kolloquium in Weimar zu DDR-Zeiten (27. bis 30. Juni 1989, also kurz vor der „Wende" in der DDR) werfen den Blick auf den methodologischen Umgang mit der Möglichkeit einer Auflösung des Utopia-Paradoxons. Als ein solcher Versuch ist die raumordnerische

Auseinandersetzung zu verstehen, die in diesem Kapitel unterbreitet wurde. Sie kann nicht vollständig sein und erhebt keinesfalls den Anspruch, DIE Methodologie für eine neue Raumordnung zu offenbaren. Die gesetzten Schlaglichter sollen vielmehr die Vertreter*innen des Faches darin bestärken, ihr (planerisches) Denken und Handeln im Spiegel staatlicher bzw. gesellschaftlicher Verantwortung und Verantwortbarkeit (auch) gemeinsam mit anderen Fachdisziplinen und Bürger*innen permanent zu reflektieren, wofür Morus eine stete Herausforderung lieferte. Utopia ist damit auch ein Standardwerk der Raumplanungsliteratur, gerade auf dem Wege in eine klimatologisch und gesellschaftlich neue Epoche – vielleicht einer neuen „Wende".

10 Epilog: Klimatopia – ein 100-Jahres-Plan

Ortstermin: City Hall Miami Beach, Florida, 21. Februar 2018, 1.00 p.m., Sitzung des „Sustainability and Resiliency Committee" (Universität Kassel, Exkursionsbericht 2018, 38). Allmonatlich tagt das Nachhaltigkeits- und Resilienz-Komitee des Stadtrates öffentlich zum Thema Meeresspiegelanstieg und Resilienz. Bürger können Anliegen vorbringen, Vorschläge unterbreiten, Kritiken äußern und Fachleute tragen neue Erkenntnisse vor, Entwickler bringen Probleme der Stadtzukunft auf die Tagesordnung. Die Politiker agieren offen, versprechen keine schnellen Lösungen, hören zu, beratschlagen, suchen Verbündete oder teilen die Ratlosigkeit mit den Anwesenden. Dennoch versuchen sie mit Projekten das Thema sichtbar zu machen und eine öffentliche Diskussion über Lösungsmöglichkeiten anzustoßen. Die Projekte scheinen auf den ersten Blick kaum den Herausforderungen zu genügen, sie stellen aber wichtige Eckpfeiler einer systematischen Vorgehensweise dar: Veränderung des Ausbaus der Küstenlinie (gepaart mit einem öffentlichen Park werden Mangroven statt Beton als Küstenschutz sicht- und erlebbar gemacht), ein Netzwerk aus Pumpen und das Höherlegen von Straßen im Bereich Bayshore, dem tiefsten Punkt von Miami Beach.

Ungewöhnlich erscheint die Art der öffentlichen Debatte, jedenfalls aus der gewohnten Sicht auf Politik, die sonst doch eher das Gegenteil davon zelebriert. Was bewegt die Politiker zu einer derart offenen Diskussion? Zumal die Zeichen der offiziellen Politik in den USA unter der Trump-Administration genau das Gegenteil präsentieren, einer Administration, die den Meeresspiegelanstieg leugnet und alles tut, um den Klimawandel eher zu befördern. Die Messwerte der US-Behörden sprechen eine klare Sprache: Die Meere erwärmen sich rasant (https://www.swr.de/swr2/wissen/klimawandel/-/id=661224/did=18769196/nid=661224/3f2197/index.html). Ist es pure Not? Ist es erzwungene Erkenntnis? Sind es Einsichten in größere Zusammenhänge oder sind es ad-hoc-Reaktionen ohne Strategie?

Miami Beach – pragmatisches „Utopia"

Um die Wende vom 19. zum 20. Jahrhundert avancierten die USA zur führenden Wirtschaftsmacht in der Welt. Vor allem die Ostküstenstädte, die Industriezentren in den Appalachen und der „Rust-Belt" an den großen Seen bildeten die Säulen dieses wirtschaftlichen Booms. Es war zugleich die Zeit, in welcher die neuen Industrien der Zweiten Industriellen Revolution, die Elektro- und die Autoindustrie ihren Siegeszug begannen. Die Fließbandarbeit wurde erfunden, welche Henry Ford als Erster in seinen Werken umsetzte – der Beginn der

Massenproduktion, gepaart mit Massenkonsum. Diese neue, fordistische Phase kapitalistischer Produktion ließ vor allem den Reichtum in den Nordstaaten wachsen, auch einen Mittelstand und eine Arbeiterschaft mit mittlerem Einkommen entstehen (vgl. Holzner 1996, 64–65).

Die Industriestädter des Nordens suchten nicht nur neue suburbane Wohnorte, sondern zunehmend auch Orte für den Urlaub. Erste Badeorte entstanden vor dem Ersten Weltkrieg, wie „Atlantic City" in New Jersey (Lejeune, Shulman 2000, 8). Doch der Süden versprach noch mehr an Lebensqualitäten, ja geradezu paradiesische Verhältnisse, was vor allem durch die warmen Temperaturen, die saubere Luft, dem angenehmen Wasser und einer exotischen Natur bedingt wurde. Hier konnte, so die Vermutung, die die Entwickler trieb, jenes „Bourgeois Utopia" in gänzlich neuer Weise realisiert werden, viel attraktiver, als es im Umfeld der industriellen Metropolen bereits im Bau war (Fishman 1987, 39ff). Die Halbinsel Florida schien prädestiniert, dieses Utopia zu verwirklichen.

Abb. 10-1: Miami, South Beach: Art Deco-Architektur

Jeffersons Nation-Utopia

Das Paradoxon einer Verbindung von Bourgeois und Utopia liegt auf der Hand, wie Fishman selbst konstatierte, war doch Utopia seit Morus auf eine Gemeinschaft ausgelegt und gerade Privatbesitz ausgeschlossen (Fishman 1987, X). Lewis Mumford definierte 1938 dieses Paradoxon als „collective effort to live a private life" (zit. nach Fishman 1987, X). Die Gemeinschaft aus Einzelbesitzern bot also die Chance, Utopia neu zu interpretieren und Suburbia als ein Utopia des 20. Jahrhunderts anzusehen, gegründet auf technologischem Fortschritt (Automobil), ästhetischem Anspruch und sozialer Gerechtigkeit, denn die Suburbanisierung wurde als räumlicher Ausdruck von Demokratie angesehen. Diese Idee geht bereits auf Jefferson zurück, der die Suburbanisierung als gleichmäßig über das Land verteilte Besiedlung, als „Blueprint für eine demokratisch-egalitäre Gesellschaftsordnung in der Landschaft" ansah und darin das „konkrete Fundament eines politischen Utopia, das aus einer demokratischen Gesellschaft von Klein-Grundbesitzern besteht." (zit. nach Holzner 1996, 31). Die Vergemeinschaftung durch egalisierte Privatisierung war Staatsziel. Aber nicht nur die rechtliche Art der Aufteilung des Landes an Einzeleigentümer sollte die Neue Welt, die die USA darstellten, räumlich repräsentieren. Die Idee ging weiter. Es sollte, so das Ideal, eine egalisierte Staatengemeinschaft werden, wobei jeder Staat etwa gleiche Größe, gleiche Zugänge zu den natürlichen Ressourcen oder gleiche Infrastrukturausstattung erhalten sollte. Die Hauptstadt sollte das Symbol dieser Gleichheit sein – der Obelisk zu Ehren Washingtons reflektiert diesen Gedanken. Zudem sollte, einer Initiative von Jefferson aus dem Jahr 1783/84 folgend, der sog. „Land Ordinance" (Holzner 1996, 29–30 sowie Stein 2011, 53) das gesamte Territorium der entstehenden USA als eine „demokratische Landschaft" (Holzner 1996, 29) angelegt werden.

Die dem zugrunde liegenden Prinzipien waren auf geowissenschaftlicher Grundlage sehr rational. Demnach wären die neu zu gründenden Bundesstaaten nach Längen- und Breitengraden ausgerichtet und jeweils so dimensioniert, dass alle Einwohner der jeweiligen Staaten die gleichen Ausgangsbedingungen für ihre freie Entwicklung haben sollten. In der Tat, ein idealer, utopischer Anspruch an die räumliche Entwicklung der Gesellschaft. Dieser Ansatz, der dann im langwierigen demokratischen Prozess im Kongress nur ansatzweise realisiert wurde – eigentlich nur in den Nordweststaaten – offenbart den utopischen Gedanken von Jefferson, der an Morus vage erinnert: an die rationale Aufteilung des Landes nach Prinzipien der Gleichheit. Keine privaten Interessen sollten dominieren, wenngleich die Realisierung des großen Plans von Jefferson durch private Akteure erfolgen sollte – einem urliberalen Ansatz folgend. Somit sollte die Neue Welt das umsetzen, wozu die Alte Welt (Europa) die wissenschaftlichen und philosophischen Grundlagen gelegt hatte. Insbesondere sollte die Idee der Demokratie der griechischen und römischen Antike eine neue Renaissance erfahren (Stein 2011, 53).

Dies alles sollten nun die USA mustergültig vollziehen. Der neue Kontinent wäre – in den Augen der Gründer dieses Staatenbundes – dann die Verwirklichung der Utopie einer freien Gesellschaft Gleicher, basierend auf streng rationalen Prinzipien und entschieden durch legitimierte demokratische Institutionen, umgesetzt durch private Akteure, wodurch auch die Relation von Subjekt und gesellschaftlicher Institution für beide Seiten ideal zu lösen wäre. Soweit der Anspruch, das Utopia-Paradoxon aufzulösen, wofür die frühen USA – konzeptionell und ansatzweise praktisch – stehen. Ausgeblendet wurden dabei nicht nur die Sklaverei und der Völkermord an den Ureinwohnern, sondern auch die Fragen des Umgangs mit der aus der Privatisierung folgenden Ausrichtung der Entwicklung auf Profitmaximierung. Damit blieben die Gründer um Jefferson und Washington gefangen im Utopia-Dilemma, der teleologischen Vollendungsfiktion, die weder Wandel noch Pfadänderung verkraftet. Vor allem aber wich der Anspruch, eine Gesellschaft rational zu entwickeln und für alle gleiche Chancen eröffnen zu können, der privatkapitalistischen Realität, die jedoch als Instrument der Verwirklichung fungieren sollte. Dennoch: Der Ursprung war ein überaus ambitionierter und zutiefst rational begründeter. Es sollte nun die tatsächlich neue, menschliche Welt entstehen, die ideale Lebensbedingungen für alle offenbart. Mehr geht nicht. Einiges ist davon jedoch übrig geblieben – sichtbar am Beginn des 20. Jahrhunderts.

Abb. 10-2: Washington Monument und Reflection Pool

„Utopia Florida“ – „Hauptstadt“ Miami Beach

Der Aufstieg der USA im Verlauf des 19. Jahrhunderts zur wichtigsten Industrienation der Welt eröffnete neue ökonomische Möglichkeiten für die Weiterentwicklung der ursprünglichen Utopia-Idee, insbesondere nach dem Bürgerkrieg. Am Beginn des 20. Jahrhunderts waren weite Teile der USA besiedelt und zahlreiche Industriestädte mit ihren Suburbias waren entstanden. Sie hatten alle – direkt oder indirekt – mit den neuen Möglichkeiten der wirtschaftlichen Erschließung des Landes zu tun, insbesondere durch den Bau des Eisenbahnnetzes, womit der Bau von Suburbia auch zu einem eigenen (spekulativen) Geschäftsfeld wurde. Hintergrund der Aktivitäten war der wirtschaftliche Boom in den industrialisierten Bundesstaaten der USA, der eine vermögende Mittel- und Oberschicht hervorbrachte, welche als Konsumenten der Tourismusangebote fungieren konnte, sowie der amerikanisch-spanische Krieg 1895, in dessen Ergebnis Kuba und Puerto Rico an die USA fielen. Damit wurde eine Verbindung über den Seeweg notwendig, wofür zunächst Key West und dann Miami als geeigneter Hafenstandort infrage kamen (Sammons 2012, 36). Somit trat am Beginn des 20. Jahrhunderts nicht nur ein weiteres Geschäftsfeld hinzu, der Urlaub, der eine räumliche Entsprechung suchte, sondern die Utopie der Egalität der Einzelbesitzer. Diese erhielt durch eine (wenn auch nur bedingte) Gleichheit der Freizeitnutzer eine neue soziale Dimension von „Gerechtigkeit" – (fast) jeder konnte nun Urlaub machen, nicht mehr nur die Oberschicht. Das war die Stunde für die Verwirklichung dieses Freizeit-Utopias als Suburbia von New York oder Detroit, einer Insel des Glücks fernab der „Alten Welt". Tatsächlich erinnert die Umgebung in Florida ein wenig an die Beschreibungen der Insel Utopia bei Morus – mit dem neuen „Amaurotum", Miami Beach. Die Analogie mag konstruiert erscheinen; sie hilft aber bei dem Versuch, eine Neuinterpretation von Utopia kritisch zu bewerten und Grenzen dessen – diesmal unter kapitalistischem Vorzeichen auszuloten.

Brickell und Tuttle können als die eigentlichen Gründer eines modernen Floridas angesehen werden (vgl. Kegler 2004, 129ff). Brickell verkörpert den „Entdecker" der Halbinsel als einen idealen Standort für ein Wohnen im permanent warmen Klima. Daneben stand die „Entwicklerin" Tuttle. Sie hatte die Vorstellung, aus Florida ein wirtschaftliches Paradies für den Tourismus entstehen zu lassen. Der eigentliche „Builder" von Florida aber war Eisenbahnmogul Henry Flaggler. Er schuf mit dem Bau einer Ostküstenbahn ab 1896 die entscheidende logistische Voraussetzung für das Entstehen und Erschließen des neuen „Paradieses". Er trieb von Norden in Jacksonville beginnend die Entwicklung von Hotels, ja ganzen Siedlungen an den besten Stränden bis nach Key West voran, das 1912 erreicht wurde (Sammons 2012, 40). Der wichtigste Architekt all dieser ersten Tourismusorte an der Atlantikküste war Addison Mizner (Pinck 1993, 62–87). Nun konnte ein Developer beginnen, die Intentionen der beiden Visionäre Wirklichkeit werden zu lassen, Florida als Wohn- und Ferienparadies zu entwickeln. Dieser „visionäre Pragmatiker" hieß Carl Fisher (Lejeune, Shulman 2000,10ff). Mit der Gründung der Alton Beach Realty Company im Jahre 1913 leitete Fisher eine neue, bis heute reichende Entwicklung ein, die Miami Beach zum Vorreiter für die „Tourist City" (Judd, Fainstein 1999, 262) werden ließ. Diese reine Urlauberstadt wurde durch Aufschüttung vorhandener kleiner Inseln vor der Küste von Miami angelegt. Die Eisenbahnprojekte von Flaggler hatten die Entwicklung der Tourismusbranche ermöglicht und den Aufstieg Floridas entscheidend befördert. Sie bildete das Rückgrat der Verwandlung des Naturparadieses Florida in ein Utopia des 20. Jahrhunderts. 1915 war es so weit: Miami Beach wurde offiziell als Stadt gegründet.

Die Finanziers des ambitionierten Projektes der neuen Stadt waren die Brüder Lumnus. Sie gründeten 1912 die Entwicklungsgesellschaft. Die Schlüsselfigur in diesem Geschäft blieb Carl Fisher. Er gehörte als „auto industry tycoon" zu den „Gläubigen des Maschinenzeitalters“ (Shulman 2000, 8, 14) – also alles andere als ein „Utopist“ im Sinne von Thomas Morus. Dennoch trieb ihn eine Vorstellung um, die nicht einfach nur als Geschäft abgetan werden kann. Nach seinen Vorstellungen sollte Miami Beach eine Symbiose von Landschaft und Maschine werden. Auto, später Flugzeug und Motorboot seien die Maschinen der Stadt. Die Architektur folgte diesem Gestus. Es waren 234 Hotels und Apartments sowie über 300 Geschäfts- und Bürohäuser sowie eine Vielzahl an Wohnbauten für die Angestellten bis Mitte der zwanziger Jahre errichtet worden. Damit konnte sowohl ein neuer Gründergeist repräsentiert als auch den Touristen ein gänzlich anderes Lebensgefühl durch eine Stadt vermittelt werden, das nicht mehr von Arbeit geprägt sein sollte, sondern durch eine Freiheit der Freizeit – freilich gegen Bezahlung, was natürlich ein Unterschied zu Morus darstellt. Dennoch war es so etwas wie eine Neue Welt, die entstanden war. Die ersten Anzeichen, dass es natürliche Grenzen der Entwicklung gibt, zeigte der verheerende Hurrikan von 1926, dem nahezu die gesamte bis dahin errichtete Stadt auf der Südspitze von Miami Beach zum Opfer fiel. Mit dem Hurrikan und der anschließenden Weltwirtschaftskrise waren die Gründungsphase von Miami Beach und der „Great Florida Land Boom“ beendet. Die „Hauptstadt“ von Utopia schien nach nur wenigen Jahren ausgelöscht worden zu sein. Die Naturkräfte hatten dem auf kurzfristigen Erfolg ausgerichteten Projekt ein Ende bereitet. Zwar waren fast alle Bauwerke, zumeist aus Holz errichtet, dem Hurrikan zum Opfer gefallen, die Stadt aber existierte als administrative Kommune weiter.

Der zweite Aufstieg – eine Ikone entsteht und droht zu vergehen

Der große „Post-Depression Boom“ von 1935 bis 1942 legte den eigentlichen Grundstein für das heutige Touristenparadies. In nur wenigen Jahren entstanden Hunderte neuer Hotels, Apartments, Villen, Geschäfte, ja ein ganzes städtebauliches Programm auf der Basis des verbliebenen Gründungsrasters der Stadt neu. Der beispiellose Bauboom wurde angefacht durch eine enorm gesteigerte Nachfrage im Zuge der Politik des „New Deal“ unter Roosevelt. Nun war es nicht mehr nur den Vermögenden möglich, in Florida die Ferien zu verbringen, sondern auch Arbeitern und Angestellten öffneten sich die Tore zum „Urlaubsparadies“. Der staatlich induzierte Nachfrageschub trieb den Bau der „Tourist City“ voran. In diesen Jahren entstand das heute berühmte Art Deco District, der zu den Markenzeichen der Touristenstadt Miami Beach wurde. Bei den über 800 Bauten, vom Wohnhaus bis zum mondänen Hotel, von der Tankstelle bis zum Theater, von der Post bis zu den unzähligen Restaurants, Bars und Swimming

Pools handelt es sich lediglich um den heute unter Schutz gestellten Teil eines um ein Vielfaches größeren Stadtgebietes. Der Art Déco District vermittelt in besonderer Weise die Idealvorstellungen einer Urlauberstadt – er wurde zu einer Ikone für ein Lebensgefühl des Fordismus. Die Utopie einer idealen Stadt der Freizeit wurde zu einer glamourösen Wirklichkeit, deren soziale, ethnische und ökonomische Hintergründe sowie Widersprüche hier nur am Rande sichtbar sind (vgl. Kegler 2004, 132).

Heute ist Miami Beach wieder ein Tourismusziel erster Güte – nach wechselvollen Krisenjahren. Doch diese „heile Welt" ist existenziell bedroht – der Anstieg des Meeresspiegels sendet Anzeichen eines nicht unwahrscheinlichen Endes der Stadt. Ob dies letztlich wirklich der Fall sein wird, kann nicht vorhergesagt werden. Die heute in Miami Beach, insbesondere South Beach, sichtbaren ersten Projekte – siehe Ortstermin – können zunächst nur als ein Herantasten an das Phänomen Klimawandel gedeutet werden. Sie sind wohl zugleich Teil eines Verblühens wie in der Sage von Atlantis.

Der größtmögliche Eingriff: Klimatopia – eine (neue) reale Utopie?

Die Menschheit ist offenbar dabei, den größtmöglichen Eingriff in ihre Daseinsbedingungen vorzunehmen (jenseits der totalen atomaren Vernichtungsmöglichkeit): Sie ändert das Klima – jedenfalls hat sie erheblichen Anteil daran. Dieser Prozess läuft und er wird in absehbarer Zeit gravierende Folgen zeitigen. Lucius Burckhardt hatte 1982 seine Vorstellung vom „kleinstmöglichen Eingriff" als Strategie gegen landschaftszerstörerische Großprojekte erarbeitet und eine Umkehr im planerischen Denken angemahnt (Burckhardt 1982/2013, 167ff). Die Großprojekte-Planung sucht die vermeintliche „saubere Lösung", die endgültige Lösung eines Problems – und schafft eigentliche neue, wogegen er das „Unvollendete", das „Ruinöse" als Konzept entgegenstellt, was auch als ambig, mehrdeutig, bezeichnet werden könnte (Burckhardt 1982/2013, 174). Mit dem klimatischen Eingriff sprengt die Menschheit das Maß bisheriger Großprojekte. Es geht nunmehr um eine neue Agenda globaler Raumentwicklung.

Der Spiegel des Meeres stieg im Laufe des 20. Jahrhunderts um mindestens 15 cm und könnte sich bis zum Ende dieses Jahrhunderts mindestens verdoppeln, eventuell sogar auf einen Meter und mehr ansteigen und bis zum Jahr 2300 fünf Meter erreichen. (WGBU 2011, 38–39). Es könnte auch noch ganz anders kommen – die klimatischen Veränderungen und der Einfluss des Menschen darauf sind vollends kaum absehbar. Eines dürfte aber Anlass genug sein, nach grundlegenden Neuorientierungen zu suchen: Der Meeresspiegel steigt – empirisch nachweisbar und sichtbar. Ein Meter Meeresanstieg würde für South Beach in Miami die Überflutung bedeuten. Auch in New York stünde die Wall Street unter Wasser (Jacobs 2019, 117).

Abb. 10-3: Küstengestaltung in Miami South Beach: Versuche einer Anpassung an neue Bedrohungen durch den Meeresspiegelanstieg

Welche Konsequenzen sich aus dem Zusammenspiel von chaotischem System Klima und hoher Vulnerabilität der urbanisierten Welt in der Karibik-Region (und natürlich nicht nur dort) ergeben, mag Spekulation bleiben. Es gilt, so die These, neben planerischen, technischen und politischen Vorkehrungen eine Utopie, ein utopisches Narrativ zu entwickeln, das die Möglichkeit bietet, einen sinnvollen, aber auch ethisch vertretbaren, ästhetisch anspruchsvollen und emotional ansprechenden Korridor der Debatte für eine neue Welt in einer Zeit der neuen Dimension des Klimawandels zu öffnen.

Die Karibik gehört weltweit zu den sehr stark vom Klimawandel und dessen Folgen, wozu auch der Anstieg des Meeresspiegels zählt, betroffenen Regionen. Es ist die Region, die ohnehin bereits durch Naturereignisse wie Hurrikans oder Erdbeben gezeichnet ist. Zudem gehört sie zu sehr dicht besiedelten Gebieten, insbesondere Florida. Die meisten Ansiedlungen liegen nur wenige Dezimeter über dem Meeresspiegel. Dieser Umstand stellt eine der größten Herausforderungen für die urbane Entwicklung generell dar. Der Anstieg des Meeresspiegels ist eine Langzeiterscheinung, die nicht gleichmäßig auftritt, kaum sichtbar ist, (noch) nur mittelbare oder punktuelle Wirkung zeigt und in küstenfernen Gebieten keine Rolle in der öffentlichen Wahrnahme spielt.

Dieser ist aber ein fundamentaler, der Auswirkungen auf alle Lebensräume des Menschen haben wird – und schon dabei ist, erste Wirkungen zu zeitigen – wie riskant oder bedrohlich diese auch sein mögen, es gibt keine einfachen Antworten oder technischen Lösungen im Umgang mit dem Klimawandel (Hume 2014, 190). Zunächst steht die Frage nach den Risiken für die existierenden Siedlungen auf der Tagesordnung. Welche dies sind, kann in Miami Beach studiert werden (natürlich auch an anderen Küstenorten weltweit). Doch darin erschöpft sich nicht die Diskussion um den Klimawandel und dessen Folgen. Vielmehr sollte der Blick auf die urbane Entwicklung mit einer Langzeitperspektive gerichtet werden. Ein neues Utopia gewinnt in dem Maße eine Bedeutung, wenn die Diskussion nicht bei der Kritik an den eintretenden Zuständen und dem Dissens über dessen Ursachen verbleibt. So wichtig die Debatte um Vulnerabilität, Resilienz und Anpassung sowie Vorbeugung ist – sie ist sogar existenziell – so wichtig ist es zugleich, den Blick zu heben und uns vor Augen zu führen, welche grundsätzlichen Risiken, aber auch Möglichkeiten im Klimawandel verborgen sind. Das meint keine Beschönigung der real oder vermeintlich mit dem Wandel der klimatischen und damit sozialen, wirtschaftlichen und kulturellen sich ergebenden Probleme der Menschen. Daran muss sehr konsequent und umsichtig und auch vorbeugend gearbeitet werden. Doch bedarf die Auseinandersetzung um die Frage des Klimawandels noch mehr – sie bedarf einer „Klima-Utopie“ (Hume 2014, 325–327).

Es gilt, das „Zweite Buch“ zu verfassen – in Analogie zu Morus. Die vorliegende Schrift will dafür eine Art Werbeträger sein, denn dieses noch zu erfindende neue Utopia bedarf einer weitergehenden Untersuchung. Wollen wir uns auf das „Risiko" einlassen, ein „Klimatopia" zu beschreiben, analog zu Morus' Utopia? Geht das überhaupt? Lassen wir uns nicht gar verleiten, dem in diesem Buch umrissenen Kanon der Utopias einfach zu folgen und eine weitere Fortsetzung liefern? Klima-Utopien werden bereits angeboten. Sie folgen den bereits vorhandenen Vorstellungen entweder technologischer Art (Geo-Ingenieure) oder kultureller Natur (Weltethik), mit oft ähnlich teleologischen Zielen. Die technischen Vorstellungen sollen ein optimales Klima schaffen – durch Einsatz von Großtechnologien oder durch allgemeine Verhaltensänderung (Hume 2014, 326). Allein der Gedanke, ein (ewiges) optimales Klima schaffen zu wollen, widerspricht der Evolution, die erst durch den Klimawandel überhaupt erfolgen konnte (Meller et al. 2017, 210ff). Ist aber andererseits, wie Hume vorschlägt, die „innerliche Klima-Utopie" (Hume 2014, 327), entwickelt und getragen von menschlichen Gemeinschaften, der Königsweg für einen Umgang mit dem Klimawandel? Ganz zweifelsohne bedarf es einer intensiven Auseinandersetzung mit den Erscheinungen des Klimawandels auf allen Ebenen der Gesellschaft. Der Stadtrat von Miami Beach hat beispielsweise genau damit begonnen. Was aber, wenn deutlich wird, dass es keine praktikable Lösung der entstehenden Probleme gibt? Es dürfte kaum zu erwarten sein, dass ein „Marshall-Plan" für die Lösung der Klimafolgenfrage erstellt und umgesetzt werden wird (Radermacher 2008, 166ff). Er wäre vielleicht auch gar nicht erstrebenswert.

Welche Konsequenzen ergeben sich aus den grundlegenden Verschiebungen klimatischer Verhältnisse auf der Erde, wie es sie schon vielfach in der Erdgeschichte gegeben hat? Diesmal ist der Mensch wesentlich daran beteiligt, diese Verhältnisse zu verändern – das ist neu in der Erdgeschichte. Bisher hat noch kein Lebewesen einen derart großen Einfluss auf die Geosphäre gehabt, woraus naheliegend die Bezeichnung Anthropozän für das gegenwärtige Zeitalter erwächst. Wenn dem so ist, dann wäre es vermutlich das letzte Zeitalter, zumindest, was den Menschen noch als Bewohner dieses Planeten kennt (vgl. Simon, Maslin 2015, 171–180). Was soll nach dem Menschenzeitalter noch kommen, wenn der Mensch noch da ist? Andererseits erwächst daraus auch die Chance, tatsächlich das Menschenzeitalter zu gestalten.

Bislang taumelte der Mensch als Gesellschaft entlang der Entropiepfade, immer neue Energiequellen und verwertbare Räume suchend, um der Entropie (unbewusst) entgegenzusteuern (Reichart 1993, 26–30). Die Besiedlung der Erde ist weitgehend erfolgt – das Klima und die Erschließung von universell verfügbaren Energieressourcen hat weltweit ein Siedlungssystem entstehen lassen, das diesen „optimalen" Bedingungen entsprach. Dies beginnt sich zu verschieben und wird mit dem „Neuen Norden" (Smith 2010, 373ff) auf den Begriff gebracht. „Wenn sich die Küsten Floridas nicht mehr versichern lassen und Kalifornien in ein Stadium der absoluten Dürre eintritt, könnten Menschen dann erwägen, nach Minnesota oder Alberta überzusiedeln? Werden Spanier ein Auge auf Schweden werfen?" (Smith 2010, 382). Wenn, wie absehbar, Miami Beach nur noch teilweise bewohnbar sein wird, von anderen Orten wie Lagos ganz zu schweigen, dann bleibt keine Alternative. Doch, was heißt das? Es wird ja nicht einfach eine Umsiedlung stattfinden aus den hier von Smith genannten Regionen. Vorher werden andere Regionen betroffen sein und die Menschen dort begeben sich auf den Weg. Eine kontinentale Migration ist die Folge. Schreckensbilder könnten gemalt werden. Denkbar wäre aber auch eine nüchterne Abwägung der Folgen einer Klimaerwärmung. Diese fällt im historischen Vergleich der letzten 10.000 Jahre immer noch moderat aus – es war schon mal wärmer (Meller et al. 2017, 401). Das Problem in den nächsten 100 Jahren ist noch nicht der absolute Temperatur- und Meeresspiegelanstieg (so problematisch die Auswirkungen in den einzelnen Regionen auch sein werden) – das Problem ist die Art der Besiedlung. Die Ballung der Mehrheit der Menschen an Küsten und die hohe Vulnerabilität der Besiedlungsform mit ihren Infrastrukturen, die kaum resilient sind, führt – wie in Miami Beach gut sichtbar – zu einem nahezu unmöglichen Verlassen des Entwicklungspfades der urbanen/suburbanen Gesellschaft – es sei denn durch (natürlichen oder gesellschaftlichen) Zwang.

Das ist nicht der Sinn von „Klimatopia", aber vielleicht ein realer. Dies würde bedeuten, dass es eine globale Strategie zur „Neubesiedlung" geben müsste – also mehr, als „nur" ein „2-Grad-Ziel" (wie in Paris 2015 vereinbart) müsste vereinbart werden. Eine globale Raum-Umbau-Strategie rückt in den Vordergrund, eine Raumordnung der nächsten Dimension. Wäre dies eine Aufgabe für das UN-Habitat-Programm? Der Neue Norden (Northern Rim Countries – NORC-Staaten), wie Smith ihn nennt, könnte gedankliche Vorausschau für ein System neuer Besiedlung liefern.

Der Klimawandel bietet für die Regionen nördlich des 45., eigentlich des 60. Breitengrades – bis etwa zum Polarkreis – (wahrscheinlich) verbesserte Lebensbedingungen. Es sind Staaten, die – heute – zumeist stabile politische Systeme besitzen, untereinander meist freundlich gesinnt sind, verlässliche Handelspartner darstellen und viel besiedelbares Land besitzen, Letzteres vor allem Russland und Kanada (vgl. Smith 2010, 383–384). Ist das das „neue" Utopia und sind Nowy Urengoi, Göteborg, Anchorage oder noch unbekannte Orte das „neue Amaurotum"? Werden, so eine Annahme, dann die Ostsee oder die Hudson Bay das neue Mittelmeer sein? Räumlich könnte der Neue Norden eine Rolle spielen beim Umgang mit den Konsequenzen der menschlichen Aktivitäten, die klimatische und demografische Wandlungen nach sich zogen und ziehen, die die Globalisierung forcierten und die Nachfrage nach Ressourcen bestimmen – alles

Faktoren, die menschengemacht sind und folglich nur von ihm – möglichst rational – so beeinflusst werden können, dass ein Leben auf diesem Planeten für alle Menschen lebenswert sein wird. Es wird anders sein als heute, doch wie, das ist die Entscheidung der Menschheit und von Menschengruppen (vgl. Smith 2010, 391–392). In den vergangenen Jahrhunderten hat die Menschheit verschiedene Varianten ihrer sozial-räumlichen Organisation erprobt – meist unreflektiert und unter wechselnden Bedingungen. Nun bahnt sich ein neuer Versuch an.

Mögliche „neue“ Inseln

Utopia Variante 1: „Nowa Amerika ist eine Wirklichkeitskonstruktion, durch die es gelungen ist, einen neuen Raum beiderseits von Oder und Neiße zu gewinnen. Friedrich der Große trug dazu bei, dass Polen in der zweiten Hälfte des 18. Jahrhunderts von der Landkarte verschwand, was klar zu verurteilen ist. Aber er gewann auch neue Landstriche ohne kriegerische Handlungen, wie z.B. das Oderbruch. Wenige wissen aber, dass er auch im Mündungsgebiet der Warthe Sümpfe trockenlegen ließ, Deiche errichtete und so das Warthebruch entstand. Er siedelte hier Landwirte an, schenkte ihnen Haus, Hof und Land. Über mehrere Generationen waren die Landwirte von der Steuer befreit, und damit sie sich auch wie richtige Pioniere fühlten, erhielt der Landstrich den Namen Neu-Amerika. Es entstanden neue Dörfer mit verheißungsvollen Namen, wie Pensylvanien, New Hampshire, Neu York, Florida, Maryland, aber auch Jamaika und Sumatra. Auf der heutigen Landkarte sind einige Dörfer wieder verschwunden, aus Jamaika wurde Jamno (auf polnischer Seite – HK). Nur Malta ist geblieben (ebenfalls heute in Polen – HK).

Diese ungewöhnliche Geschichte hat uns dazu inspiriert, unseren neuen Raum, der den durch die ehemalige deutsch-polnische Staatsgrenze getrennten Grenzraum verbindet, Nowa Amerika zu nennen, das Land der Pioniere und Freiheitshungrigen, die einen neuen Raum bürgergesellschaftlich gemeinsam gestalten wollen und erkannt haben, dass dies unser Gelobtes Land ist.

Nowa Amerika wurde am 20. März 2010 auf einem konspirativen Treffen gegründet. Es handelt sich dabei um eine Föderation, die sich aus den vier Teilstaaten Szczettinstan, Terra Incognita, Lebuser Ziemia und Schlonsk zusammensetzt. NOWA AMERIKA bietet allen Pionieren und Freiheitshungrigen die Chance, die Geheimnisse unserer vier Staaten zu entdecken und ihre Eigenarten und Traditionen kennen zu lernen. Machen Sie eine Entdeckungsreise durch unser ‚Land'.“ (http://www.nowa-amerika.eu/informacjonen/nowa-amerika/).

Es gibt also schon die ersten Versuche, eine neue ‚Insel‘ in der bereits bebauten Welt zu finden. Das Gedankenexperiment hat dort an der deutsch-polnischen

Grenze bereits begonnen. Es speist sich aus einer kritischen Reflexion der aktuellen Verhältnisse von Nationalismus und inhumaner Weltpolitik. Zugleich entwirft dieses Experiment eine sich auf einer spielerischen Auseinandersetzung mit der eigenen Geschichte gründende kooperierende Gemeinschaft. Es kann auch als Kunstprojekt angesehen werden. Amerika dient als Vorbild – immer wieder wird dieser Kontinent Projektionsfläche und Metapher für die Suche nach neuen Siedlungs- und Gemeinschaftsmodellen. Wie tragfähig diese sind, muss ergründet werden. Nowa Amerika ist ein solcher Versuch, der auch die Momente der Befreiung vom ökonomischen Warencharakter des Bodens und des Wohnens in sich zu tragen vermag sowie auf eine auf lernende Resilienz ausgelegte Raumordnung zielt.

Utopia Variante 2: Wohlmeinende Stimmen sehen in Utopia, basierend auf Morus, einen bislang uneingelösten Beitrag zur Verbesserung der Welt in sozialer, ökologischer und wirtschaftlicher Hinsicht, für Gerechtigkeit, allgemeines Wohlergehen, verantwortungsbewussten Umgang mit den natürlichen Gegebenheiten des Planeten und den Erhalt der Lebensgrundlagen der Menschheit schlechthin. Das ist alles erstrebenswert und ließe sich an vielen Beispielen illustrieren. Dahinter verbirgt sich aber auch die Vorstellung von Fortschritt als romantischer Vision einer zu erreichenden ‚heilen Welt'. Auch dagegen ist im Grunde nichts einzuwenden. Doch verengt sich damit nicht der Blick darauf, was Fortschritt sein sollte, sein könnte, wenn Fortschritt verwirklichte Utopie ist? Darüber besteht keine Einigkeit. Es ist vielmehr so, dass es geradezu extrem gegensätzliche Vorstellungen darüber gibt, was für die Zukunft der Menschheit gut und richtig sei. Die Romantik war am Beginn des 19. Jahrhunderts durchaus eine solche Vorstellung, die angesichts der beginnenden Industrialisierung die Stimme erhob – in Bild und Wort – sich doch den eigentlichen Werten der Gesellschaft bewusst zu werden und nicht einem Wachstum, einer Vermehrung von Gütern hinterherzuhecheln, um den Preis einer Selbstzerstörung (Honour, Fleming 2007, 582–83).

Es gibt in der Geschichte jeweils verschiedene Vorstellungen darüber, was Fortschritt sei – eine Binsenweisheit. Das bedeutet aber zugleich, dass die Vorstellungen darüber, von jeweils nachfolgenden Generationen oder von zeitgleich agierenden Kräften sich grundlegend unterscheiden zu können und dass es demnach keinen Generalnenner für alle Zeiten und für alle Menschen gibt – auch wenn man Gleiches sagt, kann Gegensätzliches gemeint sein. Darauf verwies Leon Festinger, als er konstatierte, „dass wir als Gattung uns und untereinander gern einreden, unsere jeweilige Ethik, Moral und Lebensweise seien nicht lediglich gut oder besser, sondern kämen auch der Wahrheit ziemlich nahe. Bräuche wie Kindesmorde, Sühneopfer für heidnische Gottheiten oder die Versklavung von Menschen, die wir heute als barbarisch empfinden, hätten wir in früheren Zeiten als gerecht, ehrenwert und moralisch einwandfrei angesehen. WAS WIR TUN, IST IMMER GUT.“ (Festinger 1985, 224–25, Hervorhebung HK). Dafür ließen sich zahlreiche weitere Beispiele, vor allem aus dem 20. Jahrhundert, anführen, wo, im Namen der Utopie, auch Verbrechen begangen wurden, getragen von einer Mehrheit der jeweiligen Bevölkerung; man denke nur an den Holocaust oder das Wirken der Roten Khmer in Kambodscha. Die Frage ist, ob sich Derartiges als Utopie deklarieren lässt oder per se eine Dystopie darstellt.

Das Ziel, die Utopie (?), einer „rassenreinen“ und „glaubenshomogenen“ gesellschaftlichen Entwicklung taucht in der Geschichte immer wieder auf – bis heute. Slavko Goldstein beschreibt und analysiert eindrucksvoll am Beispiel der Errichtung des Ustascha-Staates „Unabhängiges Kroatien“ (Nezavisna Država Hrvatska, NDH-Staat), der zwischen 1941 und 1945 als eine faschistische Diktatur und Ante Pavelić errichtet worden war, wie eine Insel der Rassen- und Glaubensreinheit geschaffen wurde. Ohne an dieser Stelle die Geschichte darlegen zu wollen, wurde mittels Terrors und Völkermords in all seinen Erscheinungsformen und Grausamkeiten der Weg zu einem rein katholischen, kroatischen und nichtjüdischen Staat, einem „ethnisch reine(n) Land“ bereitet (Goldstein 2018, 318). Dieser Staat fungierte quasi als eine Blaupause für zukünftige Gesellschaften, wie sie den faschistischen Diktaturen vorschwebten. Es sollten Inseln der Reinheit und damit des Wohlergehens für eine bestimmte Bevölkerungsgruppe werden. Die so Bevorzugten trugen den Terror mit – es war also eine Utopie (?), die sich auf eine breite Zustimmung gründete – keineswegs ein Einzelfall und keineswegs mit dem Untergang 1945 abgeschlossen, wie Goldstein ausdrücklich nachweist.

Diese Möglichkeit eines solchen Utopias darf nicht ausgeblendet werden, gerade in Zeiten von Umbruchs- oder Aufbruchskrisen erleben Wünsche nach „klaren Verhältnissen“ Auftrieb. Liegt nicht aber darin ebenso das Utopia-Paradoxon begründet? Morus lässt in seinem Werk im ersten Buch seine Figuren ausführlich über die Todesstrafe diskutieren (Morus 1516/2001, 33ff). Zumindest wurden die Mittel zur Erreichung von Utopia erörtert. Die Errichtung von Utopia erfolgte durch Abtrennung vom Festland und die Anleitung des „unkultivierten Volksstamm[es] zu der Kultur und Gesittung erst angeleitet hat, die ihn heute von den meisten Völkern der Erde auszeichnen – das Land zur Insel gemacht. Sobald er nämlich, kaum dort gelandet, Sieger geworden war, ließ er fünfzehn Meilen Landes auf der Seite, wo die Halbinsel mit dem Festland zusammenhing, ausstechen und führte so das Meer ringsherum.“ (Morus 1516/2001, 59).

Wie aber errichtet man eine Insel im Bestand unter heutigen Bedingungen? Wie „kultiviert" man die Menschen dort? Die Grenze zum Völkermord ist fließend …, wenn keine Reflexion darüber in den „Bau von Utopia" eingebaut ist, der verhindert, dass das Exzessive, der Rassismus oder andere Formen der Ausgrenzung und Auslöschung anderer obsiegt. Garantien sind nicht automatisch zu geben, sie müssen stets neu errungen werden.

Beide Varianten sind nicht nur denkbar, sie erfüllen auch die eingangs aufgeführten drei Kriterien für ein Utopia: 1. Eine Utopie ist entweder ein Gedankenexperiment in verschiedener Form oder ein Plan. 2. Die Utopie enthält ein gesellschaftskritisches Moment. 3. Utopie basiert auf einem Vernunftverständnis. (Cojocaru 2012, 123). Das vierte Kriterium jedoch wird zum Schlüssel, die kritische Reflexion über den Plan bzw. das Gedankenexperiment (und deren Umsetzungen bzw. Konsequenzen) und damit innewohnender Mehrdeutigkeiten. Beiden Varianten liegt – so kritisch man dies im Fall der Variante 2 auch sehen muss – ein Plan zugrunde, eine Idee für einen jeweils sehr verschiedenen Idealzustand der Gesellschaft; sie basieren auf einer wie auch immer begründeten Kritik an vorhandenen gesellschaftlichen Zuständen und sie sind rational – im Vollzug eines Völkermordes steckt auch eine Rationalität – angelegt. Im Falle der Variante 2 sind Zweifel angebracht, die nur durch das vierte Kriterium geklärt werden können. Dennoch können sie in gewisser Weise als erfüllt angesehen werden. Lediglich die Uneindeutigkeit von Utopia verweist darauf, dass die Variante 2 ein stringenter Fall von Vereindeutigung ist und belegt, dass Utopia im gesellschaftlichen Diskurs um die Ambiguitätstoleranz errungen werden muss – eine schwer einlösbare Hypothek seit Morus, aber zugleich dessen wesentliches Potenzial. Diese kritische Selbstreflexion und Uneindeutigkeiten sind keine Merkmale von Diktaturen. Sie beschränken sich auf Machtdurchsetzung und -erhalt, nicht aber auf lernende, tolerante Utopien und können unter „Diskussionsverbot" firmieren (vgl. Bodenschatz 2003, 276).

Bei der Überlegung, in welche Richtung die gesellschaftliche Debatte zur Lösung der mit dem Klimawandel und den Umbruchskrisen im Kapitalismus heraufziehenden Problemen tendieren wird, ist zu bedenken, dass auch Variante 2 dabei herauskommen kann, worauf u. a. Timothy Snyder in „Black Earth" bereits verwiesen hat (Snyder 2017).

Neue Entdeckungen

Auf welches Arsenal utopischen Denkens kann sich bezogen werden bei der Suche nach möglichen Strategien für „Klimatopia"? Die angeführten typologischen Beispiele offenbarten eine Suche nach realisierbaren idealen

Zukunftsentwürfen. Die Widersprüche wurden ersichtlich, zugleich aber auch innewohnende Ansätze für deren Weiterentwicklung. Bevor die Reise nunmehr zum Abschluss nach Utopia erneut versucht werden soll, soll erinnert werden an die vielen Initiativen, die außerdem in Erwägung gezogen werden könnten, um den Erfahrungsschatz fruchtbar zu machen für „Klimatopia". Denn: Viele Orte gibt es bereits, die Anregungen parat haben für eine Reise zu einer „wärmeren Welt". Menschen, die diese Orte prägten, lassen Einblicke zu in die in den Orten verwirklichten oder angeregten Ideen. Keines dieser Projekte oder Initiativen vermag die Konsequenzen des Klimawandels zu antizipieren. Die meisten sind aus sozialen, ökologischen oder politischen Ambitionen entstanden.

Engelhardt hat „17 Beispiele einer besseren Welt" gesammelt (Engelhardt 2014). Bei diesem Archiv, das keinesfalls vollständig oder repräsentativ sein sollte, war es ein Anliegen des Herausgebers, einer Methode nachzugehen, also nicht nur Projekte vorzustellen, also ein utopisches Verfahren an Hand verschiedener Fälle zu illustrieren: „Die herrschenden Verhältnisse werden auf den Kopf gestellt, umgestülpt; was im vertrauten Alltag gilt, ist im Gedankenexperiment außer Kraft gesetzt." (Engelhardt 2014, 7). Die Sammlung und kritische Würdigung der gewählten zu entdeckenden Orte sind mehr als Hoffnung stiftende Anleitung zum Nacheifern. Das sicher auch. Vielmehr aber steckt in diesen Orten je eine Entdeckung für einen Weg, der „Klimatopia" bedeuten könnte. Es geht ausdrücklich nicht um das Kreieren einer „Insel der Seligen, auf der Frieden und Gleichheit herrschen und Bildung als höchstes Gut gilt, (Klima-) Utopia ist die Vorwegnahme von Veränderung im Reich der Imagination, (Klima-) Utopia umfasst das freieste Denken, das Ersinnen von Alternativen." (Engelhardt 2014, 7; Einfügung „Klima" HK).

Die weiter zu entdeckenden Orte sind auf der ganzen Erde verteilt – von Neuseeland über China, Äthiopien, Griechenland, Deutschland, Russland, Brasilien, USA usw. Der gewählte Spannungsbogen reicht von der Aussteigerkommune „Christiana" in Kopenhagen über den Kishorit-Kibbuz in Israel bis zum multikulturellen Dorf in Lynedoch in Südafrika. Die Liste der „utopischen Orte" der Variante 1 ließe sich erweitern, auch um Orte der Variante 2, worauf hier verzichtet werden soll. Alle wären unter Klimagesichtspunkten neu zu entdecken, eine Aufgabe, die noch aussteht. Welche Möglichkeiten „schlummern" in diesen ganz unterschiedlichen Projekten hinsichtlich ihrer sozialen, rechtlichen, kulturellen, ethischen, aber auch steuerungs- und planungstheoretischen oder baulich-räumlichen Dimensionen – bezogen auf die Bewältigung von Herausforderungen, die der weitere klimatische Wandel offenbart? Eines aber dürfte angenommen werden: Alle diese Projekte können nur als Erfahrungs-Laboratorien angesehen werden, nicht aber als bereits umgesetzte Utopien, die nur noch innerhalb der bestehenden Verhältnisse „ausgedehnt" werden müssen, bis sie zu einem „Umbruch" in der Gesellschaft führen, sich also teleologisch vollenden. Das lineare Modell a) „gesellschaftskonstitutive Vorform" > b) „Ausdehnung im Kapitalismus" > c) „Bruch mit dem Kapitalismus" ist nicht undenkbar, trägt aber eher simplifizierende Züge (vgl. Sütterli, Meretz 2018, 95). Vielmehr ist von einem widersprüchlichen, krisenbegleiteten und nichtlinearen Prozess auszugehen (Kegler 2016, 44–47). Dieser dürfte sich als widersprüchlich erweisen und bedarf deswegen bestimmter Sicherungen.

Backups der weiteren Entwicklung

Wenn zum ersten Mal in der Geschichte der Mensch die globalen Rahmenbedingungen seines Lebens setzt und damit den Folgen eigenen Tuns ausgesetzt sein wird – gemeint sind der Einfluss auf den Klimawandel, aber auch das Bevölkerungswachstum und die Urbanisierung. Da heutiges Handeln nur noch begrenzten Einfluss auf die Veränderung der jetzigen Rahmenbedingungen der menschlichen Gesellschaft hat, scheint es kaum hilfreich zu sein, nur an die Vernunft oder an moralisches Verhalten zu appellieren. Zwar muss dennoch heute viel getan werden, um in Zukunft die Verhältnisse nicht schlimmer werden zu lassen – Stichwort Mitigation (also Vorbeugung, um spätere Entwicklung nicht noch stärker eskalieren zu lassen), doch nutzt dies der heutigen Generation kaum bei der Auseinandersetzung mit den Folgen der oben genannten anthropogenen Wandlungs-Triade (Klimawandel, Bevölkerungswachstum, Urbanisierung).

Das bedeutet eine Auseinandersetzung mit den Konflikten, die sich aus den Wandlungen ergeben. Das sind asynchrone Vorgänge, die meist auch nicht miteinander verknüpfbar sind, entspringen sie doch ganz unterschiedlichen Sichten auf die Welt, auf die eigenen Möglichkeiten, „Geschichte zu gestalten", auch unabhängig von den Rahmenbedingungen. Das sieht nach Auflösung von Verhältnissen, von Beziehungen und gemeinsamen Werten aus. Die Menschheit scheint überfordert zu sein mit dem Eintritt in diese historisch neue Situation, die so viel Ungewisses birgt, und kaum ein „Rezept" steht parat, das Lösungen verspricht – der Ruf nach „Retrotopia" wird lauter.

Doch wenn es ein Bewusstwerden der Lage gibt, in der sich die Menschheit befindet, nämlich am Kipppunkt der Vorstellungen für die Gestaltung der eigenen Zukunft unter den menschengerechten Bedingungen, dann bedeutet dies eine vollkommen neue Agenda für menschliches Handeln. Es birgt Risiken des Versagens. Es kann aber auch als eine Möglichkeit gesehen werden, sich diese Situation zu vergegenwärtigen und daraus ganz neue Schlüsse zu ziehen, die heute noch gar nicht denkbar erscheinen.

Wie kann nun ein solcher Prozess des Entwickelns einer neuen Vorstellung von gesellschaftlicher Entwicklung in die Zukunft hinein angelegt werden? Er bedarf der Bestimmung von Ausgangspositionen. Die erste haben wir hier genannt (es sind zunehmend menschengemachte und nicht außerirdische Verhältnisse, die unsere Möglichkeiten für ein lebenswertes Dasein maßgeblich bestimmen). Auf dieser Grundlage gilt es nun, Konzepte reifen zu lassen, die angemessen für eine solche Gestaltung der Lebensumwelt sein können. Dies benötigt aber selbst zu setzende Rahmen, um sich halbwegs im ungewissen Terrain der Zukunft bewegen zu können.

Dafür bedarf es bestimmter Fluchtpunkte. Der eine wäre Resilienz, die Selbsterneuerungsfähigkeit (vgl. Kegler 2014 und 2016 oder Raith et al. 2017). Diese beinhaltet Eigenschaften wie Widerstandskraft, Reaktionsmöglichkeit, Verlässlichkeit oder Lernfähigkeit gegenüber Störungen, um so Transformationen nicht blind ablaufen zu lassen mit der Wahrscheinlichkeit eines sich verstärkenden Risikos der Entwicklung. Weiterführende Kriterien sind der systemische Aufbau von Modularitäten, von Diversitäten, von Redundanzen und opulenten (Puffer-) Strukturen. Resilienz wird zu einem entscheidenden Kriterium zum (Neu)Aufbau einer Daseinsvorsorge im Zuge des klimatischen Wandels und des damit verbundenen (wahrscheinlichen) „Raumverschubs" gesellschaftlicher Veränderungen. Die Ausprägung von Resilienz bleibt zugleich eine dauernde Aufgabe bei der klimagetriebenen gesellschaftlichen Transformation.

Einen anderen Fluchtpunkt bilden ethische und sozial-kulturelle Werte wie die Idee von der „Ehrfurcht vor dem Leben". Es sind dies – exemplarisch hervorgehoben – zwei ganz unterschiedliche Fluchtpunkte, erwachsen zum einen aus der Naturwissenschaft und zum anderen aus dem Glauben. Deren Funktion besteht nun darin, um ein Bild zu gebrauchen, zwei Seiten eines „Geländers" zu sein, wie es der streitbare Philosoph Paul Feyerabend 1977 formulierte, „das die Leute davor bewahrt, in einen Abgrund zu fallen, ohne deshalb irgendeinen ideologischen Druck auf sie auszuüben." (Feyerabend 1977, S. 23). Zwischen diesen „Geländern" kann der Planungs- und Entwicklungsprozess „aufgehoben" werden.

Es bedarf jedoch noch weiterer Fluchtpunkte für einen solchen Prozess. Das betrifft das Selbstverständnis der Planung. Die Anregung dafür kann bei Morus gefunden werden. Seine Schilderungen des perfekt geplanten und organisierten Lebens in Utopia verweisen darauf: Die Veränderlichkeit der Verhältnisse muss ein Grundkalkül eines solchen Planes sein, also letztlich dessen ambiger Unvollkommenheitsanspruch, wie im Kap. 9 bereits vermerkt wurde.

Eine andere Bedingung für diese Berücksichtigung der Veränderlichkeit ist die Überwindung erstarrter Verteilungsverhältnisse von Ressourcen, allen voran der des Bodens. Morus hat diesen der Privatisierung entzogen und unter die Ägide eines „Utopus“ gestellt. Das mag eine Metapher sein für einen höheren Regelungsbedarf dieses entscheidenden Gutes der Menschheit. Die geeignete Form für die Anpassung an sich ändernde Bedingungen zu finden, gehört zu den vornehmlichen Herausforderungen. Glaubensgrundsätze wie „Markt“ versus „Staat“ helfen da wenig. Beide sind Möglichkeiten, aber mehr auch nicht. Stiftungen können im kleinen Maßstab erste Ansätze in sich bergen (vgl. Šustr 2019, 11). Weiter gefasste Regelungen und Umgangsformen sind unabdingbar, wenn man von grundlegenden Veränderungen in der räumlichen Verteilung der Menschheit ausgehen muss. Die neue Besiedlung kann aber nur mit einem deutlich geringeren Einsatz von Energie und Material erfolgen: Mit Beton, Stahl und Glas wird dies im umfassenden Sinne nicht möglich sein. Regenerative Baustoffe, wie derzeit Holz oder Bambus, werden gefragt sein, gepaart mit neuen Konstruktions- und Mitwirkungsmöglichkeiten der jeweiligen Akteure.

Der „100-Jahr-Plan“ zu einem neuen Klimamodus

Wenn (lineare) Planung einer telenomen Geschichtsauffassung folgt, wonach der Rahmen für zukünftige gesellschaftliche Entwicklung zunächst zu bestimmen sei, bevor deren Ausgestaltung auf die Tagesordnung gesetzt werden kann (Sütterli, Meretz 2018, 115), dann bliebe ein „100-Jahr-Plan“ im linearen Denkmodus gefangen. Wenn wir aber von der Annahme ausgehen, dass sich der Klimawandel in den nächsten Jahrzehnten weiter expansiv vollzieht – trotz möglicher Gegenmaßnahmen (die gegenwärtig kaum zu Buche schlagen und erst in Jahrzehnten spürbar werden – als notwendige Begleitmaßnahmen sind sie unverzichtbar), dann steuert die Weltbevölkerung auf einen historisch neuen Klimamodus zu. Seit 12.000 Jahren kann die Menschheit im Holozän, bei allen Schwankungen (siehe Kleine Eiszeit), relativ gut gedeihen – ihr Wachstum ist beredter Ausdruck dessen. Die relative Konstanz der Temperatur und die dadurch gegebene Möglichkeit, Ernährung und Siedlungsraum für bald 10 Mrd. Menschen zu sichern, lassen auf eine klimabegründete Erfolgsgeschichte schließen. Diese Entwicklung wurde in den letzten 200 Jahren besonders befördert.

Das Zusammentreffen von Temperaturanstieg im Ausklang der Kleinen Eiszeit und die Entfaltung des Kapitalismus mit seiner Innovationsdynamik (bei allen anderen widrigen Begleiterscheinungen) waren historisch beispiellos (vgl. Weizsäcker 2010, 26ff). In dieser Zeit reiften einmalige äußere Verhältnisse heran, die auch dafür bestimmend waren, dass der Kapitalismus sich als erfolgreiches Modell durchsetzen konnte. In dieser Phase seiner Entwicklung stellte er ein erstaunliches Maß an Lernfähigkeit unter Beweis, sich stets neuen

Herausforderungen anzupassen und gestärkt aus Krisen und Umbrüchen hervorzugehen, meist getragen von einer bürgerlichen Demokratie und gesichert durch einen wachsenden Wohlstand für viele, letztlich bisher durch eine wachstumsorientierte Gesellschaft insgesamt (die sozialistischen Staaten verfolgten ein gleiches Ziel). Die Fakten sind bekannt.

Die kapitalistische Gesellschaft verkraftete den Bruch des Fordismus um etwa 1975 und erwies sich auch diesmal als enorm lernfähig – im bisherigen Modus der (klimagünstigen) Verwertungsbedingungen. Die eigentliche Aufgabe für die Ökonomie unter radikalen Wandlungsbedingungen steht aber noch bevor (Zelik, Altvater 2009, 40). Nun, so ist anzunehmen, werden die Karten gänzlich neu gemischt: Die Veränderungen des Klimas, wesentlich durch diesen Wachstumserfolg befeuert, deuten auf einen mittelfristigen Bruch der Rahmenbedingungen dieser gesellschaftlichen Verfasstheit hin. Es ist, so die hier vertretene Annahme, nicht mehr damit getan, den Klimawandel aufzuhalten durch vielfältige mitigative Maßnahmen – so sinnvoll und notwendig sie sind, um die Ausmaße des zukünftigen Wandels nicht zu extrem werden zu lassen – sie werden das Erreichen eines gänzlich neuen Niveaus der klimatischen Bedingungen für die gesellschaftliche Entwicklung nicht verhindern können.

Der gegenwärtige Kapitalismus als absolut dominierende gesellschaftliche Struktur sieht sich mit einer in seiner Geschichte nie da gewesenen Herausforderung konfrontiert: Der Klimawandel ist in dieser Weise, wie er sich abzeichnet, in den letzten 500 Jahren, seit es den Kapitalismus gibt, neu. Das würde eine vollkommen neue Lernfähigkeit bedingen, die global zu bewerkstelligen wäre. Die Klimakonferenzen bis jüngst in Paris zeigen den Willen dazu – nicht nur von Kapitalismusanhängern. Doch die Dimension ist weiter gespannt als sie sich in den Kohlendioxidreduzierungsstrategien oder gar Elektromobilität ausdrücken. Dennoch konzentrieren sich die meisten Strategien darauf, wie der Klimawandel gestoppt bzw. begrenzt werden kann (vgl. dazu u. a. Rademacher 2008, Weizsäcker 2010, Alt 2018). Die Grenzen von 2 oder 4 Grad Celsius sind plausible Annahmen, aber kein Zukunftsmodell gesellschaftlicher Entwicklung. Sie reduzieren die Annahme auf den Erhalt des Status Quo im Kapitalismus und deklarieren diesen als Ziel für die Maßnahmen gegen den Klimawandel. Auf diesen Punkt bringt z. B. Friedrich Schorlemmer die Diskussion, indem er postuliert: „Unsere Erde ist zu retten", was moralisch nachvollziehbar und hoffnungsstiftend ist, aber die innewohnenden Widersprüche des kapitalistischen Gesamtsystems im Klimawandel unterbelichtet (Schorlemmer 2016). Das Spektrum der Vorschläge reicht von technologischen Maßnahmen, sozialpolitischen Vorstellungen bis zu ethischen Grundsätzen. Die Transformationstheorie schildert Wege, wie eine Anpassung und eine Umgestaltung des Bestehenden denkbar werden könnten (Rademacher 2008, 135ff oder Sütterli, Meretz 2018, 94–95). Ob das genügt, bleibt als Zweifel erhalten. Den „fundamentalen Unbestimmtheiten" zukünftiger Entwicklung der Städte als Konzentrate der Gesellschaft gilt die Aufmerksamkeit, so schwer sie heuristisch auch zu fassen sind. (Kaltenbrunner, Jakubowski 2018, 318)

Dieser absehbare neue Klimamodus über 2 Grad Temperatur UND eine Bevölkerungszahl von bald Zehn Mrd. Menschen stellen Rahmenbedingungen dar, die erdgeschichtlich unvergleichlich sind (Emmott 2013, 18–19). Dies könnte eine gänzlich neue Gesellschaftsverfasstheit und ein neues Besiedlungsmuster der Erde bedeuten, ja erzwingen – in Zeiten, die wiederum erdgeschichtlich enorm kurz sind. Da helfen weder Klimaängste oder Dystopien noch Beschönigungen oder Ignoranz, keine sektoralen Lösungen oder Abschottungen; aber auch keine Vorstellungen, nach denen erst die Gesellschaft geändert werden müsse, bevor der Klimawandel gestoppt werden kann. So wird bisherige Raumplanung zur gesellschaftlichen Planungskunst im Umgang mit dieser historisch neuen Situation und mit dem Utopia-Paradoxon (vgl. Kegler 2014, 140ff).

Utopia braucht einen Plan, ein Gedankenexperiment

Ist nicht ein solches Unterfangen, ein „100-Jahres-Plan", selbst eine Utopie? Ist ein solcher überhaupt wünschenswert angesichts der Erfahrungen mit „Planwirtschaft" im 20. Jahrhundert? In den kommenden 100 Jahren werden – mit großer Wahrscheinlichkeit – entscheidende Weichen gestellt werden im Umgang mit den Konsequenzen aus dem Klimawandel und den anderen Megatrends (vgl. Horx 2011). Dieser Zeitraum ist in mancherlei Hinsicht relativ absehbar, was die demografische Entwicklung betrifft oder was die Nutzung von Ressourcen angeht (Klingholz 2014, 146–147 sowie WBGU 2011, 35ff, 59). Hinsichtlich der kommenden konkreten Entwicklungen natürlich nicht – hier wirkt „Uchronia" als Balancezeitraum zwischen Linearität und Unerwartetem (Nowotny 1993, 140). Da eine weitgehende Einsicht in die sich abzeichnenden Trends – vermeintlich – vorliegt, könnte angenommen werden, dass es „nur" noch notwendig sein würde, einen „Plan" aufzustellen, um entsprechende Konzepte, Maßnahmen oder Organisationsformen zu entwickeln, die dann umgesetzt werden würden.

Einen solchen Plan – im Sinne der linearen Planung – wird es aber nicht geben, dennoch besteht die Notwendigkeit, den Übergang von der Analyse klimatischer Prozesse, dem Unterzeichnen von Abkommen und Appellen zu deren Einhaltung nun einen langfristigen Planungsvorgang einzuleiten, der als demokratisches Pendant zur Globalisierung anzusehen ist. Die Globalisierung läuft weitgehend planfrei, ansatzweise geregelt durch internationale oder bilaterale

Abkommen, die weitgehend auf wirtschaftliche Interessen und marktgetriebene Strukturen beschränkt bleiben. Die räumliche Seite der Globalisierung ist ausgeblendet, dabei haben Urbanisierung und Migration ebenso globale Dimensionen angenommen. Es bedarf dafür aber auch einer Transformation der Planung selbst. Sie ist kein alle Probleme lösender Masterplan, sondern ein auf die wesentlichen Probleme orientierter konzeptioneller Denkraum, der zugleich viele kleine Umsetzungsschritte befördert (Klingholz 2014, 312).

Abb. 10-4: Die Ostsee – das Mittelmeer des 22. Jahrhunderts? Wasserfront von Stockholm

Niemand kann wirklich vorhersagen, wohin die Klimaentwicklung treibt und welche konkreten Folgen sie haben wird. Sehr wahrscheinlich ist ein Wärmeszenario – es könnte aber auch kälter werden (gemessen in großen Zeiträumen). So jedenfalls formuliert es Arnold Müller in seinen polaren Szenarien für die Zukunft (Müller 2017, 419ff). Darin kommt er zu dem Schluss, dass die Menschheit vielleicht ein Wärmeszenario eher noch bewältigen könnte als einen drastischen Temperaturabfall (Müller 2017, 423). Die historische Erfahrung der Kleinen Eiszeit bestätigt diese Annahme (Behringer 2016, 163ff. und Behringer 2017, 399). Das größte Problem der Erwärmung läge – neben dem Meeresspiegelanstieg und den vielfältigen Folgen – vor allem im Auftauen der nördlichen Regionen, also jener Gebiete, die als potenzielle neue Besiedlungsgebiete denkbar wären. Damit engt sich dieser Raum, der ohnehin natürliche Grenzen wegen des Sonnenwinkels aufweist, letztlich auch ein. Dennoch wäre eine Anpassung an eine wärmere Erde – bei sinnvoller Steuerung – eher denkbar. Eine Abkühlung würde das Ende der Zivilisation, insbesondere in der nördlichen Hemisphäre bedeuten und damit die entscheidenden Lebensräume der Menschheit betreffen: Nordamerika, Europa, dicht besiedelte Teile Asiens oder das südliche Afrika. Eine Umsiedlung aus diesen Regionen in die verbliebenen wärmeren Gegenden um den Äquator schiene aussichtslos.

Demgegenüber wäre ein Utopia in nördlichen Regionen im Warmszenario denkbarer. Aber: „Derzeit ist die Erde im Durchschnitt bereits gut 1 Grad wärmer als noch vor Beginn der Industrialisierung. Selbst bei vorläufiger Begrenzung der menschengemachten Erderwärmung auf maximal 2 Grad könnten kritische Prozesse im Klimasystem angestoßen werden, die eine noch stärkere Erwärmung – auch ohne weiteres menschliches Zutun – bewirken, erläuterte Erstautor Will Steffen von der Australian National University (ANU) und dem Stockholm Resilience Centre (SRC). Nach PIK-Angaben könnte das bedeuten, dass sich der Klimawandel dann selbst verstärkt, auf lange Sicht, über Jahrhunderte und vielleicht Jahrtausende'." (https://de.yahoo.com/nachrichten/studie-klimasystem-k%C3%B6nnte-hei%C3%9Fzeit-kippen-195352111.html).

Umso wichtiger ist es, jetzt übergreifende Perspektiven einzunehmen und ein Utopia als planetare Überlebensstadt denkbar werden zu lassen. Utopia ist kein Hirngespinst, sondern ein vernunftgetragener, reflexiver Vorgang – mit der Klimadiskussion wird global genau darum gerungen, rationale Argumente zur Grundlage des Handelns zu erheben. Wie schwer das ist, kann täglich beobachtet werden, weil es kein nur rationaler Diskurs ist, sondern ein komplexer sozialkultureller Prozess (Hume 2014, 13). Mit einer globalen Besiedlungsstrategie ist die Stadt-Land-Relation unter Resilienzmaßgabe neu zu denken (Hahne 2014, 116–117). Resilienz wird dabei zu einer „Brückeneigenschaft" der Transformation, um einem Kollaps des Systems zu begegnen (vgl. auch Kegler 2014, 86ff, Kegler 2016, 52, Masterlabor 2016, 45–46, Burmeister, Rodenhäuser 2016, 108ff, Walker, Salt 2006, 145–148, Gerstengarbe, Welzer 2013, 288–289 sowie Raith et al. 2017). Resilienz und „Utopia" ergeben, so die Annahme, das planerische Fundament für „Klimatopia". Diese einfach scheinende Formel macht die Lern- und Handlungsfähigkeit der Gesellschaften für die Gestaltung des zukünftigen (globalen) Raumgefüges im Klimawandel aus – sie verspricht dabei aber keine einfachen oder eindeutigen Lösungen für die Jahrhundertaufgabe einer letztlich nachhaltigen Existenz der Weltgesellschaft.

Der Corner Stone: Europa aufs Neue gründen

In Miami South Beach ist am 23. Februar 2018, 3 p.m. ein Corner-Stone nahe dem Art Déco Center während einer Planungsaktion von Studenten gelegt worden, ein Grundstein für eine Suche nach einem Ausgangspunkt für die Neubesiedlung im Zuge des Meeresspiegelanstieges, betitelt als „ART-lantis" (Universität Kassel 2018, 58). Welche imaginäre Geschichte verbirgt sich dahinter? An diesem Punkt, dem höchsten von South Beach, trifft die Vorstellung von einer (möglicherweise) untergehenden „Alten" Welt auf die Idee einer „Neuen" Welt, die sich in ganz anderen Räumen und auf ganz andere ART darstellen wird. Im sich (zukünftig) grundlegend wandelnden Amerika ein Europa aufs Neue gründen, verleiht der dem notwendigen Perspektivwechsel für die Konsequenzen klimatischer Veränderungen einen neuen Rahmen (vgl. Arendt 2018, 35–36). South Beach ist ein Denkort auch für die Neugeburt eines Europas – an einem brisanten Platz, der gegenwärtig noch alles andere als dramatisch wirkt.

Die einstige Insel Utopia ist heute die gesamte Erde, es existiert also kein Hier und Dort mehr, und alles ist in einem Metazusammenhang verbunden, den die vier Megatrends belegen: Klimawandel, Demografiewandel, Globalisierung und Ressourcenverfügbarkeit (Smith 2010, 391, WBGU 2011, 35 sowie auch Horx 2011, 70). Die Welt ist EIN Besiedlungsraum geworden, den der ansteigende Meeresspiegel allmählich beginnt, neu zu definieren (vgl. Monget 2007, 46–47). Wo sollte nun die „Stadt" Klimatopia liegen? Wird sie um den 60. Breitengrad im „neuen" Norden, also etwa auf der Höhe von Stockholm, entstehen?

Es haben sich in der Geschichte des Städtebaus verschiedene Modelle für Grundrisse herausgebildet, die jeweils unter den entsprechenden Bedingungen erfunden worden sind und sich im Laufe der Zeit optimiert haben, bis Brüche in der Entwicklung, z. B. ausgelöst durch klimatische Wandlungen, ein Neudenken erforderten oder Prinzipien wieder auf den Plan riefen, die sich schon einmal als tauglich erwiesen hatten. Das Raster gehört zu diesen. Ob ein solches auch für „Klimatopia" geeignet erscheint, muss zunächst zurückgestellt werden. Das vorhandene Besiedlungs- und Infrastruktursystem weltweit gibt, im Unterschied zu vergangenen Zeiten, eine räumliche Struktur vor. Es ist (fast) alles bebaut und besiedelt. Es gilt sich nun in der Existierenden neu zu orientieren. Teile werden verschwinden, unbewohnbar werden. Neue Gebiete können nunmehr erschlossen werden. Dort sind womöglich gänzlich neue Voraussetzungen, die zu gänzlich neuen Überlegungen führen werden. Der vorhandene Boden wird zum Schlüssel – quantitativ und qualitativ.

Die Geschichte des Wandels der Stadtgrundrisse, der regionalen Besiedlungssysteme gibt Aufschluss über die Umgangsweisen mit kulturellen (klimatischen) Veränderungen, denen sich die Gesellschaften jeweils ausgesetzt sahen. Dieses Lernfeld wird neu zu erschließen sein, indem an „Klimatopia" gearbeitet wird. „Klimatopia" ist keine Stadt oder Region, die als Muster gebaut wird. Sie ist nicht DIE Stadt, der dann weitere Folgen. Sie ist die neue Form und gesellschaftliche Art der Besiedlung der Welt, gespeist aus urbanen Erfahrungen und Bedeutungszuweisungen des Städtischen vergangener Epochen. Das heißt aber auch: Utopia braucht Kritik als Nährboden. Nun kann diese Kritik auf die allgegenwärtige neoliberale Weltpolitik gerichtet werden, was notwendig und nützlich ist, aber darf dabei nicht verharren. Es ist zugleich die Selbstkritik, an den eigenen Zielen für ein „Klimatopia" zu arbeiten – die Debatte um eine neue Raumordnung beginnt.

Eine Technologie ermöglichte das Denken in Klimazusammenhängen – die IT. Erst Klima-Simulationen und die globale, vernetzte Kommunikation über diese Themen ermöglichten eine Sicht auf die die ganze Menschheit betreffende Problematik. Diese digitale Vernetzung ist ein Schlüssel für „Klimatopia" und zugleich ein weiteres Risiko. „Klimatopia" ist auch ohne Digitalisierung zu denken – die Folgen der Erwärmung setzen den Infrastrukturen neue Grenzen. Die Weiterentwicklung kann nicht ohne die Konsequenzen, die sich aus Störfällen, aus Informationsmissbrauch, aus Abhängigkeiten, aus Steuerungsfehlern ergeben, betrieben werden. Vielleicht ist „Klimatopia" auch ohne die bisher bekannte IT-Welt denkbar. Da „Klimatopia" nicht in einem Zuge errichtet wird – wie etwa Masdar-City in Abu Dhabi am Rand der Wüste (https://www.deutschlandfunk.de/masdar-city-oekologisches-vorbild-oder-illusion.1773.de.html?dram:article_id=313802 [09.02.2018]), deren klimafreundliche Ziele abhandengekommen sind (keine Autofreiheit und Null-Abfall-Stadt mehr wie ursprünglich geplant: https://masdar.ae/), aber dennoch ein Lehrbeispiel sein könnte (vielleicht auch ein eher negatives) – wird es vor allem auf den Kommunikationsprozess auf dem Wege nach „Klimatopia" ankommen. Er ist Teil einer nur in Ansätzen denkbaren neuen Stadtwerdung.

„Städte haben eine Schlüsselrolle im Transformationsprozess", konstatiert der WBGU. Denn, die „globale Transformation kann nur gelingen, wenn die rasch fortschreitende Urbanisierung als Gestaltungsmöglichkeit zur Klimastabilisierung genutzt wird." (WBGU 2011, 312). Diese Position jedoch verengt den Blick und zielt auf die Veränderung des laufenden Urbanisierungsprozesses in Richtung „Klimaneutralität". Die „nicht-klima-neutralen" Städte sind aber längst gebaut; ihre Transformation in Richtung Klimaneutralität ist nahezu aussichtslos, wenn man von den europäischen Kleinstädten absieht und die Metropolen dieser Welt anschaut. Auch der Neubau geht rasant in Richtung „Nicht-Klima-Neutralität“ voran. So wichtig Ansätze und Initiativen auch sind, den laufenden Bau- und Umbauprozess der Städte bzw. Metropolen zu „ökologisieren“, mindestens energetisch auf erneuerbare Energien umzustellen, so handelt es sich doch nur um den kleineren Teil der Aufgabe, mit der es umzugehen notwendig wird. So scheint z. B. ein Umbau von Miami South Beach in Richtung Klimaneutralität geradezu sinnlos, dürfte doch die Stadt in 100 Jahren gar nicht mehr existieren …

Vielmehr sind weitergehende Ziele für eine urbane Transformation abzustecken. Vieles von dem, was für eine Große Transformation als notwendig erscheint, klingt nach einer neuen „Weltmaschine“, von der wir meinten, uns doch gerade verabschiedet gehabt zu haben. Vor allem klingt die Große Transformation nach neuer Vollkommenheit. Ziel eines 100-Jahr-Plans wäre aber eine kreative „Unvollkommenheit“ der Planung. Der Klimawandel ist nur sehr bedingt steuerbar; die Reaktionen darauf können auch nur vage ermessen werden. Räumliche Planung im traditionellen Sinne ist aber auf Perfektion im Wachstumsparadigma ausgerichtet. Dies, wie auch Effizienz, behindern aber Reaktionsmöglichkeiten auf Unvorhergesehenes – es sind neue Parameter aufzustellen (Raith et al. 2017, 56–57). Es ist geradezu eine „Plan-Unbeholfenheit“ anzustreben, um möglichst viele Spielräume und Lernmöglichkeiten offen zu halten für notwendige Korrekturen und Neuausrichtungen (Klingholz 2014, 305, Kegler 2014, 48–51 sowie Hume 2014, 294). Lernfähigkeit ist wesentliches Moment von Evolution und somit auch der Planung. Welche Institutionen könnten eine derartige, „unvollkommene Planung“ initiieren? Das Bauhaus Dessau der 1920er Jahre stand für eine perfekte, konsequente und vollkommene Moderne – soweit sie Architektur und Städtebau betraf (Wünsche 1989, 46); aber der Kreativitäts- und Utopieüberschuss eines Bauhauses ist für „Klimatopolis“ unumgänglich. Zum anderen können Institutionen wie das Stockholm Resilience Center wissenschaftlicher Pate für eine Institutionalisierung von Planungsgremien für „Klimatopia“ sein (Kegler 2014, 66–67).

Wenn das gegenwärtige Siedlungssystem der Welt durch den Klimawandel ins Wanken gerät, bedarf es einer Sicht auf das Ganze wie es Thomas Morus in seinem rationalen Raumordnungsplan für Utopia beschrieben hatte – gerade auch in der Widersprüchlichkeit seiner Darlegungen. Eine rationale räumliche Neuordnung rückt in den Mittelpunkt des Interesses, allerdings nicht gegen die existierenden Lebensgemeinschaften der Ortsansässigen sowie nicht ausschließlich nach privatrechtlichen Prinzipien. Der neue „Umzug der Menschheit“ hat begonnen (WBGU 2016) – der Weg ist neu zu erfinden.

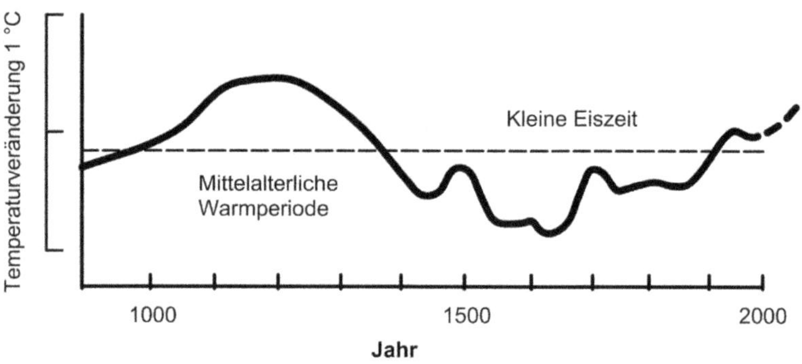

Abb. 10-5: Klimadiagramm der letzten 1000 Jahre: Temperaturschwankungen (nach Behringer, W. (2016): Kulturgeschichte des Klimas, 10, Houghton et al., IPCC Scientific Assessment (1990), Cambridge University Press, 220) (Zeichnung Ilka Viehmann)

Das bedeutet auch, dass die gegenwärtige neoliberale Subsumierung aller Lebensbereiche unter die Diktion ökonomischer Effizienz nicht nur die Vulnerabilität der globalen Gesellschaft erhöht, sondern auch den Blick verstellt auf die eigentlichen Herausforderungen der Menschheit (vgl. Brown 2015, 20–21). Doch ist eine simple Abkehr von dem globalen Mainstream des Neoliberalismus nur noch in Ansätzen erkennbar. Diese omnipräsente Markt-Gefangenheit einerseits in Rechnung stellend und andererseits die zahlreichen Initiativen für einen Wandel in Richtung einer für alle Menschen lebenswerten Welt einbeziehend (vgl. Klein 2015, 558–559), fehlt „nur" noch die räumliche Vorstellung einer Transformation unter den Bedingungen eines permanenten Klimawandels an der Grenze zum Kipppunkt. Diese Gratwanderung der Menschheit als Ganzes und von Menschengruppen in verschiedenen Regionen wird ein Dauerzustand sein. Die verständliche Sehnsucht nach einer erlösenden 2-Grad-Marke beim Temperaturanstieg, bei der wir dann dazu übergehen können, die Probleme der Menschheit allmählich zu lösen, wird nicht eintreten. Es bedarf keiner dystopischen Vorstellungen, um die Anstrengungen zu erhöhen. Sie sind vergebens. Es bedarf auch keiner Trugbilder einer dann heilen Welt. Sie greifen nur sehr bedingt. Wir sind eingetreten in ein Stadium des Nachdenkens über uns als Teil eines planetaren Evolutionsproduktes (Lesch 2017, 18). Jetzt, angesichts der erkennbar werdenden klimatischen Änderungen, die die Evolution seit jeher bestimmt hat, treten wir ein in eine gravierende, teils schmerzhafte (blutige?), aber auch wissenschaftlich und kulturell anspruchsvolle Auseinandersetzung um die Möglichkeitswege für das bestmögliche Fortbestehen der Gattung Mensch wie für das Individuum Mensch als Bestandteil der natürlichen Welt – auf dieser Welt. Damit wäre das Ziel des „100-Jahr-Plans einer lebenswerten Welt" umrissen. *Er beinhaltet eine wunschlose Hoffnung: Weiter SO!*

Abbildungsverzeichnis

Abbildungen stammen von den Autor*innen, sofern nicht anders bezeichnet: Kapitel 1 bis 5 sowie 7, 8 und 10, Titelbild – Harald Kegler, Kapitel 9 (aktuelle Fotos von 2016) – Tatjana Fischer (alles eigene Darstellungen bzw. Berechnungen) und Kapitel 6 – angegebene Quellen (Thomas Flierl).

Autorenangaben

Harald Kegler ist Professor für Planungsgeschichte und nachhaltige Raumplanung an der Universität Kassel. Seine Arbeitsschwerpunkte sind: Städtebau- und Stadtplanungsgeschichte sowie urbane Resilienz.

Tatjana Fischer ist promovierte wissenschaftliche Mitarbeiterin am Institut für Raumplanung, Umweltplanung und Bodenordnung der Universität für Bodenkultur Wien. Ihre Arbeitsschwerpunkte sind: nachhaltige Raumentwicklung und Infrastrukturplanung vor dem Hintergrund des demographischen Wandels.

Thomas Flierl ist freischaffender, promovierter Kulturwissenschaftler in Berlin. Seine Arbeitsschwerpunkte sind: Geschichte der Kultur der Moderne im 20. Jahrhundert, insbesondere in der Sowjetunion und der DDR.

Literatur

Adam, P., Wyss, A. (1994): Platonische und Archimedische Körper, ihre Sternformen und polaren Gebilde, Verlag Freies Geistesleben, Stuttgart.

Adger, W. N., Kelly, P. M. (1999): Social vulnerability to climate change and the architecture of entitlements. Mitigation and Adaptation Strategies for Global Change 4, S. 253–266.

Adler, B. (Hrsg.) (1921): Utopia. Dokumente der Wirklichkeit. Mit Beiträgen von Johannes Itten, Magrit Téry-Adler, Oskar Schlemmer, Utopia-Verlag, Weimar.

Akademie für Raumforschung und Landesplanung (ARL) (Hrsg.) (2016): Daseinsvorsorge und gleichwertige Lebensverhältnisse neu denken – Perspektiven und Handlungsfelder. Positionspapier aus der ARL 108, Hannover.

Alfassa, M. (1968/2008): Auroville – Ein Traum nimmt Gestalt an. Bearbeitet von Alain, G., Hrsg. PRISMA, Auroville.

Alt, F. (2018): Lust auf Zukunft, Gütersloher Verlagshaus, München.

Arendt, H. (2018): Die Freiheit, frei zu sein, dtv, München.

Assheuer, T. (2016): Irgendwo im Nirgendwo, in: Die Zeit, 52, 15.12.2016, S. 45–46.

Augé, M. (2014): Nicht-Orte, C.H.Beck, München.

Bach, J. (1990): Die Ethik des Fortschritts und die Zukunft der Städte, in: Hochschule für Architektur und Bauwesen (HAB) Weimar (Hrsg.): bauhaus KOLLOQUIUM 1989, wissenschaftliche Zeitschrift der HAB, 36 (1990), 1, 2, 3, S. 147–148.

Baladin, R. K. (1984): Naturkatastrophen – Der Pulsschlag der Naturgewalten, Teubner, Leipzig.

Bauer, T. (2018): Die Vereindeutigung der Welt, Reclam, Stuttgart.

Bauman, Z. (2017): Retrotopia, Suhrkamp, Berlin.

Baumann, K. (2007): Bauhaus Dessau, Jovis, Berlin.

Behringer, W. (2016): Kulturgeschichte des Klimas – Von der Eiszeit bis zur globalen Erwärmung, dtv, München.

Behringer, W. (2017): Das wechselhafte Klima der letzten 1000 Jahre, in: Meller, H., Puttkammer, T. (Hrsg.) (2017): Klimagewalten, Theiss, Halle, S. 392–403.

Benevolo, L. (1999): Die Stadt in der europäischen Geschichte, Beck, München.

Benevolo, L. (2000): Die Geschichte der Stadt, Campus, Frankfurt/M., New York.

Berghahn, K. (1986): Die real existierende Utopie im Sozialismus – Zu Christa Wolfs Romanen, in: Berghahn, K. L., Seeber, H. U. (Hrsg.) (1986): Literarische Utopien von Morus bis zur Gegenwart, Königstein/T., S. 275–297.

Berghahn, K. L., /Seeber, H. U. (Hrsg.) (1986): Literarische Utopien von Morus bis zur Gegenwart, Athenäum, Königstein/T.

Biebicher, T. (2018): Geistig-moralische Wende – Die Erschöpfung des deutschen Konservatismus, Matthes & Seitz, Berlin.

Bloch, E. (1985): Freiheit und Ordnung. Abriss der Sozialutopien, Reclam, Leipzig.

Blohm, P. (2017): Die Welt aus den Angeln, Hanser, München.

Blume, T. (1993): Radikaler Aufbruch, in: Bauhaus Dessau (Hrsg.): Dimensionen 1925–32, Bauhaus Dessau, S. 32–62.

Bodenschatz, H. (1989): Industrielles Gartenreich, in: Bauwelt, Berlin, Heft 48, S. 2258.

Bodenschatz, H. (1992): Großstadt-Bauhaus-Hochhaus-Berlin? Ludwig Hilberseimer (1885-1967), in: in: Bauhaus Dessau/Martin Stein (Hrsg.): Die BauhausStadt, Bauhaus Dessau, S. 66–84.

Bodenschatz, H./Post, C. (2003): Städtebau im Schatten Stalins. Die internationale Suche nach der sozialistischen Stadt in der Sowjetunion 1929–1935, Braun, Berlin.

Borries, F. v. (2018): Wie das NEUE entsteht, in: Deutsches Architektenblatt 12, S. 26–28.

Bossmann, A. (1993): Reformen im Hintergrund: Oskar Schlemmer und Laszlo Moholy-Nagy, in: Bauhaus Dessau (Hrsg.): Dimensionen, Bauhaus Dessau, S. 78–93.

Braun, G., Hogenberg, F. (1617/2017): Städte der Welt (Neuauflage), Taschen, Köln.

Brown, W. (2015): Die schleichende Revolution – Wie der Neoliberalismus die Demokratie zerstört, Suhrkamp, Berlin.

Bruwier, M., Duvosquel, J.-M. (1975): Le règne de la machine: Rencontre l'archéologie industrielle. Brüssel.

Bundesministerium für Nachhaltigkeit und Tourismus (BMNT) (Hrsg.) (o. J.): „Österreichischer Fußabdruck-Messer". Online abrufbar unter: https://www.mein-fussabdruck.at/ [06.09.2019]

Burckhardt, L. (1980): Wer plant die Planung? Schmitz Verlag, Kassel (Hrsg. Fezer, Schmitz).

Burckhardt, L. (1982/2013): Der kleinstmögliche Eingriff, Schmitz Verlag, Kassel (Reprint, Hrsg. Schmitz).

Burmeister, K., /Rodenhäuser, B. (2016): Stadt als System, oekom, München.

Busine, L. (2010): Le Grand-Hornu d'Henry de Gorge: plus que de raison. Hornu.

Butler, S. (2012/1994): Erewhon, in: Bardola, N. (Hrsg.): Utopien – Ein Lesebuch, Fischer, Frankfurt/M., S. 67–83.

Carsten, J. (2015): Die Stadt und ihre Geschichte – Utopien und Modelle – und was aus ihnen wurde, Wasmuth, Tübingen, Berlin.

Centrosojuz (1930): Za novye žilišče [Für das neue Wohnen], Moskva.

Cepl-Kaufmann, G. (2018): 1919 – Zeit der Utopien – Zur Topografie eines deutschen Jahrhundertjahres, Transcript, Bielefeld.

Christaller, W. (1968/1933): Die zentralen Orte in Süddeutschland, Buchgesellschaft, Darmstadt, Jena.

Cojocaru, M.-D. (2012): Die Geschichte von der guten Stadt, transcript, Bielefeld

Dallmer, J. (2018): Utopien der Nachhaltigkeit. Eine Kritik der Öko-Askese, in: Leser, I., Schwarz, J. (Hrsg.): utopisch dystopisch – Visionen einer ‚idealen' Gesellschaft, Wiesbaden, S. 247–262.

Dürer, A. (1978/1523): Schriften und Briefe, in: Ullmann, E.; Pradel, E.: Albrecht Dürer – Schriften und Briefe, Reclam, Leipzig.

Dürr, H.-P. (2016): Warum es ums Ganze geht – Neues Denken für eine Welt im Umbruch, Fischer, Frankfurt/M.

Eisenschenk, H. (2016): Experiment Auroville – Leben auf eigene Gefahr, Grubbe, München.

Emmott, S. (2013): Zehn Milliaden, Suhrkamp, Berlin.

Engelhardt, M. (2014): Völlig utopisch, 17 Beispiele einer besseren Welt, Pantheon, München.

Erasmus von Rotterdam (1511/2011): Lob der Torheit, Manesse, Zürich.

Ėrenburg 1927, zit. nach Baumann 2007.

Ėrenburg, I. (1958): Der zweite Tag, Berlin.

Ėrenburg, I. (1922): Und sie bewegt sich doch, Leipzig (Reprint 1989).

Erzgräber, W. (1986): Thomas Morus: Utopia (1516), in: Berghahn, K. L., Seeber, H. U. (Hrsg.) (1986): Literarische Utopien von Morus bis zur Gegenwart, Königstein/T., S. 25–43.

ESPON (Hrsg.) (2017): Policy Brief Shrinking rural regions in Europe. Towards smart and innovative approaches to regional development challenges in depopulating rural regions. Luxemburg. https://www.espon.eu/rural-shrinking [06.09.2019]

Ette, W. (2017): Und die Welt dreht ihre Runden, in: Junge Welt, 29.12.2017, S. 12–13, https://hamletmaschine2015.worldpress.com sowie https://www.jungewelt.de/artikel/324223.und-die-welt-dreht-ihre-runden.html [03.01.2018, 06.09.2019]

Europäische Kommission (2018): Transport in the European Union. Current Trends and Issues. April 2018. https://ec.europa.eu/transport/sites/transport/files/2018-transport-in-the-eu-current-trends-and-issues.pdf [06.09.2019]

Eylers, E. (2015): Thomas More's Utopia: Amaurotum and the vision of a public life, in: http://www.rc21.org/en/conferences/urbino2015/ [21. 06. 2017]

Feistel, F. (2019): Mut zur Utopie, in: https://www.rubikon.news/artikel/mut-zur-utopie [05.09.2019].

Ferentschik, K. (2008): Der Weltmaschinenroman, Matthes & Seitz, Berlin.

Festinger, L. (1985): Archäologie des Fortschritts, Campus, Frankfurt/M., New York.

Feyerabend, P. (1977): Unterwegs zu einer dadaistischen Erkenntnistheorie, in: Duerr, Hans Peter (Hrsg.): Unter dem Pflaster liegt der Strand, Kramer, Berlin, S. 9–88.

Fishman, R. (1987): Bourgeois Utopia – The Rise and Fall of Suburbia, Basic Books, New York.

Flierl, T. (2012): Standardstädte. Ernst May in der Sowjetunion 1930–1933, Berlin.

Foucault, M. (1993): Andere Räume, in: Barck, K. (Hrsg.): Aisthesis. Wahrnehmung heute oder Perspektiven einer anderen Ästhetik, Leipzig.

Frazer, H., Marlier, E. M. (2010): The EU's approach to combating poverty and social exclusion. Kurswechsel 3/2010: 34–51. http://www.beigewum.at/wordpress/wp-content/uploads/EUs-Approach-to-combating-poverty-and-social-exclusion.pdf [06.09.2019]

Fricke, W. (Hrsg.) (1995): Die Stadt der Zukunft – Spurensuche in Dresden-Hellerau, Friedrich-Ebert-Stiftung, Bonn.

Füssel, S. (2017): Natura sola magistra – Der Wandel der Stadtikonografie in der frühen Neuzeit, in: Braun, G., Hogenberg, F. (1617/2017): Städte der Welt (Neuauflage), Köln, S. 8–41.

Ganser, K. (1999): Editorial, Internationale Bauausstellung Emscher Park, Gelsenkirchen, S. 11–12.

Gebauer, T., Trojanow, I. (2018): Wege aus der globalen Krise, Hilfe? Hilfe!, Fischer, Frankfurt/M.

Gerste, R. D. (2018): Wie das Wetter Geschichte macht, Klett-Cotta, Stuttgart.

Gerstengarbe, F.-W./Welzer, H. (2013): Zwei Grad mehr in Deutschland – wie der Klimawandel unseren Alltag verändern wird, Fischer, Frankfurt/M.

Gilcher-Holtney, I. (2017): Die 68er Bewegung, C.H.Beck, München.

Gillen, J. (Hrsg.) (2010): Paul Otlet, Fondateur du Mundaneum, Les Impressions Nouvelles, Mons.

Glaser, R. (2008): Klimageschichte Mitteleuropas, Primus, Darmstadt.

Goldstein, S. (2018): 1941 – Das Jahr, das nie vergeht, Fischer, Frankfurt/M.

Gradow, G. A. (1970): Stadt und Lebensweise, Verlag für Bauwesen, Berlin.

Greenhalf, J. (1998): Salt & Silver – a Story of Hope, Bradford.

Grigat, F. (2010): Albert Schweitzers ethisches Korrektiv, in: Schmundt, H., Vec, M., Westphal, H. (2010): Mekkas der Moderne – Pilgerstätten der Wissensgesellschaft, Köln, Weimar, Wien, S. 136–140.

Grober, U. (1998): Ausstieg in die Zukunft – Eine Reise zu Ökosiedlungen, Energie-Werkstätten und Denkfabriken, Ch. Links, Berlin.

Grober, U. (2010): Die Entdeckung der Nachhaltigkeit – Kulturgeschichte eines Begriffes, Kunstmann, München.

Hahne, U. (2014): Lern- und Experimentalorte: Stadt-Land-Räume und ihre neuen ökonomischen Verflechtungen, in: Kegler, H. (2014): Resilienz – Strategien & Perspektiven für die widerstandsfähige und lernende Stadt, Basel, S. 108–117.

Hahne, U./Kegler, H. (Hrsg.) (20165): Resilienz. Stadt und Region – Reallabore der resilienzorientierten Transformation, Peter Lang, Frankfurt/M.

Harari, Y. N. (2015): Eine kurze Geschichte der Menschheit, Pantheon DVA, München.

Hartmann, F. (2011): Vom Buch zur Datenbank. Paul Otlets Utopie der Wissensvisualisierung, in: Forschung Visuelle Kultur, 2, 2011, Berlin, S. 63–101.

Heigl, F. (2008): Die Geschichte der Stadt, Akademische Druck- und Verlagsanstalt, Graz.

Helbrecht, I. (1992): Das Bauhaus als Wille zur Gestaltung. Inspirationen der Planungsgeschichte für eine Stadtplanung im gesellschaftlichen Umbruch, in: in: Bauhaus Dessau/Martin Stein (Hrsg.): Die BauhausStadt, Bauhaus. Dessau, S. 6–27.

Herold, E. (2018): Keine Zeit für Utopien? Soziologische Utopiekritik und der Wandel utopischer Zukünfte, in: Leser, I., Schwarz, J. (Hrsg.): utopisch dystopisch – Visionen einer ‚idealen' Gesellschaft, Wiesbaden, S. 209–227.

Hesse, F. (1990): Von der Residenz zur Bauhausstadt, Bonn.

Heylen, P. (2015): Antwerp portrayed, Antwerpen.

Hilberseimer, L. (1963): Entfaltung einer Planungsidee, Bauverlag, Frankfurt/M.

Hilpert, T. (1992): Als alles offen ist (Sommer 1991): Meiden-Bauhaus-Stadt-Raum-Bauhaus, in: Bauhaus Dessau/Martin Stein (Hrsg.): Die BauhausStadt, Bauhaus. Dessau, S. 28–51.

Hilpert, T. (1999): Walter Gropius – Das Bauhaus in Dessau, Fischer, Frankfurt/M.

Holtzhauer, C. (2018): https://www.thueringer-allgemeine.de/regionen/weimar/christian-holtzhauer-uebernimmt-leitung-des-kunstfestes-weimar-id219137545.html [06.09.2019]

Holzner, L. (1996): Stadtland USA: Die Kulturlandschaft des American Way of Life, Pertes, Gotha.

Honour, H., Fleming, J. (2007): Weltgeschichte der Kunst, Prestel, München.

Horx, M. (2011): Das Megatrend-Prinzip, DVA, München.

Howard, E. (1898/1965): Garden Cities of To-Morrow, M.I.T. Press, Cambridge.

Hume, M. (2014): Streitfall Klimawandel, oekom, München.

Hüter, K.-H. (1976): Das Bauhaus in Weimar, Akademieverlag, Berlin.

Jacob, K. H. (2019): Katastrophenschutz gehört zur Stadtplanung der Zukunft - New York – the City that sleeps, in: edition brand eins, 2/3, S. 113–117, Hamburg.

Jacobs, V. (2016): Grant Hornu, Kassel (Studienarbeit universität Kassel, unveröffentlicht).

Jacobs, V. (2017): Erlebnisbericht über Auroville, Kassel (Universität Kassel, unveröffentlicht).

Judd, D. R., Fainstein, S. S. (1999): The Tourist City, Yale University Press, New Haven und London.

Kaganovic, L. (1932): Die sozialistische Rekonstruktion Moskaus und anderer Städte der UdSSR, Berlin, Hamburg.

Kaltenbrunner, R., Jakubowski, P. (2018): Die Stadt der Zukunft, Aufbau, Berlin.

Kauffmann, A., Rosenfeld, M. T. W. (Hrsg.) (2012): Städte und Regionen im Standortwettbewerb. Neue Tendenzen, Auswirkungen und Folgerungen für die Politik. Forschungs- und Sitzungsberichte der ARL 238, Hannover

Kegler, H. (1987): Die Herausbildung der wissenschaftlichen Disziplin Stadtplanung – ein Beitrag zur Wissenschaftsgeschichte, HAB-Schriftenreihe, Weimar.

Kegler, H. (1992): Die Piesteritzer Werkssiedlung, Bauhaus Dessau, Dessau.

Kegler, H. (1993): Ort und Auftrag, in: Bauhaus Dessau (Hrsg.): Dimensionen 1925–1932, Bauhaus Dessau, S. 22–31.

Kegler, H. (1996): Bauhaus Dessau – Zukunftswerkstatt aus Tradition? In: Stiftung Bauhaus Dessau (Hrsg.): Industrielles Gartenreich, ex pose, Dessau, S. 288–292.

Kegler, H. (2004): Sonne, Meer und Sterne: Florida, die weltgrößte, wachsende Urlauberstadt, in: Altrock, U., Schubert, D. (Hrsg.): Wachsende Stadt, Verlag für Sozialwissenschaften, Wiesbaden, S. 127–142.

Kegler (2005): Kegler, H., Ferropolis GmbH (Hrsg.) (2005): Ferropolis – Die Stadt aus Eisen, Gräfenhainichen.

Kegler, H. (2011): Bekenntnisse junger Menschen zur Ethik der Ehrfurcht vor dem Leben, in: Deutsches Albert-Schweitzer-Zentrum (Hrsg.), Frankfurt/M., S. 86.

Kegler, H. (2014): Resilienz – Strategien & Perspektiven für die widerstandsfähige und lernende Stadt, Birkhäuser, Basel.

Kegler, H. (2015): Landesplanung Mitteldeutschland, ARL-Arbeitsberichte Nr. 15, Hannover.

Kegler, H. (2016): Eine Schwelle im Anthropozän: Vom Wachstum zur Resilienz, Anregungen für ein räumliches Lernprogramm zur resilienten Stadtgesellschaft aus historisch-strategischer Perspektive, in: Hahne, U.; Kegler, H. (Hrsg.): Resilienz. Stadt und Region – Reallabore der resilienzorientierten Transformation, Peter Lang, Frankfurt/M., S. 19–60.

Kegler, H., Masterlabor 2146 (2017): Übermorgen ohne Gestern, in: PlanerIn 6/17, S. 39–40.

Kegler, H. (2018): Der Plan von Amaurotum, in: Leser, I., Schwarz, J. (Hrsg.): utopisch dystopisch – Visionen einer ‚idealen' Gesellschaft, Wiesbaden, S. 13–28.

Kegler, H. (2018 b): Die großen Erzählungen und das Rollenspiel in der Planungstheorie, in: Hennecke, S. Kegler, H., Klaczynski, K., Münderlein, D. (Hrsg.): Diedrich Bruns wir gelehrt haben, Uni-Press, Kassel, S. 133–146.

Klein, N. (2015): Die Entscheidung Kapitalismus vs. Klima, Fischer, Frankfurt/M.

KlimAktiv gemeinnützige Gesellschaft zur Förderung des Klimaschutzes mbH (KlimAktiv) (Hrsg.) (2008): CO2-Rechner. http://uba.co2-rechner.de/de_DE/ [06.09.2019]

Klingholz, R. (2014): Sklaven des Wachstums, Campus, Frankfurt/M., New York.

Klußmann, U., Mohr, J. (Hrsg.) (2015): Die Weimarer Republik, DVA, München.

Koselleck, R. (2017): Vergangene Zukunft, Suhrkamp, Frankfurt/M.

Kretschmer, W. (1999): Geschichte der Weltausstellungen, Campus, Frankfurt/M., New York.

Kruft, H.-W. (1989): Städte in Utopia – Die Idealstadt vom 15. bis zum 18. Jahrhundert, C.H.Beck, München.

Lafargue, P. (1880/2018): Das Recht auf Faulheit, Reclam, Stuttgart.

Lang, M. (2004): The Athenian Citizen – Democracy in the Athenian Agora, Athen.

Larin, J. (1930): Stroitel'stvo socializma i kollektivizacija byta [Der Aufbau des Sozialismus und die Kollektivierung der Lebensweise], Moskau.

Lejeune, J. F./Shulman, A. T. (2000): The Making of Miami Beach, New York.

Lesch, H. (2017): Die Menschheit schafft sich ab – Die Erde im Griff des Anthropozäns, Komplettmedia, München.

Leser, I./Schwarz, J. (Hrsg.) (2018): utopisch dystopisch – Visionen einer ‚idealen' Gesellschaft, Springer, Wiesbaden.

Lienau, C. (1995): Die Siedlungen des ländlichen Raumes, Braunschweig

Lobeck, L. (2018): Die Schwarzenberg-Legende, Evangelische Verlagsanstalt, Leipzig

Lunačarskij, A. (1930): Architekturnoe oformlenie socialističeskich gorodov [Die architektonische Gestaltung sozialistischer Städte], in: *Revoljucija i kul'tura* [Revolution und Kultur, Nr. 1/1930.

Majakovskij, V. (1975): Gedichte, (Hrsg. Kossuth), Berlin.

Manguel, A. (2018): Sehnsucht Utopie – eine Reise durch fünf Jahrhunderte, folio, Bozen-Wien.

Maretzke, S. (2006): Regionale Disparitäten – eine bleibende Herausforderung. Informationen zur Raumentwicklung 9/2006, S. 473–484.

Marx, K. (1960): Der achtzehnte Brumaire des Louis Bonaparte, in: Marx-Engels-Werke, Bd. 8, Berlin, S. 111–207.

Marx, K./Engels, F. (2003): Das Kommunistische Manifest, Berlin.

Mason, P. (2016): Gute Nachricht: Der Kapitalismus ist am Ende, sagt Paul Mason. Eine neue Ära beginnt! DIE ZEIT Nr. 16/2016, 7. April 2016.

Masterlabor 2146 (2016): Resilienztest – mehr als nur ein Plan B, in: PlanerIn 3_16, S. 45–46.

May, E. (1931): Der Bau neuer Städte in der U.d.S.S.R., in: Das Neue Frankfurt Heft 7/Juli 1931, S. 114–134.

May, E. (1931): Erläuterungsbericht zu dem Projekt der Technischen Abteilung der Zekombank für den Ausbau der sozialistischen Stadt Kusnetzk vom 8. Februar 1931, Deutsches Kunstarchiv/Germanisches Nationalmuseum (DKA) Nürnberg, I, B-18.

May, E. (1931): Ernst May, Bericht über [die] städtebauliche Planung in Novosibirsk vom 9. März 1931, DKA, Nürnberg, I, B-12.

McEvendy, C. (2013): Städte der klassischen Welt, Clett-Kotta, Stuttgart.

McGregor, J. A., Camfield, L., Woodcock, A. (2009): Needs, Wants and Goals: Wellbeing, Quality of Life and Public Policy. Applied Research in Quality of Life 4 (2), S. 135–154.

Meadows, D. L., Meadows, D. H., Randers, J. (1992): Die neuen Grenzen des Wachstums, DVA, Stuttgart.

Meller, H./Puttkammer, T. (Hrsg.) (2017): Klimagewalten, Theiss, Halle/S.

Metzger, R. (2015): Die Stadt – Vom antiken Athen bis zu den Megacities. Eine Weltgeschichte in Geschichten, Brandstätter, Wien.

Meyer, H. (1980): Bauen und Gesellschaft, Verlag für die Kunst, Dresden.

Miljutin, N. (1930): „Der Kampf für die neue Lebensweise und der sowjetische Urbanismus", in: Goroda Socializma i socialističeskaja rekonstrukcija byta, Moskau, S. 116–119

Miljutin, N.A. (1930): Socgorod. Problema stroitel'stva socialističeskich gorodov. Osnovnye voprosy racional'noj planirovki i stroitel'stva naselennych mest SSSR [Das Problem des Baus sozialistischer Städte. Grundfragen der rationalen Planung des Baus von Siedlungsorten der UdSSR], Moskva/Leningrad, dt.: 2008, Berlin.

Monget, Y. (2007): Die Erde, morgen, Gerstenberg, Hildesheim.

Montens, V. (2010): Paul Otlet et le Cinquantenaire, in: Gillen, J. (Hrsg.) (2010): Paul Otlet, Fondateur du Mundaneum, Mons, S. 15–50, 123–136.

Morus, T. (1516, Ausgabe 1973/1985): Utopia, Reclam, Leuven, Leipzig (Hrsg. Teller).

Morus, T. (1516, Ausgabe 2001): Utopia, Reclam, Leuven, Stuttgart.

Morus, T. (1516, Ausgabe 2003): Utopia, Reclam, Leuven, Stuttgart.

Morus, T. (1516, Ausgabe 2009): Utopia, Anaconda, Leuven, Köln.

Motzkus, A. (2002): Dezentrale Konzentration – Leitbild für eine Region der kurzen Wege? Auf der Suche nach einer verkehrssparsamen Siedlungsstruktur als Beitrag für eine nachhaltige Gestaltung des Mobilitätsgeschehens in der Metropolregion Rhein-Main. Bonner Geographische Abhandlungen 107.

Moulatin, A. (1973): Homonia. Eintracht und Entwicklung des politischen Bewußtseins. München.

Müller, A. (2017): Was passiert, wenn es kälter oder wärmer wird? in: Meller, H., Puttkammer, T. (Hrsg.) (2017): Klimagewalten, Theiss, Halle/S., S. 418–423.

Munz, W., Munz J. (2013): Albert Schweitzers Lambarene, Elfundzehn, Zürich.

Nerdinger, W. (2019): Das Bauhaus – Werkstatt der Moderne, C.H.Beck, München.

Nerdinger, W. (Hrsg.) (2009): Zlin – Modellstadt der Moderne, Jovis, Berlin.

Neuenschwander, U. (2002): Albert Schweitzer, in: Schweitzer, A.: Das Christentum und die Weltreligionen, Becksche Reihe, München, S. 91–120.

Nowotny, H. (1993): Eigenzeit, Suhrkamp, Frankfurt/M.

Nowotny, H./Scott, P./Gibbons, M. (2014): Wissenschaft neu denken – Wissen und Öffentlichkeit in einem Zeitalter der Ungewißheiten, Velbrück, Weilerswist.

Nymoen, O. (2018): Streicht das P-Wort! in: Neues Deutschland, 18./19.08.2018, 9.

o. A. (1930): „K probleme planirovki socgoroda“ [Zum Problem der Planung der Socgorod], Vestnik Kommunističeskoj Akademii [Bote der Kommunistischen Akademie], № 42, S. 109–147.

o. A. (1930): Goroda Socializma i socialističeskaja rekonstrukcija byta [Die Städte des Sozialismus und die sozialistische Rekonstruktion der Lebensweise], Moskau.

Ober, J. (2016): Das antike Griechenland, Klett-Cotta, Stuttgart.

Owen, R. (1988): Das soziale System – Ausgewählte Schriften, Reclam, Leipzig.

Pinck, A. (1993): USA – Der Südosten, Köln.

Platon (1923/1988): Der Staat, Reclam, Leipzig (Einleitung: Gerlach, H.-M.; Schenk; G.)

Platon/Vrestka, K. (2016): Der Staat, Reclam, Stuttgart.

Plattform Footprint (Hrsg.) (2008): Footprint. Der Ökologische Fußabdruck Österreichs. 3. Auflage. Wien. http://www.footprint.at/fileadmin/zf/dokumente/footprint_brosch_v3LM.pdf [06.09.2019].

Radermacher, F. J. (2008): Welt mit Zukunft, Murmann, Hamburg.

Radkau (2017): Geschichte der Zukunft Prognosen, Visionen, Irrungen in Deutschland von 1945 bis heute, Carl Hanser, München.

Raith, D./Deimling, D./Ungericht, B./Wenzel, E. (2017): Regionale Resilienz – zukunftsfähig Wohlstand schaffen, Metropolis, Marburg.

Rau, S. (2013): Räume, Campus, Frankfurt/M., New York.

Raymond, Mathieu G. W. (1973): Histoire boraine: le Grand-Hornu. Hornu.

Rayward, W. B. (2010): Paul Otlet, in: Gillen, J. (Hrsg.): Paul Otlet, Fondateur du Mundaneum, Mons, S. 15–50.

Ré Soupault (2009): Bauhaus – Die heroischen Jahren von Weimar, Wunderhorn, Fulda.

Reichart, T. (1993): Städte ohne Wettbewerb, Bern, Stuttgart, Wien.

Rifkin, J. (2011): Die dritte industrielle Revolution, Campus, Frankfurt/M., New York.

Roth, G. (1996): Gsellmanns Weltmaschine, Böhlau, Wien, Köln, Weimar.

Roth, G./Killmeyer, F. (1986): Gsellmanns Weltmaschine – Skizzen zu einem imaginären Porträt von Franz Gsellmann, Jugend und Volk, Wien, München.

Ruppelt, G. (2014): Zukunft von Gestern, in: Brehmer, A. (Reprint 1910): Die Welt in 100 Jahren, Georg Olms, Hildesheim, S. V–XX.

Sabsovič, L.M. (1929): Goroda buduščego i organizacija socialističeskogo byta [Die Städte der Zukunft und die Organisation der sozialistischen Lebensweise], Moskau.

Sabsovič, L.M. (1929): SSSR čerez 15 let [Die UdSSR in 15 Jahren], Moskau.

Sabsovič, L.M. (1930): Socialističeskie goroda, Moskau.

Sammons, S. W. (2012): Henry Flagler, Builder of Florida, Sarasota.

Sarr, F. (2019): Afrotopia, Matthes & Seitz, Berlin.

Schätzl, L. (2003): Wirtschaftsgeografie 1, Schöningh UTB, Paderborn, München, Wien, Zürich.

Schinker, N. M. (2013): Die Gartenstadt Hellerau 1909 – 1945, Sandstein, Dresden.

Schmundt, H., Vec, M., Westphal, H. (2010): Mekkas der Moderne – Pilgerstätten der Wissensgesellschaft, Böhlau, Köln, Weimar, Wien.

Schneidewind, U., Singer-Brodowski, M. (2013): Transformative Wissenschaft, Metropolis, Marburg.

Schölzel, A. (2019): Im Zerrspiegel, in: Junge Welt, 12.03.2019, S. 12–13.

Schorlemmer, F. (2009): Albert Schweitzer – Genie der Menschlichkeit, Aufbau, Berlin.

Schorlemmer, F. (2016): Unsere Erde ist zu retten – Haltungen, die wir jetzt brauchen, Herder, Freiburg i. B.

Schröteler-von Brandt, H. (2008): Stadtbau und Stadtplanungsgeschichte, Kohlhammer, Stuttgart.

Schüz, G. (2015): Der ‚unsichtbare Ursprung' der Ehrfurcht vor dem Leben, in: Weber, E. (Hrsg.): Albert Schweitzer – 100 Jahre Ehrfurcht vor dem Leben. Rundbrief-Ausgabe Nr. 107 Jahrbuch 2015 für die Freunde von Albert Schweitzer, Hilfsverein, Frankfurt/M., S. 9–30.

Schweitzer, A. (1931): Aus meinem Leben und Denken, Fischer, Frankfurt/M.

Schweitzer, A. (1962): Die Lehre der Ehrfurcht vor dem Leben, Berlin.

Sharples, J. (2004): Liverpool, London, New Haven.

Simon, L. L., Maslin M. A. (2015): Defining the Anthropocene, in: Nature, 519, 12 March 2015, S. 171–180.

Smith, L. C. (2010): Die Welt im Jahr 2050, DVA, München.

Snyder, T. (2017): Black Earth. Der Holocaust und warum er sich wiederholen kann, C.H.Beck, Frankfurt/M.

Sonne, W. (2017): Eine Inkunabel des Großen Plans: Der Plan of Chicago in seiner Zeit, in: Bodenschatz, H., Cress, C. (Hrsg.): Kult und Krise des Grossen Plans im Städtebau, Michael Imhof, Petersberg, S. 29–36.

Stalin, I. V. (1954): Werke, Bd. 12, Berlin.

Stein, M. (2011): How the States got their Shapes too, Washington D.C.

Stein, M., Kegler, H., Reuther, I. (1990): Dessau im Zeitenwechsel, in: Arch+ 103, April 1990, S. 84–87.

Steinmann, K. (2011): Lob der Torheit (Erasmus von Rotterdam), Nachwort, Amsterdam, S. 127–143.

Stockinger, L. (1986): Utopie oder Staatsplanung? in: Berghahn, K. L., Seeber, H. U. (Hrsg.) (1986): Literarische Utopien von Morus bis zur Gegenwart, Königstein/T., S. 73–94.

Stöglehner, G./Neugebauer, G./Erker, S./Narodoslawsky, M. (2016): Integrated Spatial and Energy Planning: Supporting Climate Protection and the Energy Turn with Means of Spatial Planning, Heidelberg.

Strojkom RSFSR [Baukommission der RSFSR] (1929): Tipovye proekty i konstrukcii žiliščnogo stroitel'stva [Typenprojekte und -konstruktionen des Wohnungsbaus], Moskau.

Šustr, N. (2019): Den Grund dauerhaft der Spekulation entziehen, in: Neues Deutschland, 08.02.2019, S. 11.

Sutterlütti, S.; Meretz, S. (2018): Kapitalismus aufheben, VSA, Hamburg.

Teschke, B. (2007): Mythos 1648. Klassen, Geopolitik und die Entstehung des europäischen Staatensystems, Münster.

Topfstedt, T. (1982): Zu einigen Interpretationsproblemen und zur städtebaugeschichtlichen Bestimmung des Dürerschen Idealstadtentwurfs in der „Befestigungslehre" von 1527, in: Kunstwissenschaftliche Beiträge/Bildende Kunst 11/82–15, S. 1–6.

„Über die Arbeit bei der Umgestaltung der Lebensweise" vom 16. Mai 1930, in: *Pravda* № 146 vom 29. Mai 1929.

Universität Kassel (2016): Dokumentation „UTOPIA magazin" 1/16 „Kongo Spezial", (unveröffentlichte Dokumentation des Seminars „Utopia" am FB 06, Leitung: Prof. Dr. Harald Kegler / Dr. Simone Theile), Kassel.

Universität Kassel (2018): Exkursionsbericht Miami – Kuba, Kassel (unveröffentlichter Reader der Exkursion am FB 06, Leitung: Prof. Dr. Harald Kegler), Kassel.

Van der Stock, J. (ed.) (2016): In Search of Utopia, university Press, Amsterdam.

Wachsmann, C. (2018): Vom Bauhaus beflügelt: Menschen und Ideen an der Hochschule für Gestaltung Ulm, Stuttgart.

Walker, B./Salt, D. (2006): Resilience thinking, Islandpress, Washington, Covelo, London.

WBGU 2006 und National Research Council of the National Academies 2010 und National Ocean. Service 2013, https://www.wbgu.de/sg2006/ [23.02.2018/06.09.2019]

WBGU Wissenschaftlicher Beirat der Bundesregierung Globale Umweltveränderungen (2006): Die Zukunft der Meere – zu warm, zu hoch, zu sauer, Sondergutachten, Berlin.

WBGU Wissenschaftlicher Beirat der Bundesregierung Globale Umweltveränderungen (2011): Welt im Wandel – Gesellschaftsvertrag für eine Große Transformation, Berlin.

WBGU Wissenschaftlicher Beirat der Bundesregierung Globale Umweltveränderungen (2016): Der Umzug der Menschheit: Die transformative Kraft der Städte, Berlin.

Weizsäcker, E. U. v. (2010): Faktor Fünf, Droemer, München.

Wendt, H. (2015): Das Reich der Freiheit, in: Junge Welt, 9. 11. 2015, S. 12–13.

Wirtschaftskammer Wien (WKO Wien) (Hrsg.) (2019): Statistische Kennzahlen im EU-weiten Vergleich. Tabelle „Fläche und Bevölkerung" (Stand 2018). Aktualisiert und herausgegeben 02/2019. http://wko.at/statistik/eu/europa-bevoelkerung.pdf

Wolfe, T. (2007): Mit dem Bauhaus leben, PhiloFineArts EVA, Hamburg.

World Demographic & Ageing Forum Switzerland (Hrsg.) (2018): Megatrend „Global Demographic Change". Tackling Business and Society Challenges in 2030 and Beyond. Project Papers on Demogaphic Challenges 2018, Universität St. Gallen.

Woytt-Secretan, M. (1952): Albert Schweitzer baut Lambarene, K. R. Langewiesche, Königstein/Taunus.

Wright, E. O. (2017): Reale Utopien – Wege aus dem Kapitalismus, Suhrkamp, Berlin.

Wunder, St./Hirschnitz-Garbers, M./Kaphengst, T. (2014): Ressourceneffizienz und Flächeninanspruchnahme. Nexus-Papier 2 im Projekt

Ressourcenpolitik: Analyse der ressourcenpolitischen Debatte und Entwicklung von Politikoptionen (PolRess). https://www.ecologic.eu/de/node/15001 [06.09.2019]

Wünsche, K. (1989): Bauhaus: Versuche, das Leben zu ordnen, Klaus Wagenbach, Berlin.

Zaunstöck, H. (Hrsg.) (2010): Gebaute Utopien, Franckesche Stiftungen, Halle/S.

Zelik, R., Altvater, E. (2009): Vermessung der Utopie – Ein Gespräch über Mythen des Kapitalismus und die kommende Gesellschaft, München.

Zola, É. (1971): Germinal, Rütten & Loening, Berlin.

Zweig, S. (2016): Triumph und Tragik des Erasmus von Rotterdam, Anaconda, Köln.

Internetquellen:

http://atomium.be/?lang=de [03.08.2018]

http://atomium.be/History.aspx [03.08.2018]

http://edition.cnn.com/specials/hurricane-irma [04.01.2018]

http://www.atomium.be/id2016.aspx [03.08.2018]

http://www.br.de/fernsehen/ard-alpha/programmkalender/sendung-1757344.html [aufgerufen am 18.09.2017]

https://archive.org/details/utopia00adle/page/n103 [20.03.2019]

https://commons.wikimedia.org/w/index.php?curid=39905254 [18.09.2017]

https://de.france.fr/de/okzitanien-sudfrankreich/artikel/die-bastiden-suedwest-frankreich [20.03.2019]

https://de.yahoo.com/nachrichten/studie-klimasystem-k%C3%B6nnte-hei%C3%9Fzeit-kippen-195352111.html [07.08.2018]

https://en.wikipedia.org/wiki/Utopia,_Ohio [04.01.2018]

https://futurzwei.org/ [13.03.2019]

https://home.cern/about/who-we-are/our-mission [20.03.2019]

https://home.cern/science/computing/birth-web [17.03.2019]

https://masdar.ae/ [07.08.2018]

https://steiermark.orf.at/tv/stories/2922818/ [03.08.2018]

https://www.bauhaus100.de/ [06.09.2019]

https://www.deutschlandfunk.de/masdar-city-oekologisches-vorbild-oder-illusion.1773.de.html?dram:article_id=313802 [09.02.2018] https://www.duden.de/rechtschreibung/Utopia [04.01.2018]

https://www.leben-im-mittelalter.net/gesellschaft-im-mittelalter/sesshaftigkeit/die-stadt/wichtige-staedte.html [13.03.2019]

https://www.luther2017.de/de/2017/reformationsjubilaeum/ [04.01.2018]

https://www.msn.com/de-de/nachrichten/wissenundtechnik/ein-kollektiv-aus-wissenschaftlern-ist-sich-sicher-2050-k%C3%B6nnte-das-ende-der-menschheit-sein/ar-BBHQUlh [02.02.2018]

https://www.odeaanaude.eu/catalogaude2/carcassonne-la-bastide-saint-louis-p-358.html?language=en [19.03.2019]

https://www.stadtentwicklung.berlin.de/umwelt/umweltatlas/dk606_01.htm [17.03.2019]

https://www.swr.de/swr2/wissen/klimawandel/-/id=661224/did=18769196/nid=661224/3f2197/index.html [05.01.2019]

https://www.weltmaschine.de/ [03.08.2018]

https://www.weltmaschine.de/cern_und_lhc/cern/ [20.03.2019]

STADTENTWICKLUNG. URBAN DEVELOPMENT

Herausgegeben von Uwe Altrock und Harald Kegler

Band 1 Ulf Hahne / Harald Kegler (Hrsg.): Resilienz. Stadt und Region – Reallabore der resilienzorientierten Transformation. 2016.

Band 2 Heike Köckler: Umweltbezogene Gerechtigkeit. Anforderungen an eine zukunftsweisende Stadtplanung. 2017.

Band 3 Harald Kegler / Tatjana Fischer: Utopia – Eine Welt von morgen im Spiegel utopischer Versuche. Thomas Morus: Eine Reise in gewesene Utopien zur Stadt-Region und neue Perspektiven. 2019.

Die Reihe wurde bis Band 20 unter dem Namen "Beiträge zur kommunalen und regionalen Planung" von Herrn Professor Simonis herausgegeben:

Band 1 Rainer Autzen: Wohnungspolitik. Altbauerneuerung und Wohnungsversorgung. 1979.

Band 2 Jürg Sulzer: Stadtentwicklung. Koordination von Raum- und Investitionsplanung. Analyse von fünf Beispielen in der Bundesrepublik Deutschland. 1979.

Band 3 Wolfgang Kempf: Stadterneuerung. Rahmenbedingungen der Instandsetzung und Modernisierung von Altbauten. 1979.

Band 4 Heide Simonis/Rainer Autzen/Udo Ernst Simonis: Stadtentwicklung - Stadterneuerung. Eine Auswahlbibliographie zur städtischen Lebensqualität. Urban Development - Urban Renewal. A Selected Bibliography on the Quality of Urban Life. 1980.

Band 5 Eberhard von Einem: Kommunale Flächennutzungssteuerung in den USA. Analyse des amerikanischen Planungs- und Bodenrechts - mit Vergleichen zur Bundesrepublik Deutschland. Mit einem Nachwort von Reinhold Gütter. 1980.

Band 6 Stefan Krätke: Kommunalisierter Wohnungsbau als Infrastrukturmaßnahme. Eine Alternative zum Sozialen Wohnungsbau in der Bundesrepublik Deutschland. 1981.

Band 7 Dieter Hezel/Horst Höfler/Lutz Kandel/Achim Linhardt: Siedlungsformen und soziale Kosten - Vergleichende Analyse der sozialen Kosten unterschiedlicher Siedlungsformen. 1983.

Band 8 Andreas Müller: S-Bahn-Studie Berlin-West. Zur Konzeption eines Verkehrsverbundes. 1983.

Band 9 Ekhart Hahn: Zukunft der Städte. Chancen urbaner Entwicklung. 1985.

Band 10 Klaus-Dieter Mager: Umwelt - Raum - Stadt. Zur Neuorientierung von Umwelt- und Raumordnungspolitik. 1985.

Band 11 Klaus Krüger: Regionale Entwicklung in Malaysia. Theoretische Grundlagen, empirischer Befund und regionalpolitische Schlußfolgerungen. 1989.

Band 12 Sebastian Büttner: Solare Wasserstoffwirtschaft. Königsweg oder Sackgasse. 1991.

Band 13 Ekhart Hahn: Ökologischer Stadtumbau. Konzeptionelle Grundlegung. 2. Aufl. 1993.

Band 14 Stephan Paulus: Umweltpolitik und wirtschaftlicher Strukturwandel in Indien. 1993.

Band 15 Ines Dombrowsky: Wasserprobleme im Jordanbecken. Perspektiven einer gerechten und nachhaltigen Nutzung internationaler Ressourcen. 1995.

www.ingramcontent.com/pod-product-compliance
Ingram Content Group UK Ltd.
Pitfield, Milton Keynes, MK11 3LW, UK
UKHW021317071026
8980IPUK00046B/673

9 783034 339018